21世纪高等学校规划教材 | 计算机应用

大学计算机基础（第三版）

刘梅彦 主编
徐英慧 李颖 李文杰 副主编

清华大学出版社
北 京

内 容 简 介

本书是按照教育部高等学校非计算机专业计算机基础课程教学指导委员会提出的最新教学大纲和教学要求的精神，结合学生的实际情况及人才培养的要求而编写的，力求在综合考虑计算思维能力培养、计算学科知识传授和应用技能训练三者之间关系的基础上，教会学生思考问题的新方法以及利用计算机解决问题的一般方法和技巧，从而拓展学生的视野，培养学生的创新思维，为学生解决相关专业领域的问题提供有效的思维途径。

本书以培养学生的计算思维能力为目标，以信息的表示、存储、处理、传输等技术为主线，精心设计了大量例题和案例。全书共分为8章，内容包括信息、计算与计算思维，面向计算机的信息数字化表示，计算机硬件基础，算法与程序设计基础，操作系统，数据处理与数据管理，数字媒体，计算机网络等。

本书内容新颖，例题丰富，可作为高等学校各专业大学计算机基础课程的教材，也可作为各类计算机培训班的教材和其他读者的自学参考书。

本书封面贴有清华大学出版社防伪标签，无标签者不得销售。

版权所有，侵权必究。举报：010-62782989，beiqinquan@tup.tsinghua.edu.cn。

图书在版编目(CIP)数据

大学计算机基础/刘梅彦主编. —3版. —北京：清华大学出版社，2018(2022.9重印)
(21世纪高等学校规划教材·计算机应用)
ISBN 978-7-302-48536-0

Ⅰ.①大… Ⅱ.①刘… Ⅲ.①电子计算机－高等学校－教材 Ⅳ.①TP3

中国版本图书馆 CIP 数据核字(2017)第 240816 号

责任编辑：闫红梅　薛　阳
封面设计：傅瑞学
责任校对：胡伟民
责任印制：宋　林

出版发行：清华大学出版社
网　　址：http://www.tup.com.cn, http://www.wqbook.com
地　　址：北京清华大学学研大厦A座　　　　邮　编：100084
社 总 机：010-83470000　　　　邮　购：010-62786544
投稿与读者服务：010-62776969, c-service@tup.tsinghua.edu.cn
质量反馈：010-62772015, zhiliang@tup.tsinghua.edu.cn
课件下载：http://www.tup.com.cn, 010-62795954

印 装 者：三河市金元印装有限公司
经　　销：全国新华书店
开　　本：185mm×260mm　　印　张：16.75　　字　数：418千字
版　　次：2011年9月第1版　2018年9月第3版　　印　次：2022年9月第4次印刷
印　　数：6301~7100
定　　价：49.00元

产品编号：070589-01

出 版 说 明

随着我国改革开放的进一步深化,高等教育也得到了快速发展,各地高校紧密结合地方经济建设发展需要,科学运用市场调节机制,加大了使用信息科学等现代科学技术提升、改造传统学科专业的投入力度,通过教育改革合理调整和配置了教育资源,优化了传统学科专业,积极为地方经济建设输送人才,为我国经济社会的快速、健康和可持续发展以及高等教育自身的改革发展做出了巨大贡献。但是,高等教育质量还需要进一步提高以适应经济社会发展的需要,不少高校的专业设置和结构不尽合理,教师队伍整体素质亟待提高,人才培养模式、教学内容和方法需要进一步转变,学生的实践能力和创新精神亟待加强。

教育部一直十分重视高等教育质量工作。2007年1月,教育部下发了《关于实施高等学校本科教学质量与教学改革工程的意见》,计划实施"高等学校本科教学质量与教学改革工程(简称'质量工程')",通过专业结构调整、课程教材建设、实践教学改革、教学团队建设等多项内容,进一步深化高等学校教学改革,提高人才培养的能力和水平,更好地满足经济社会发展对高素质人才的需要。在贯彻和落实教育部"质量工程"的过程中,各地高校发挥师资力量强、办学经验丰富、教学资源充裕等优势,对其特色专业及特色课程(群)加以规划、整理和总结,更新教学内容、改革课程体系,建设了一大批内容新、体系新、方法新、手段新的特色课程。在此基础上,经教育部相关教学指导委员会专家的指导和建议,清华大学出版社在多个领域精选各高校的特色课程,分别规划出版系列教材,以配合"质量工程"的实施,满足各高校教学质量和教学改革的需要。

为了深入贯彻落实教育部《关于加强高等学校本科教学工作,提高教学质量的若干意见》精神,紧密配合教育部已经启动的"高等学校教学质量与教学改革工程精品课程建设工作",在有关专家、教授的倡议和有关部门的大力支持下,我们组织并成立了"清华大学出版社教材编审委员会"(以下简称"编委会"),旨在配合教育部制定精品课程教材的出版规划,讨论并实施精品课程教材的编写与出版工作。"编委会"成员皆来自全国各类高等学校教学与科研第一线的骨干教师,其中许多教师为各校相关院、系主管教学的院长或系主任。

按照教育部的要求,"编委会"一致认为,精品课程的建设工作从开始就要坚持高标准、严要求,处于一个比较高的起点上;精品课程教材应该能够反映各高校教学改革与课程建设的需要,要有特色风格,要有创新性(新体系、新内容、新手段、新思路,教材的内容体系有较高的科学创新、技术创新和理念创新的含量)、先进性(对原有的学科体系有实质性的改革和发展,顺应并符合21世纪教学发展的规律,代表并引领课程发展的趋势和方向)、示范性(教材所体现的课程体系具有较广泛的辐射性和示范性)和一定的前瞻性。教材由个人申报或各校推荐(通过所在高校的"编委会"成员推荐),经"编委会"认真评审,最后由清华大学出版社审定出版。

目前,针对计算机类和电子信息类相关专业成立了两个"编委会",即"清华大学出版社计算机教材编审委员会"和"清华大学出版社电子信息教材编审委员会"。推出的特色精品教材包括:

(1) 21世纪高等学校规划教材·计算机应用——高等学校各类专业,特别是非计算机专业的计算机应用类教材。

(2) 21世纪高等学校规划教材·计算机科学与技术——高等学校计算机相关专业的教材。

(3) 21世纪高等学校规划教材·电子信息——高等学校电子信息相关专业的教材。

(4) 21世纪高等学校规划教材·软件工程——高等学校软件工程相关专业的教材。

(5) 21世纪高等学校规划教材·信息管理与信息系统。

(6) 21世纪高等学校规划教材·财经管理与应用。

(7) 21世纪高等学校规划教材·电子商务。

(8) 21世纪高等学校规划教材·物联网。

清华大学出版社经过三十多年的努力,在教材尤其是计算机和电子信息类专业教材出版方面树立了权威品牌,为我国的高等教育事业做出了重要贡献。清华版教材形成了技术准确、内容严谨的独特风格,这种风格将延续并反映在特色精品教材的建设中。

清华大学出版社教材编审委员会

联系人:魏江江

E-mail:weijj@tup.tsinghua.edu.cn

快速发展的信息技术已经融入社会生活的方方面面,深刻改变着人类的思维、生产、生活、学习方式,与之密切相关的计算思维已经成为人们认识和解决问题的基本能力之一。因此,作为通识课的大学计算机基础教学,应该在综合考虑计算思维能力培养、计算学科知识传授和应用技能训练三者之间关系的基础上,教会学生思考问题的新方法以及利用计算机解决问题的一般方法和技巧,从而拓展学生的视野,培养学生的创新思维,为学生解决相关专业领域的问题提供有效的思维途径。基于上述教学理念,沿着信息处理、计算、计算思维的概念和实现,我们对第二版教材进行了内容的调整和优化,突出了计算思维的核心地位。

本书的主要特色如下。

(1) 强调以"计算思维"为核心的教学,引导学生逐步提高计算思维能力。在剖析"计算"概念的基础上,讲述了信息时代发生的数字革命的内涵,展示了"计算思维"的社会背景和技术背景,开拓了学生的视野,引发学生对"计算"本质的思考;基于可视化的算法设计环境 RAPTOR,讲解计算思维中抽象、自动化、迭代、递归等概念,以及求解问题、构建系统的方法;在讲授计算机硬件设计、软件设计、网络系统设计、数据库系统设计时突出抽象(在体系结构上分层次)和自动化的思维教学。这不仅教会学生现代计算机的基础知识和技术,为应用计算机解决问题打下良好基础,而且,学生可以从中体会到计算思维的魅力,并把它变成自身能力的一部分。即使将来计算机的具体技术发展、变化了,学生仍可以运用所拥有的计算思维能力,解决所在领域中遇到的新问题。

(2) 教材符合通识教育的理念,注重内容的基础性、实用性。计算与计算思维引入计算机基础教学后,有的教材引入了大量计算机科学的概念和术语,这其实是不利于以"计算思维"为核心的教学的。过多晦涩的计算机专业术语,反而淹没了计算思维的核心概念,还让学生对计算思维产生了畏惧心理。因此,我们在编写教材时遵循的原则是:基本概念讲透彻,拓展性知识讲清问题背景,引导学生自主思考。对于学生学习、生活中密切相关的知识和技术则通过应用案例的方式引入,实施线上线下结合的混合教学。

(3) 结合理论教学,设计内容丰富的实验教学案例。在本书的配套实验教材中,从计算机硬件组装、算法与程序设计、数据处理与数据组织,到网络实验,内容丰富、实用。

本教材分为 8 章,主要内容有信息、计算与计算思维,信息的数字化表示,计算机硬件基础,算法与程序设计基础,操作系统,数据处理与数据管理,数字媒体,计算机网络。

各章内容层次递进,围绕着如何运用计算思维的方法处理信息、求解问题而展开。第 1 章引出当今社会的信息处理需求,以及信息处理的强有力的方法——计算、计算思维;第 2 章研究信息的数字化表示问题,这是使用计算机处理信息的前提;第 3 章讲述信息处理的核心设备——计算机硬件,这是信息处理的物理基础;第 4 章探讨信息处理中的问题求解方式和步骤描述,对算法这一计算思维的核心概念进行了详细讲解;第 5 章中对使用计算机处理信息的核心支撑软件——操作系统进行了分析;第 6 章讨论了信息处理和信息管理的原理和具体方法,这是用户常用的在计算设备上处理信息的方式;第 7 章对当今社会中最受欢迎的信息呈现方式——图形、图像、音频和视频等的基本概念进行了概括性讲述,出发点是帮助学生更好地使用这些数字媒体;第 8 章对深刻影响了人类社会生活的信息传输设施——计算机网络的基本概念和原理进行了讲解,可以很好地帮助学生解决在互联网大背景下学习、生活和工作遇到的相关问题。

本书第 1、4 章由刘梅彦编写,第 2、3、7 章由徐英慧编写,5.1 节由刘梅彦编写、5.2 节由黄宏博编写,6.1 节由刘梅彦编写,6.2 节由刘梅彦、李文杰联合编写,6.3 节和 6.4 节由李颖编写,第 8 章由刘梅彦、方炜炜编写,全书由刘梅彦主编,徐英慧、李颖、李文杰担任副主编;周长胜副教授审阅了全书。作者所在教研室的全体教师为本书提出了很好的建议,在此表示感谢。

本书实例中的所有素材和源代码均可从清华大学出版社网站上下载。

由于作者的水平有限,书中难免有疏漏和不妥之处,恳请读者批评指正。

作　者

2018 年 6 月

目 录

第 1 章　信息、计算与计算思维 ⋯⋯⋯⋯⋯⋯⋯⋯⋯⋯⋯⋯⋯⋯⋯⋯⋯⋯⋯⋯⋯⋯ 1

  1.1　信息与数字革命 ⋯⋯⋯⋯⋯⋯⋯⋯⋯⋯⋯⋯⋯⋯⋯⋯⋯⋯⋯⋯⋯⋯⋯⋯⋯ 1
      1.1.1　信息与数据 ⋯⋯⋯⋯⋯⋯⋯⋯⋯⋯⋯⋯⋯⋯⋯⋯⋯⋯⋯⋯⋯⋯⋯⋯ 1
      1.1.2　信息时代与数字革命 ⋯⋯⋯⋯⋯⋯⋯⋯⋯⋯⋯⋯⋯⋯⋯⋯⋯⋯⋯⋯ 2
  1.2　计算、计算科学和计算思维 ⋯⋯⋯⋯⋯⋯⋯⋯⋯⋯⋯⋯⋯⋯⋯⋯⋯⋯⋯⋯⋯ 4
      1.2.1　什么是计算 ⋯⋯⋯⋯⋯⋯⋯⋯⋯⋯⋯⋯⋯⋯⋯⋯⋯⋯⋯⋯⋯⋯⋯⋯ 4
      1.2.2　计算科学与计算机科学 ⋯⋯⋯⋯⋯⋯⋯⋯⋯⋯⋯⋯⋯⋯⋯⋯⋯⋯⋯ 5
      1.2.3　计算思维 ⋯⋯⋯⋯⋯⋯⋯⋯⋯⋯⋯⋯⋯⋯⋯⋯⋯⋯⋯⋯⋯⋯⋯⋯⋯ 6
  1.3　计算机的发展与应用 ⋯⋯⋯⋯⋯⋯⋯⋯⋯⋯⋯⋯⋯⋯⋯⋯⋯⋯⋯⋯⋯⋯⋯⋯ 8
      1.3.1　计算机的产生及现状 ⋯⋯⋯⋯⋯⋯⋯⋯⋯⋯⋯⋯⋯⋯⋯⋯⋯⋯⋯⋯ 8
      1.3.2　计算机发展趋势 ⋯⋯⋯⋯⋯⋯⋯⋯⋯⋯⋯⋯⋯⋯⋯⋯⋯⋯⋯⋯⋯ 12
      1.3.3　计算机的分类 ⋯⋯⋯⋯⋯⋯⋯⋯⋯⋯⋯⋯⋯⋯⋯⋯⋯⋯⋯⋯⋯⋯ 13
      1.3.4　计算机的应用 ⋯⋯⋯⋯⋯⋯⋯⋯⋯⋯⋯⋯⋯⋯⋯⋯⋯⋯⋯⋯⋯⋯ 15
  习题 ⋯⋯⋯⋯⋯⋯⋯⋯⋯⋯⋯⋯⋯⋯⋯⋯⋯⋯⋯⋯⋯⋯⋯⋯⋯⋯⋯⋯⋯⋯⋯⋯ 16

第 2 章　信息编码与数据表示 ⋯⋯⋯⋯⋯⋯⋯⋯⋯⋯⋯⋯⋯⋯⋯⋯⋯⋯⋯⋯⋯⋯ 19

  2.1　进制及其转换 ⋯⋯⋯⋯⋯⋯⋯⋯⋯⋯⋯⋯⋯⋯⋯⋯⋯⋯⋯⋯⋯⋯⋯⋯⋯⋯ 19
      2.1.1　认识基于 0 和 1 的二进制 ⋯⋯⋯⋯⋯⋯⋯⋯⋯⋯⋯⋯⋯⋯⋯⋯⋯⋯ 19
      2.1.2　不同进制数之间的转换 ⋯⋯⋯⋯⋯⋯⋯⋯⋯⋯⋯⋯⋯⋯⋯⋯⋯⋯ 23
  2.2　数据在计算机中的存储方式 ⋯⋯⋯⋯⋯⋯⋯⋯⋯⋯⋯⋯⋯⋯⋯⋯⋯⋯⋯⋯ 27
      2.2.1　数据的存储单位 ⋯⋯⋯⋯⋯⋯⋯⋯⋯⋯⋯⋯⋯⋯⋯⋯⋯⋯⋯⋯⋯ 27
      2.2.2　数据的存储地址 ⋯⋯⋯⋯⋯⋯⋯⋯⋯⋯⋯⋯⋯⋯⋯⋯⋯⋯⋯⋯⋯ 29
  2.3　数值在计算机中的表示 ⋯⋯⋯⋯⋯⋯⋯⋯⋯⋯⋯⋯⋯⋯⋯⋯⋯⋯⋯⋯⋯⋯ 29
      2.3.1　真值与机器数 ⋯⋯⋯⋯⋯⋯⋯⋯⋯⋯⋯⋯⋯⋯⋯⋯⋯⋯⋯⋯⋯⋯ 29
      2.3.2　原码、反码与补码 ⋯⋯⋯⋯⋯⋯⋯⋯⋯⋯⋯⋯⋯⋯⋯⋯⋯⋯⋯⋯ 30
      2.3.3　浮点数在计算机中的表示 ⋯⋯⋯⋯⋯⋯⋯⋯⋯⋯⋯⋯⋯⋯⋯⋯⋯ 33
  2.4　字符信息在计算机中的表示 ⋯⋯⋯⋯⋯⋯⋯⋯⋯⋯⋯⋯⋯⋯⋯⋯⋯⋯⋯⋯ 33
      2.4.1　西文字符编码 ⋯⋯⋯⋯⋯⋯⋯⋯⋯⋯⋯⋯⋯⋯⋯⋯⋯⋯⋯⋯⋯⋯ 33
      2.4.2　中文字符编码 ⋯⋯⋯⋯⋯⋯⋯⋯⋯⋯⋯⋯⋯⋯⋯⋯⋯⋯⋯⋯⋯⋯ 34
  2.5　多媒体信息在计算机中的表示 ⋯⋯⋯⋯⋯⋯⋯⋯⋯⋯⋯⋯⋯⋯⋯⋯⋯⋯⋯ 36
      2.5.1　图像信息编码 ⋯⋯⋯⋯⋯⋯⋯⋯⋯⋯⋯⋯⋯⋯⋯⋯⋯⋯⋯⋯⋯⋯ 36
      2.5.2　声音信息编码 ⋯⋯⋯⋯⋯⋯⋯⋯⋯⋯⋯⋯⋯⋯⋯⋯⋯⋯⋯⋯⋯⋯ 38

习题 ……………………………………………………………………………………………… 40

第3章 计算机硬件基础 …………………………………………………………………… 42

3.1 计算机硬件系统结构 …………………………………………………………………… 42
3.1.1 图灵机计算模型 ………………………………………………………………… 42
3.1.2 冯·诺依曼型计算机 …………………………………………………………… 43
3.1.3 计算机的基本组成 ……………………………………………………………… 45
3.2 计算机基本工作原理 …………………………………………………………………… 46
3.2.1 机器指令 ………………………………………………………………………… 46
3.2.2 计算机是如何工作的 …………………………………………………………… 47
3.2.3 如何提高CPU的执行效率 …………………………………………………… 48
3.3 微型计算机 ……………………………………………………………………………… 49
3.3.1 微型计算机概述 ………………………………………………………………… 49
3.3.2 微型计算机的硬件组成 ………………………………………………………… 50
3.3.3 微型计算机的主要性能指标 …………………………………………………… 65
习题 ……………………………………………………………………………………………… 65

第4章 算法与程序设计基础 ……………………………………………………………… 67

4.1 计算思维与算法 ………………………………………………………………………… 67
4.1.1 什么是计算思维 ………………………………………………………………… 67
4.1.2 计算思维与算法的关系 ………………………………………………………… 68
4.2 算法 ……………………………………………………………………………………… 68
4.2.1 算法的定义与特性 ……………………………………………………………… 68
4.2.2 算法的描述 ……………………………………………………………………… 70
4.3 算法设计 ………………………………………………………………………………… 77
4.3.1 算法设计策略 …………………………………………………………………… 77
4.3.2 排序与查找算法设计举例 ……………………………………………………… 84
4.3.3 算法的评价 ……………………………………………………………………… 89
4.4 程序设计基础 …………………………………………………………………………… 90
4.4.1 程序、程序设计和程序设计语言 ……………………………………………… 90
4.4.2 Raptor程序设计基础 …………………………………………………………… 95
4.4.3 Raptor控制结构 ………………………………………………………………… 101
习题 ……………………………………………………………………………………………… 111

第5章 操作系统 …………………………………………………………………………… 113

5.1 操作系统基础知识 ……………………………………………………………………… 113
5.1.1 软件概述 ………………………………………………………………………… 113
5.1.2 操作系统的组件 ………………………………………………………………… 114
5.1.3 系统启动 ………………………………………………………………………… 122

5.2 典型桌面操作系统 Windows ……………………………………………… 123
　　5.2.1 Windows 7 概述 ……………………………………………… 123
　　5.2.2 文件管理 ……………………………………………………… 124
　　5.2.3 程序管理 ……………………………………………………… 131
　　5.2.4 磁盘管理 ……………………………………………………… 136
　　5.2.5 计算机管理 …………………………………………………… 140
习题 …………………………………………………………………………… 143

第 6 章　数据处理与数据管理 ………………………………………………… 146
6.1 数据与数据处理 …………………………………………………………… 146
6.2 常用数据处理软件 ………………………………………………………… 150
　　6.2.1 常用办公软件 ………………………………………………… 150
　　6.2.2 图形可视化与数据分析软件 ………………………………… 153
6.3 数据库管理基础 …………………………………………………………… 154
　　6.3.1 数据库基础知识 ……………………………………………… 154
　　6.3.2 关系数据库 …………………………………………………… 159
　　6.3.3 结构化查询语言 SQL ………………………………………… 161
6.4 数据库应用系统设计案例 ………………………………………………… 164
　　6.4.1 数据库应用系统的设计 ……………………………………… 164
　　6.4.2 创建数据库 …………………………………………………… 168
　　6.4.3 创建查询 ……………………………………………………… 179
习题 …………………………………………………………………………… 187

第 7 章　数字媒体 ……………………………………………………………… 190
7.1 数字媒体概述 ……………………………………………………………… 190
　　7.1.1 什么是数字媒体 ……………………………………………… 190
　　7.1.2 数字媒体的关键技术 ………………………………………… 191
7.2 数字音频 …………………………………………………………………… 193
　　7.2.1 数字音频基础知识 …………………………………………… 194
　　7.2.2 数字音频处理基础 …………………………………………… 195
7.3 数字图像 …………………………………………………………………… 196
　　7.3.1 数字图像基础知识 …………………………………………… 197
　　7.3.2 数字图像处理基础 …………………………………………… 199
7.4 动画技术基础 ……………………………………………………………… 200
　　7.4.1 计算机动画 …………………………………………………… 200
　　7.4.2 动画制作软件 Flash 简介 …………………………………… 202
7.5 数字视频 …………………………………………………………………… 206
　　7.5.1 视频基础知识 ………………………………………………… 206
　　7.5.2 数字视频处理基础 …………………………………………… 209

习题 ··· 213

第 8 章　计算机网络 ·· 215

8.1　网络基础知识 ·· 215
8.1.1　认识计算机网络 ·· 215
8.1.2　网络硬件 ·· 220
8.1.3　局域网 ·· 224
8.1.4　无线网络 ·· 229

8.2　因特网 ·· 231
8.2.1　因特网基础知识 ·· 231
8.2.2　因特网协议 ··· 234
8.2.3　因特网接入方式 ·· 236
8.2.4　因特网服务 ··· 237

8.3　Web 与 HTML ·· 241
8.3.1　Web 基础知识 ·· 241
8.3.2　HTML ··· 242

8.4　网络信息安全 ·· 243
8.4.1　计算机病毒及其防治 ··· 243
8.4.2　网络黑客及其防范 ··· 246
8.4.3　数据加密与数字签名 ··· 248
8.4.4　防火墙 ·· 250

习题 ··· 251

附录　ASCII 码字符编码表 ··· 254

参考文献 ··· 255

第 1 章 信息、计算与计算思维

信息是信息社会最重要的资源,而对信息和数据处理的需求,引发了人们对计算能力的不断追求。计算机已经成为社会生活必不可少的信息处理工具。然而,计算机为什么能够计算?计算的本质又是什么?计算机的发展经历了哪些关键点?如何看待计算科学的作用和地位?计算思维是什么?如何掌握计算思维呢?本章将对这些问题一一阐述。

1.1 信息与数字革命

1.1.1 信息与数据

1. 什么是信息

信息,指音讯、消息、通信系统传输和处理的对象,泛指人类社会传播的一切内容。人通过获得、识别自然界和社会的不同信息来区别不同事物,得以认识和改造世界。在一切通信和控制系统中,信息是一种普遍联系的形式。1948 年,数学家香农在题为"通信的数学原理"的论文中指出:"信息是用来消除随机不定性的东西。"

信息是对客观世界中各种事物的运动状态和变化的反映,是客观事物之间相互联系和相互作用的表征,表现的是客观事物运动状态和变化的实质内容。

例如,听气象广播,气象预报为"晴间多云",这就告诉了我们某地的气象状态,而"晴间多云"这一广播语言则是对气象状态的具体描述。

美国信息管理专家霍顿(F. W. Horton)从信息处理的角度给信息下的定义是:"信息是为了满足用户决策的需要而经过加工处理的数据。"简单地说,信息是经过加工的数据,或者说,信息是数据处理的结果。

信息的特征包括如下 7 项。

(1) 可识别性。信息是可以识别的,识别又可分为直接识别和间接识别,直接识别是指通过感官的识别,间接识别是指通过各种测试手段的识别。不同的信息源有不同的识别方法。

(2) 可存储性。信息是可以通过各种方法存储的。

(3) 可扩充性。信息随着时间的变化,将不断扩充。

(4) 可压缩性。人们对信息进行加工、整理、概括、归纳就可使之精练,从而浓缩。

(5) 可传递性。信息的可传递性是信息的本质等征。

(6) 可转换性。信息可以由一种形态转换成另一种形态。

(7) 特定范围有效性。信息在特定的范围内是有效的,否则是无效的。

那么,如何描述和表示信息呢?信息是通过数据来表示的。

2. 什么是数据

数据是用来承载或记录信息的按一定规则排列组合的符号,可以是字母、数字、文字、图形、图像、声音等内容。

信息与数据二者是不可分离的。信息由与物理介质有关的数据表达,数据中所包含的意义就是信息。信息是对数据解释、运用与解算[①],数据即使是经过处理以后,也只有经过解释才有意义,才成为信息;就本质而言,数据是客观对象的表示,而信息则是数据内涵的意义,只有数据对实体行为产生影响时才成为信息。数据是记录下来的某种可以识别的符号,具有多种多样的形式,也可以加以转换,但其中包含的信息内容不会改变,即不随载体的物理设备形式的改变而改变。信息可以离开信息系统而独立存在,也可以离开信息系统的各个组成和阶段而独立存在;而数据的格式往往与计算机系统有关,并随存放它的物理设备的形式而改变。数据是原始事实,而信息是数据处理的结果。具有不同知识、经验的人,对于同一数据的理解,可得到不同信息。

例如,有一条数据表明一位同学的姓名、身高等,这个学生的姓名可称为一条信息,这些信息组织起来就是一定的数据。又例如,为了表示关于天气的信息,可以用"晴间多云",也可以用图符 ☁ 。总而言之,数据可表示信息,但不是任何数据都表示信息,同一数据可以有不同的解释。信息是抽象的,同一信息可以有不同的数据表示方式。

1.1.2 信息时代与数字革命

随着电子计算机的出现和逐步的普及,信息传播的费用极大地降低,信息量、信息传播的速度、信息处理的速度以及应用信息的程度等都以几何级数的方式在增长。其结果是:人类社会从工业时代进入了信息时代。信息已经成为比物质和能源更为重要的资源。信息对人们的日常生活,从经济到政治和社会关系等诸多方面都产生了深刻的影响。

信息时代的技术基础是构建在数字电子器件之上的。信息在计算机中也都是用数字代表的。下面讲述信息时代开创的数字革命。

什么是数字革命?数字革命是由数字技术(如计算机和因特网)带来的社会、政治和经济持续改变的过程。

驱动数字革命的技术基于数字电子器件以及电信号可以表示数据(诸如数字、文字、图像和音乐)的概念。信息经过"数字化"后,才能被数字设备识别和处理。什么是数字化呢?

数字化是指把文本、数字、声音、图像和视频转换成数字设备可处理的数据的过程。经过数字化后,原来的包含在书籍、唱盘、照片等不同介质上的信息,都可以转换成同一类信号(即数字信号),不再需要单独的设备来处理。而且,信息的内容非常容易复制、传播,信息的利用率大大提高。

---

① "解算"是指求解方法,也就是解决问题的过程和方法。

随着计算机的发展，数字革命也经历了4个不同阶段：数据处理、个人计算、网络计算和云计算。下面简单介绍每个阶段的主要特征。

1. 数据处理

在20世纪40年代中期，为了解决第二次世界大战时期的密码破解和弹道轨迹的计算，电子数字计算机诞生了。此阶段的计算机是体积庞大、构造复杂、价格昂贵的设备，而且数量有限，只有大公司或政府机构才配备。计算机开始应用于商业业务，如工资和库存管理。

数据处理是基于"输入、处理和输出"循环。数据进入计算机，得到处理，最后处理结果被输出。例如，将员工的考勤卡输入到计算机系统，系统就会对工资数据进行处理，计算实发工资、扣除的税费，最后得到"工资单"。

2. 个人计算

在20世纪70年代至90年代中期，已经出现个人计算机（如Apple计算机、IBM PC等），但还未连接到网络，各个计算机相互独立。

个人计算（Personal Computing）的特点是安装本地软件在个人计算机上使用。本地软件在个人计算机的硬盘上，如电子表格软件。

3. 网络计算

从20世纪90年代中期开始，随着计算机网络和因特网对公众开放，网络技术变得越来越方便易用。自从有了因特网（Internet），人们就可以从网络（即Web）上获取各种各样的信息资源，还可以在网上从事商务活动，从而在一定程度上改变了生活和工作的方式，推动了社会的进步。

"网络计算"是把网络连接起来的各种自治资源和系统组合起来，以实现资源共享、协同工作和联合计算，为各种用户提供基于网络的各类综合性服务。

4. 云计算

"云计算"（Cloud Computing）的概念自2006年首次提出，随着2008年2月IBM在中国建立的全球第一个云计算中心（Cloud Computing Center），多个"数据中心"纷纷建立，成为云计算的数据服务和计算服务平台。

作为数字革命第4阶段特征的云计算，让本地应用变得黯然失色。云计算使计算分布在大量的分布式计算机上，而非本地计算机或远程服务器中。企业数据中心的运行将与互联网更相似。这使得企业能够将资源切换到需要的应用上，根据需求访问计算机和存储系统。

好比是从古老的单台发电机模式转向了电厂集中供电的模式，云计算意味着计算能力也可以作为一种商品进行流通，就像煤气、水电一样，取用方便，费用低廉。最大的不同在于，云计算是通过互联网进行传输的，它让用户可以通过因特网访问信息和应用程序，进行通信和存储。

在云计算时代，人们可以使用智能移动设备，可以方便地访问数据中心，播放音乐和电影,查看新闻,网上购物,网上社交等。云计算极大地改变了人类生活、工作和学习的方式。

任何技术都是双刃剑,数字技术在为人类提供便利的同时,也带来了一系列新问题,如个人隐私泄漏、信息安全和知识产权等问题。了解数字技术如何工作,能够帮助我们理解上述问题的根源,更好地在数字化的社会中生存。

1.2 计算、计算科学和计算思维

1.2.1 什么是计算

计算机为我们提供了快速、准确的计算能力,那么,什么是计算呢?计算机是不是什么都能计算呢?

在大众的意识里,计算首先指的是数的加减乘除,其次则为方程求解、函数的微积分等。可以说,计算是一个无所不在的数学概念。那么,计算的本质是什么呢?直到 20 世纪 30 年代,经过丘奇、图灵等数学家的不懈努力,才解释了计算的本质,以及什么是可计算的,什么是不可计算的等。

图灵指出,计算就是依据一定的法则,将一个符号串 f 变换成另一个符号串 g 的过程。

例如,算术式"5+7"的值为"12",运用的法则就是四则运算中的加法法则,符号串 f 是"5+7",符号串 g 是"12"。

例如,如果符号串 f 是"x^2",符号串 g 是"$2x$",则从 f 到 g 的计算就是微分。

例如,文字翻译也是计算,如 f 代表一个英文句子,g 代表含义相同的一个中文句子,那么从 f 到 g 就是把英文翻译成中文。

这些例子,都是从已知的符号串开始,一步一步改变符号串,经过有限步骤,得到预先规定的符号串的变换过程。

我们知道,从数学意义上讲,函数是一组可能的输入值和一组可能的输出值之间的映射关系,它使每个可能的输入被赋予单一的输出。显然,根据计算的定义,计算就是函数的计算,函数的输入为已知字符串 f,输出为字符串 g,如图 1-1 所示。

输入字符串f ——→ 函数计算 ——→ 输出字符串g

图 1-1 函数计算示意图

对函数进行计算的能力非常重要,正是通过对函数的计算,问题才能得到解决。例如,为了解决一个加法问题,就必须计算加法函数;为了解决一个翻译问题,就必须计算翻译函数。

但是,并不是每个函数都能找到方法来计算。如果一个函数,依据它的输入值,通过算法来确定其输出值,就称其为可计算的函数,反之,就称为不可计算的函数。

在计算机科学中,可计算函数和不可计算函数之间的区别很重要。因为机器只能执行由算法描述的任务,所以可计算函数的研究最终是对机器能力的研究。如果能够确定这样的能力,并建造出具备这种能力的机器,那么可以确信,所建造的机器就如我们设想的一样强大。同样,如果发现一个问题的解决方案需要计算一个不可计算函数,那么可以得出这样一个结论：该问题的求解超出了机器的能力范围。

如何确定一个函数是不可计算的呢？图灵提出了图灵机可计算函数，即可计算函数都是用图灵机可计算的函数。其中，图灵机是一种计算模型(参见 3.1 节)，或理论计算机。为了纪念阿兰·图灵和阿隆佐·丘奇的贡献，此论点称为图灵-丘奇论点。

图灵-丘奇论点对于计算机科学有重大现实意义，它明确刻画了计算机的本质或计算机的计算能力，确定了除了图灵可计算函数之外的函数，计算机是无法计算的。

1.2.2 计算科学与计算机科学

从历史发展的过程来看，人对计算能力的需求是永无止境的，而在各种类型的计算工具中，计算机尤其是超级计算机具有最高计算能力。正是由于它们的出现及发展，使计算与理论和实验一起成为一种新的科学方法。

1．计算科学

计算科学是使得现代科学面貌焕然一新的独特的新方法。首先，它不断地改变着科学家的工作，即改变实验和理论化的方法。其次，它克服了理论方法和实验方法固有的限制，极大扩展了科学家力所能及分析问题的范围。计算机尤其是现代超级计算机，正使这种可供选择的方法变得完全可行，其结果对我们理解自然规律内在的复杂性和多样性来说将是一场革命。

了解计算科学的内涵，可以协助我们解决领域问题求解中的计算问题。

什么是计算科学呢？从计算的视角，计算科学是一种研究数学建模、定量分析以及利用计算机来分析解决问题的研究领域；从计算机的视角，计算科学是一种利用高性能计算能力预测和了解现实世界物质运动或复杂现象演化规律的研究领域。

计算科学是不可缺少的，它可以辅助解决每一个领域的难题，包括从传统科学、工程学到国家安全、公共卫生和经济改革等关键领域。计算科学的进步带动了计算模型的发展，有利于采集和分析大量实验和观察数据，解决以前难以解决的问题。

计算科学及高端计算处理处在先进社会科学、生物医学、工程研究、防御及国家安全以及工业改革中的中心位置。现在计算科学和理论、实验共同组成科学研究的三大基石。计算科学使研究者能够建立并检验复杂现象的模型，并能迅速、高效地处理大量数据。例如，几百年间的气候变化、飞行器上的多维飞行压力以及恒星爆炸，这些都是在实验室里制造不出来的，计算科学的模型和形象化——例如，疾病的微生物基础或一场飓风的动力的模型——产生了新的知识体系，超越了传统学科的范围。在工业上，计算科学通过将商业和工程实践相转化，为企业提供了一个很具竞争力的优势。

作为一门独立学科，计算科学能够促进整个科学领域的发展。21 世纪科学领域中最重要并具经济前景的研究前沿都是受先进计算技术和计算科学应用的影响的，而且这些领域已经取得了引人注目的成就(参见 1.3 节)，也造福了全世界。

2．计算机科学

计算机科学(Computer Science，CS)是一门包含各种各样与计算和信息处理相关主题的系统学科，从抽象的算法分析、形式化语法等，到更具体的主题，如编程语言、程序设计、软件和硬件等。

计算机科学中包含很多分支领域。例如，计算复杂性理论，该理论用于探讨计算问题的性质，即研究解决计算问题的时间与空间消耗问题；编程语言理论研究描述计算的方法；而程序设计是应用特定的编程语言解决特定的计算问题；人机交互则专注于怎样使计算机和计算变得有用、好用，以及随时随地为人所用。

按照 Peter J. Denning 的说法，计算机科学的最根本问题是"什么能够被有效地自动化？"计算理论的研究就是专注于回答这个根本问题，关于什么能够被计算，去实施这些计算又需要用到多少资源等。为了试图回答第一个问题，递归论检验在多种理论计算模型中哪个计算问题是可解的。而计算复杂性理论则被用于回答第二个问题，研究解决一个不同目的的计算问题的时间与空间消耗。

1.2.3 计算思维

1. 计算思维的内涵

计算思维是时任美国卡内基·梅隆大学计算机科学系主任周以真（Jeannette M. Wing）教授于 2006 年提出的。

2005 年 6 月，美国 PITAC（总统信息技术咨询委员会）发布了《计算科学：确保美国竞争力》报告，计算思维被作为发展计算科学的突破而提出。紧接着，就开始了以计算思维为核心的大学计算机教育改革，目标是促进造就具有基本计算思维能力的、在全球有竞争力的劳动者。

计算思维在我国高等教育领域与科学研究领域都得到了高度重视，并在近几年的时间里得到全面推进和发展。教育界已经确定了计算思维的教育目标：培养创新人才的一个重要内容就是要潜移默化地培养他们的计算思维。无论哪个学科，具有突出的计算思维能力都将成为新时期拔尖创新人才不可或缺的素质。

什么是计算思维呢？周教授认为：计算思维是运用计算机科学的基础概念进行问题求解、系统设计，以及人类行为理解等涵盖计算机科学之广度的一系列思维活动。

计算思维是一种解析（Analytical）思维，它共用了数学思维、工程思维和科学思维。计算思维的两个核心概念是抽象（Abstract）和自动化（Automation）。计算是抽象的自动执行，自动化隐含着需要某类计算机去解释抽象。

自 2006 年周以真教授明确计算思维的内涵以来，作为计算机科学学科的基本学科素质和学科专业思维，计算思维得到了广泛的认同。2011 年，美国教育界和工商界共同形成了可操性的"计算思维"定义，即："计算思维"是问题解决过程，包括如下特点：

(1) 以一种方式使问题公式化，并可以利用计算机或其他工具解决；
(2) 逻辑组织与数据分析；
(3) 通过模型与模拟等抽象方式进行数据表达；
(4) 通过算法思维（一系列有顺序的步骤）进行自动化求解；
(5) 确认、分析及实施可能的解决方案，以达到步骤与资源最优化的目的；
(6) 概括问题解决过程并将其应用于各种问题解决。

这些技能也对态度与能力有所要求，如下是计算思维的基本态度与能力维度。包括：

①处理负责问题的信心；②解决困难问题时的坚持；③问题不确定时表现出来的耐心；④处理开放性问题的能力；⑤为实现共同目标或形成解决方案；⑥与他人沟通与合作的能力。

2．计算思维的应用

计算思维是每个人的基本技能，不仅属于计算机科学家。我们应当使每个孩子在培养解析能力时不仅掌握阅读、写作和算术(Reading，wRiting，and aRithmetic，3R)，还要学会计算思维。正如印刷出版促进了3R的普及，计算和计算机也以类似的正反馈促进了计算思维的传播。

计算思维已经对其他学科产生了显著影响。例如，计算机科学家们对生物科学越来越感兴趣，因为他们坚信生物学家能够从计算思维中获益。通过将生物里的蛋白质序列、DNA编码等主要偏重于蛋白质和核酸的相关东西信息化、数据化，生物学家可以在此基础上应用计算机方法去研究。计算机科学与生物科学融合而成的计算机生物学可以帮助生物学家在海量序列数据中搜索寻找模式规律，并通过建模、设计算法、编写程序，最后得到预测的结果，确定蛋白质的分子结构。

计算生物学正在改变着生物学家的思考方式。类似地，计算博弈理论正改变着经济学家的思考方式，纳米计算改变着化学家的思考方式，量子计算改变着物理学家的思考方式。

计算思维能力将成为人类技能的一部分。拥有了计算思维能力，不仅能更好地理解计算机的实现机制和约束，建立计算意识，形成计算能力，更有利于发明和创新，有利于提高信息素养。拥有了计算思维能力，也就掌握了处理计算机相关问题时应用的思维方法、表达形式和行为习惯，从而更好地利用计算机。

下面解析计算思维在生活中的一个应用案例：验证码。

我们在登录一个网站时，除了输入用户名和密码外，经常被要求输入验证码。为什么这么麻烦呢？这是为了防止有人利用计算机程序暴力破解(依次尝试各种可能的密码)登录密码，从而非法登录此网站。

验证码(Completely Automated Public Turing test to tell Computers and Humans Apart，CAPTCHA，全自动区分计算机和人类的图灵测试)由卡内基梅隆大学的路易斯·冯·安(Luis von Ahn)提出，用于区分网络请求的发起方是人类，亦或是计算机。这个验证码由计算机生成并评判，但是必须只有人类才能解答。由于计算机无法解答CAPTCHA的问题，所以能回答出问题的用户就可以被认为是人类。

由于这个测试是由计算机来考人类，而不是标准图灵测试中那样由人类来考计算机。人们有时称CAPTCHA是一种反向图灵测试。

一种常用的CAPTCHA测试是让用户输入一个扭曲变形的图片上所显示的文字或数字。扭曲变形是为了避免被光学字符识别之类的计算机程序自动辨识出图片上的文字或数字而失去效果，如图1-2所示。

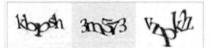

(a) 早期的CAPTCHA验证码，使用扭曲的字母和背景颜色梯度

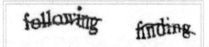

(b) 一种验证码，使用彼此拥挤在一起的图像，增加了图像分割难度

(c) 一种验证码，使用贯穿了一条曲线的文字符号，使得图像分割更困难

图1-2　几种常见的验证码

1.3 计算机的发展与应用

1.3.1 计算机的产生及现状

计算的历史包含人们对计算过程的本质所进行的探索，同时也为现代计算机的研制积累了经验。在1946年第一台电子数字计算机ENIAC问世之前，计算机器的发展经历了一个漫长的阶段，从以算盘、机械计算机器为代表的手工计算时代，发展到了以电子计算机为代表的自动计算时代。

算盘是中国传统的计算工具，是中国人在长期使用算筹的基础上发明的，是中国古代的一项伟大、重要的发明。在阿拉伯数字出现前算盘是全世界广为使用的计算工具。用算盘计算称为珠算，珠算有对应四则运算的相应法则，统称珠算法则。珠算计算简便迅捷，在计算器及计算机普及前，是我国商店普遍使用的计算工具。

1642年，年仅19岁的法国伟大科学家帕斯卡引用算盘的原理，发明了第一部机械式计算器，在他的计算器中有一些互相连锁的齿轮，一个转过十位的齿轮会使另一个齿轮转过一位，人们可以像拨电话号码盘那样，把数字拨进去，计算结果就会出现在另一个窗口中，但是只能做加减计算。1694年，莱布尼兹在德国将其改进成可以进行乘除的计算。

1725年，法国纺织工人鲁修为便于转织图样，在织布机套上穿孔纸带，他的合作伙伴则在1726年着手改良设计，将纸带换成相互串联的穿孔卡片，以此达到仅需手工进料的半自动化生产。为方便完成美国10年一次的人口普查工作，美国统计学家赫尔曼·何乐礼在1890年开发出一种排序机，利用打孔卡储存资料，再由机器传感卡片，协助美国人口调查局对统计资料进行自动化制表，结果不到三年就完成了户口普查工作。直到20世纪70年代为止，不少计算机设备仍以卡片作为处理媒介，世界各地都有科学系或工程系的大学生拿着大叠卡片到当地的计算机中心递交作业程式，一张卡片代表一行程式，然后耐心排队等着自己的程式被计算机中心的大型计算机处理、编译并执行。

巴贝奇差分机于1822年研制成功，是巴贝奇研制出的第一台"会制表的机器"，如图1-3

所示。它有三个寄存器,每个寄存器有6个部分,每个部分有一个字轮。它可以编制平方表和一些其他的表格,还能计算多项式的加法,运算的精确度达6位小数。差分机的研制成功,极大地鼓舞了巴贝奇。他发现这是一个大有作为的天地,于是他的"野心"更大了。他准备造一台比这台差分机大得多的差分机,它应当可以处理20位数,有7个20位的寄存器,并且还附设了印刷装置,可以直接将结果制成表格。然而由于当时工业条件的限制,巴贝奇穷其毕生精力都未能造出这台"新机器"。

图1-3 巴贝奇差分机

第二次世界大战期间,为解决弹道轨迹的计算问题,由美国宾夕法尼亚大学的物理学家约翰·莫克利(John Mauchly)和工程师普雷斯伯·埃克特(Presper Eckert)领导,开始研制称为ENIAC(Electronic Numerical Intergrator And Calculator)的电子数字积分计算机。冯·诺依曼看到了ENIAC的广阔前景后,毛遂自荐要做ENIAC的数学顾问。在参观了正在建造的机器后,冯·诺依曼构想了计算机的逻辑结构,他认为"一台计算机的基础组成是:存储器、控制器、运算器、输入/输出设备。"至今,世界上的大部分计算机仍在沿用着"冯·诺依曼结构"。

1946年2月,世界上第一台电子计算机ENIAC研制成功,如图1-4所示。虽然ENIAC研制成功时第二次世界大战已经结束,没有实现其预期目的,但它却标志着电子计算机时代的到来,具有划时代的意义。

ENIAC总共使用了约18 000个电子管、1500多个继电器、70 000个电阻及其他各类电气元件。它耗电150kW,占地170多平方米,重达30余吨,每秒可以进行5000次加法运算,3ms可进行一次乘法运算。ENIAC的计算速度是手工计算不可及的,它使60s射程的弹道计算时间由原来的20min缩短为30s。另外,它的存储容量很小,只能存20个字长为10位的十进制数,而且是用线路连接的方法来编排程序,因此每次解题都要靠人工改接连线,准备时间大大超过实际计算时间。

尽管如此,ENIAC的研制成功还是为以后计算机科学的发展提供了契机,而每克服它的一个缺点,都对计算机的发展带来很大影响,其中影响最大的要算是"存储程序原理"的提出和采用。

存储程序原理是由美籍匈牙利数学家冯·诺依曼于1946年提出的,把程序本身当作数

图 1-4 世界上第一台电子计算机 ENIAC

据来对待,程序和该程序处理的数据用同样的方式储存。冯·诺依曼和同事们依据此原理设计出了一个完整的现代计算机雏形,并确定了存储程序计算机的五大组成部分和基本工作方法。冯·诺依曼的这一设计思想被誉为计算机发展史上的里程碑,标志着自动计算的时代真正开始。

虽然计算机技术发展很快,但"存储程序原理"至今仍然是计算机内在的基本工作原理。自计算机诞生的那一天起,这一原理就决定了人们使用计算机的主要方式——编写程序和运行程序。科学家们一直致力于提高程序设计的自动化水平,改进用户的操作界面,提供各种开发工具、环境与平台,其目的都是为了让人们更加方便地使用计算机。但不管用户的开发与使用界面如何演变,"存储程序原理"没有变,它仍然是我们理解计算机系统功能与特征的基础。

EDSAC 是世界上第一台真正实现内部存储程序的电子计算机,于 1949 年 5 月建成,其中凝集着冯·诺依曼等人的思想,也是后来所有计算机的真正原型和范本。

电子计算机自诞生以来发展迅速。根据计算机所用逻辑元件的不同,人们习惯上将计算机的发展分成 4 代,如表 1-1 所示。

表 1-1 计算机发展的分代

分代	大致时间	逻辑器件	处理速度/指令数·s^{-1}	代表机型	应用领域
第一代	1946—1957 年	电子管	几千条	ENIAC,EDVAC,UNIVAC 等	科学计算
第二代	1958—1963 年	晶体管	几百万条	IBM7090、IBM7094 等	事务处理
第三代	1964—1971 年	中小规模集成电路	几千万条	IBM360、Honeywell6000 系列等	进一步扩大
第四代	1972 至今	大规模/超大规模集成电路	数亿条以上	IBM4300,Pentium 系列机等	各个领域

第一代电子计算机在时间上是从1946年第一台电子计算机ENIAC问世到20世纪50年代后期。第一代电子计算机的主要特点是采用电子管作为计算机的逻辑器件，使用机器语言或汇编语言编写程序。它体积大、耗能高、速度慢、容量小、可靠性低、造价高，主要用于军事目的和科学计算。

第二代电子计算机在时间上是从20世纪50年代后期到20世纪60年代中期。第二代电子计算机的主要特点是采用晶体管作为计算机的逻辑器件，运算速度比第一代计算机提高了近百倍，体积却只有原来的几十分之一。与第一代计算机相比，晶体管计算机体积小、速度快、成本低、功能强，可靠性大大提高。这一时期的计算机除了用于军事和科学计算以外，还用于工程设计、数据处理、事务管理等方面。与此同时，计算机软件也有了较大的发展，出现了COBOL、FORTRAN等高级语言，并采用了监控程序，这正是操作系统的雏形。

第三代电子计算机在时间上是从20世纪60年代中期到20世纪70年代初期。1964年4月，IBM 360计算机的诞生，标志着第三代计算机的开始。第三代电子计算机的主要特点是采用小/中规模集成电路作为计算机的逻辑器件，体积越来越小，价格越来越低。这一时期出现了操作系统，使得计算机的功能进一步增强，应用领域也越来越广，计算机开始向通用化、系列化、标准化方向发展。通用化指计算机的应用领域不再局限于科学计算和事务处理，还应用于文字处理、企业管理、自动控制等各个领域。系列化指计算机保持指令系统、字符编码、输入输出方式、控制方式等方面的一致性，使得在低档计算机上编写的程序可以不加修改地在高档计算机上运行，从而实现了程序的兼容。标准化指计算机采用标准的输入输出接口，从而使得外部设备可以在各种机型上使用。

第四代电子计算机在时间上是从20世纪70年代初至今。第四代电子计算机的主要特点是采用大规模/超大规模集成电路作为计算机的主要功能部件，半导体存储器逐步取代了磁心存储器。微型计算机的出现，成为计算机发展史上的一个重要里程碑。计算机走进了千家万户，计算机网络也在这一时期得以迅猛发展，计算机已进入各个领域，并成为现代社会不可缺少的一部分。

1965年，戈登·摩尔(Gordon Moore)准备了一个关于计算机存储器发展趋势的报告。他整理了一份观察资料。在他开始绘制数据时，发现了一个惊人的趋势。每个新芯片大体上包含其前任两倍的容量，每个芯片的产生都是在前一个芯片产生后的18~24个月内。如果这个趋势继续的话，计算能力相对于时间周期将呈指数式的上升。摩尔定律所阐述的趋势一直延续至今，且仍不同寻常地准确。摩尔定律不仅适用于对存储器芯片的描述，也精确地说明了处理机能力和磁盘驱动器存储容量的发展。该定律成为许多工业对于性能预测的基础。芯片的集成度理论上讲不可能按照摩尔定律一直提高。虽然在未来几年里研究者们通过继续挖掘硅部件的潜力能够继续维持摩尔定律的生命力，但各领域科学家以及产业分析师们都预测到了摩尔定律的失效。

计算机的未来充满了变数。性能的大幅度提高是不可置疑的，而实现性能的飞跃却有多种途径。不过性能的大幅提升并不是计算机发展的唯一路线，计算机的发展，还应当变得越来越人性化，同时也要注重环保等。

基于集成电路的计算机短期内还不会退出历史舞台，但一些新的计算机正在跃跃欲试地抢占舞台，这些计算机是：超导计算机、纳米计算机、光计算机、DNA计算机和量子计算机等。

1.3.2 计算机发展趋势

当前计算机的发展趋势是向巨型化、微型化、网络化和智能化方向发展。

1．巨型化（或功能巨型化）

由于天文、军事、仿真、科学计算等领域需要进行大量的计算，要求计算机有更高的运算速度、更大的存储量，这就需要研制功能更强的巨型计算机。

巨型化是指巨型计算机不断地朝着高速运算、大存储容量和强功能的方向发展。当前巨型计算机的运算能力一般在每秒万亿次以上。巨型计算机主要用于尖端科学技术和军事国防系统的研究开发。

巨型计算机的发展集中体现了计算机科学技术的发展水平，推动了计算机系统结构、硬件和软件的理论和技术、计算数学以及计算机应用等多个科学分支的发展。

2．微型化（或体积微型化）

20 世纪 70 年代以来，由于大规模和超大规模集成电路的飞速发展，微处理器芯片连续更新换代，微型计算机连年降价，加上丰富的软件和外部设备，操作简单，使微型计算机很快普及社会各个领域并走进了千家万户。

随着微电子技术的进一步发展，微型计算机将发展得更加迅速，其中笔记本型、掌上型等微型计算机必将以更优的性能价格比受到人们的欢迎。

3．网络化（或资源网络化）

网络化是指利用通信技术和计算机技术，把分布在不同地点的计算机互联起来，按照网络协议相互通信，以达到所有用户都可共享软件、硬件和数据资源的目的。现在，计算机网络在交通、金融、企业管理、教育、邮电、商业等各行各业中得到广泛的应用。

移动通信和互联网成为当今世界发展最快、市场潜力最大、前景最诱人的两大业务，它们的增长速度都是任何预测家未曾预料到的，通过移动互联网络能更好地传送数据、文本资料、声音、图形和图像，用户可随时随地在全世界范围拨打可视电话或收看任意国家的电视和电影。

4．智能化（或处理智能化）

智能化就是要求计算机能模拟人的感觉和思维能力，也是第五代计算机要实现的目标。智能化的研究领域很多，其中最有代表性的领域是专家系统和机器人。目前已研制出的机器人可以代替人从事危险环境的劳动，运算速度为每秒约十亿次的"深蓝"计算机在 1997 年战胜了国际象棋世界冠军卡斯帕罗夫；由谷歌（Google）旗下 DeepMind 公司的阿尔法围棋（AlphaGo）成为第一个击败人类职业围棋选手、第一个战胜围棋世界冠军的人工智能程序，由戴密斯·哈萨比斯领衔的团队开发。

目前的计算机已能够部分地代替人的脑力劳动，但是人们希望计算机具有更多人的智能，例如自行思考、智能识别、自动升级等。

1.3.3 计算机的分类

计算机种类很多，可以从不同的角度对计算机进行分类。按照计算机的用途和使用范围的不同，可分为通用计算机和专用计算机。专用计算机功能单一、适应性差，但是在特定用途下更有效、更经济、更快速。通用计算机功能齐全、适应性强，目前所说的计算机都是指通用计算机。通用计算机按照规模、速度和功能等的不同，又可分为超级计算机、大型计算机、服务器、工作站、个人计算机和手持设备6大类。

1. 超级计算机

如果计算机在构造之时是世界上运算速度最快的计算机之一，那么就被归为超级计算机。例如，"天河二号"计算机，由 16 000 个节点组成，每个节点有两颗基于 Ivy Bridge-E Xeon E5 2692 处理器和三个 Xeon Phi（一个 60 核的处理器），累计共有 32 000 颗 Ivy Bridge 处理器和 48 000 个 Xeon Phi，总计有 312 万个计算核心。以峰值计算速度每秒 5.49 亿亿次、持续计算速度每秒 3.39 亿亿次双精度浮点运算的优异性能位居榜首，成为 2013 年至 2015 年全球最快的超级计算机，如图 1-5 所示。

由于运算速度极快，超级计算机能够承担其他计算机所不能处理的复杂任务和计算密集型问题。计算密集型问题需要复杂的数学计算来处理大量数据，分子计算、大气模型和气候研究等项目都需要使用、处理和分析大量数据。

2015 年 5 月，在"天河二号"上成功进行了三万亿粒子数中微子和暗物质的宇宙学 N 体数值模拟，揭示了宇宙大爆炸 1600 万年之后至今约 137 亿年的漫长演化进程。同时这是迄今为止世界上粒子数最多的 N 体数值模拟。2016 年 6 月 20 日，使用中国自主芯片制造的"神威·太湖之光"取代"天河二号"登上榜首，如图 1-6 所示。

图 1-5 "天河二号"超级计算机

图 1-6 神威超级计算机

2. 大型计算机

大型计算机规模仅次于超级计算机，体积庞大、价格昂贵，能够同时为成千上万的用户处理数据。它的稳定性和安全性在所有计算机系统中是首屈一指的。正是因为这方面的优点和强大的数据处理能力，到现当前为止还没有其他的系统可以替代。由于成本巨大，使用大型计算机系统的一般以政府、银行、保险公司和大型制造企业为主，因为这些机构对信息的安全性和稳定性要求很高。从太空飞船的成功发射,到天气预报、军事科学的发展,以及全球金融业、制造业商业模式的变换,无一离得开大型计算机的功劳。在银行业,如今数以亿计的个人储蓄账户管理、丰富的金融产品提供都依赖大型计算机;在证券业,离开大型计算机和无纸化交易是不可想象的。

3. 服务器

在计算机行业中,术语"服务器"有多重含义。它既可以指计算机硬件,也可以指特定类型的软件,还可以指硬件和软件的结合体。这里从硬件的角度来讲。

服务器,也称伺服器,是提供计算服务的设备。由于服务器需要响应服务请求,并进行处理,因此一般来说服务器应具备承担服务并且保障服务的能力。

不过,服务器对硬件并没有专门的要求。有的计算机制造商(如 IBM 公司、惠普公司、联想公司、戴尔公司等)会把他们生产的专门用于网络数据存储和发布的一类计算机称作服务器。

服务器的构成包括处理器、硬盘、内存、系统总线等,和通用的计算机架构类似,但是由于需要提供高可靠的服务,因此在处理能力、稳定性、可靠性、安全性、可扩展性、可管理性等方面要求较高。服务器的外形各不同,既有个人计算机那样的塔式单元,也有存放在机架上的刀片服务器。

在网络环境下,根据服务器提供的服务类型不同,分为文件服务器、数据库服务器、应用程序服务器、Web 服务器等。

4. 工作站

20 世纪 70 年代后期出现了一种新型的称为工作站的计算机系统。工作站实际上是一台高档微机。但它具有以下明显的特征:使用大屏幕、高分辨率的显示器;有大容量的内外存储器;易于联网。它们主要用于计算机辅助设计、图像处理、软件工程以及大型控制中心。典型产品有美国 SUN 公司的 SUN3、SUN4 等。

5. 个人计算机

个人计算机(Personal Computer,PC),又称微型计算机,简称微机。20 世纪 70 年代后期,个人计算机的出现引发了计算机硬件领域的一场革命,是目前发展最快的领域。微机采用微处理器、半导体存储器和输入输出接口等芯片组装,使得它比之前的计算机体积更小、价格更低、灵活性更好、可靠性更高、使用更加方便。目前,PC 正在由桌面型向便携式的膝上型甚至笔记本型发展,同时集成了光盘、电话、传真、电视等,成为多媒体个人计算机,而且都能接到网络上。

6. 手持设备

手持设备包括我们熟知的智能手机、平板电脑和电子书等装置。这些设备含有许多计算机的特性,它们可以接收输入、产生输出、处理数据,还具有一定的存储能力,但从可编程性角度看,它们各有很大的不同。

如果一个手持设备能允许用户安装软件(或 App 应用),则称其为手持计算机。智能手机和平板电脑就属于手持计算机,因为用户可以在这些设备上安装软件。

1.3.4 计算机的应用

计算机的应用领域已渗透到社会的各行各业,正在改变着人们传统的工作、学习和生活方式,推动着社会的发展。计算机的主要应用领域如下。

1. 科学计算(或数值计算)

科学计算是指利用计算机来完成科学研究和工程技术中提出的数学问题的计算。在现代科学技术工作中,科学计算问题是大量的和复杂的。利用计算机的高速计算、大存储容量和连续运算的能力,可以实现人工无法解决的各种科学计算问题。

计算机的作用远超过了仅是工具的作用,计算使人们有可能通过计算机直接去进行检验和实验,在许多科学与工程领域都逐步形成了计算性科学分支,如计算力学、计算物理、计算化学、计算地震学等。计算在生命科学、医学、系统科学、经济学、社会科学中也正在起到日益增大的作用,世界上发达国家将计算能力视为其保持综合国力领先地位的重要发展领域之一。一些领域如气象、核技术、石油勘探、航空航天等,计算已成为不可缺少的工具和手段。

2. 数据处理(或信息处理)

数据处理是指对各种数据进行收集、存储、整理、分类、统计、加工、利用、传播等一系列活动的统称。据统计,80%以上的计算机主要用于数据处理,这类工作量大且面宽,是计算机应用的主导方向。

数据处理的基本目的是从大量的、可能是杂乱无章的、难以理解的数据中抽取并推导出对于某些特定的人们来说是有价值、有意义的数据。

数据处理是系统工程和自动控制的基本环节。数据处理贯穿于社会生产和社会生活的各个领域。数据处理技术的发展及其应用的广度和深度,极大地影响着人类社会发展的进程。

它是以数据库、模型库和方法库为基础,帮助管理决策者提高决策水平,改善运营策略的正确性与有效性。

目前,数据处理已广泛地应用于办公自动化、企事业计算机辅助管理与决策、情报检索、图书管理、电影电视动画设计、会计电算化等各行各业。信息正在形成独立的产业,多媒体技术展现在人们面前的信息不仅包括数字和文字,也有声情并茂的声音和图像信息。

3. 计算机辅助技术(或计算机辅助设计与制造)

计算机辅助技术包括 CAD、CAM 和 CAI 等。

(1) 计算机辅助设计(Computer Aided Design,CAD)。

计算机辅助设计是利用计算机系统辅助设计人员进行工程或产品设计,以实现最佳设计效果的一种技术。它已广泛地应用于飞机、汽车、机械、电子、建筑和轻工等领域。例如,在电子计算机的设计过程中,利用 CAD 技术进行体系结构模拟、逻辑模拟、插件划分、自动布线等,从而大大提高了设计工作的自动化程度。又如,在建筑设计过程中,可以利用 CAD 技术进行力学计算、结构计算、绘制建筑图纸等,这样不但提高了设计速度,而且可以大大提高设计质量。

（2）计算机辅助制造（Computer Aided Manufacturing,CAM）。

计算机辅助制造是利用计算机系统进行生产设备的管理、控制和操作的过程。例如,在产品的制造过程中,用计算机控制机器的运行,处理生产过程中所需的数据,控制和处理材料的流动以及对产品进行检测等。使用 CAM 技术可以提高产品质量、降低成本、缩短生产周期、提高生产率和改善劳动条件。

将 CAD 和 CAM 技术集成,实现设计生产自动化,这种技术被称为计算机集成制造系统。它的实现将真正做到无人化工厂（或车间）。

（3）计算机辅助教学（Computer Aided Instruction,CAI）。

计算机辅助教学是利用计算机系统使用课件来进行教学。课件可以用多媒体制作工具或高级语言来开发制作,它能引导学生循序渐进地学习,使学生轻松自如地从课件中学到所需要的知识。CAI 的主要特色是交互教育、个别指导和因人施教。

4．过程控制（或实时控制）

过程控制是利用计算机及时采集检测数据,按最优值迅速地对控制对象进行自动调节或自动控制。采用计算机进行过程控制,不仅可以大大提高控制的自动化水平,而且可以提高控制的及时性和准确性,从而改善劳动条件、提高产品质量及合格率。因此,计算机过程控制已在机械、冶金、石油、化工、纺织、水电、航天等行业得到广泛的应用。

例如,在汽车工业方面,利用计算机控制机床、控制整个装配流水线,不仅可以实现精度要求高、形状复杂的零件加工自动化,而且可以使整个车间或工厂实现自动化。

5．人工智能（或智能模拟）

人工智能（Artificial Intelligence,AI）是计算机模拟人类的智能活动,诸如感知、判断、理解、学习、问题求解和图像识别等。现在人工智能的研究已取得不少成果,有些已开始走向实用阶段。例如,能模拟高水平医学专家进行疾病诊疗的专家系统,具有一定思维能力的智能机器人等。

6．网络应用

计算机技术与现代通信技术的结合构成了计算机网络。计算机网络的建立,不仅解决了一个单位、一个地区、一个国家中计算机与计算机之间的通信,各种软、硬件资源的共享,也大大促进了国际的文字、图像、视频和声音等各类数据的传输与处理。

一、选择题

1．对于信息,下列说法不正确的是_____。
  A．信息是以二进制的形式在计算机中存储的
  B．信息必须寄存在某种传播媒体中,如纸张、声波等

C. 信息必须以某种记录形式表示出来，如语音、文字、符号、声音等

D. 信息本身是一些有形物质，如人体、报纸、书等

2. 听说某商场打折了，赶过去购物，到了才发现优惠活动已结束，这体现了信息的_____。

    A. 载体依附性　　B. 共享性　　　　C. 必要性　　　　D. 时效性

3. "你有一个苹果，我有一个苹果，彼此交换一下，我们仍然各有一个苹果。如果你有一种思想，我也有一种思想，我们相互交流，就都有了两种思想，甚至更多"，这体现了信息的_____。

    A. 载体依附性　　B. 时效性　　　　C. 共享性　　　　D. 价值性

4. 被称为计算机科学之父的是_____。

    A. 图灵　　　　　B. 冯·诺依曼　　C. 比尔·盖茨　　D. 乔布斯

5. 人类应具备的三大思维能力是指_____。

    A. 抽象思维、逻辑思维和形象思维

    B. 实验思维、理论思维和计算思维

    C. 逆向思维、演绎思维和发散思维

    D. 计算思维、理论思维和辩证思维

6. 计算学科的计算研究什么？_____。

    A. 面向人可执行的一些复杂函数的等效、简便计算方法

    B. 面向机器可自动执行的一些复杂函数的等效、简便计算方法

    C. 面向人可执行的求解一般问题的计算规则

    D. 面向机器可自动执行的求解一般问题的计算规则

7. 自动计算需要解决的基本问题是什么？_____。

    A. 数据的表示

    B. 数据和计算规则的表示

    C. 数据和计算规则的表示与自动存储

    D. 数据和计算规则的表示、自动存储和计算规则的自动执行

8. 计算机器的基本目标是什么？_____。

    A. 能够辅助人进行计算

    B. 能够执行简单的四则运算规则

    C. 能够执行特定的计算规则，例如能够执行差分计算规则等

    D. 能够执行一般的任意复杂的计算规则

9. 第一台电子计算机使用的逻辑部件是_____。

    A. 集成电路　　　B. 大规模集成电路　C. 晶体管　　　　D. 电子管

10. "存储程序原理"是_____提出来的。

    A. 图灵　　　　　B. 布尔　　　　　C. 冯·诺依曼　　D. 帕斯卡

11. 计算机的应用领域可大致分为6个方面，下列选项中属于这几方面的是_____。

    A. 计算机辅助教学、专家系统、人工智能

    B. 工程计算、数据结构、文字处理

    C. 实时控制、科学计算、数据处理

D. 数值计算、人工智能、操作系统

二、填空题

1. 1948年,数学家香农在题为"通信的数学原理"的论文中指出:"＿＿＿＿是用来消除随机不定性的东西"。

2. ＿＿＿＿是用来承载或记录信息的按一定规则排列组合的符号,可以是字母、数字、文字、图形、图像、声音等内容。

3. ＿＿＿＿与＿＿＿＿二者是不可分离的。＿＿＿＿由与物理介质有关的数据表达,＿＿＿＿中所包含的意义就是信息。

4. ＿＿＿＿是由数字技术(如计算机和因特网)带来的社会、政治和经济持续改变的过程。

5. ＿＿＿＿是指把文本、数字、声音、图像和视频转换成数字设备可处理的数据的过程。

6. 随着计算机的发展,数字革命也经历了四个不同阶段：＿＿＿＿、＿＿＿＿、＿＿＿＿、＿＿＿＿。

7. ＿＿＿＿就是依据一定的法则,将一个符号串 f 变换成另一个符号串 g 的过程。

8. 世界上第一台电子计算机于＿＿＿＿年诞生于＿＿＿＿国,名称为＿＿＿＿。

9. 在计算机应用领域中,CAD是指＿＿＿＿。

三、简答题

1. 什么是信息？什么是数据？简述信息与数据的关系。
2. 信息时代的特征是什么？
3. 数字革命经历了哪几个阶段？
4. 什么是计算？
5. 什么计算思维？举例计算思维的应用。
6. 计算机的发展经历了哪几个阶段？各阶段的主要特点是什么？
7. 简述计算机的应用领域。

第 2 章 信息编码与数据表示

在计算机内部，信息采用的是二进制编码方式，也就是说计算机只能识别和处理二进制数据。现代计算机处理的数据除了数值数据以外，还包括字符、文字、图像、声音等各种非数值的数据。因此，不论数值数据还是各种非数值数据，在计算机内部都必须表示成二进制编码形式。本章将具体介绍各种信息在计算机中的数字化表示方法。

2.1 进制及其转换

2.1.1 认识基于 0 和 1 的二进制

1. 进制的概念

按进位的原则进行记数的方法，称为"进位记数制"，简称"进制"。人们在日常生活中，使用最广泛的是十进制记数方法。众所周知，十进制记数法的规则是：逢十进一，借一当十。除了十进制以外，在日常生活中还会经常用到各种其他的进制记数法。例如，1 小时等于 60 分钟，1 分钟等于 60 秒，用到的是六十进制；1 天等于 24 小时，用到的是二十四进制；1 星期等于 7 天，用到的是七进制；1 年等于 12 个月，用到的是十二进制。

在计算机内部，综合考虑物理实现难易程度、运算规则难易程度以及可靠性等诸多因素，信息的编码采用二进制形式。由于二进制数在书写时既冗长又难记，尤其当表示较大的数字时更是如此，为了便于书写和记忆，在与计算机打交道的过程中还会经常使用八进制和十六进制数。在书写时为了区分不同进制的数，通常采用不同的下标加以区分，如 $(1010)_2$ 表示二进制数 1010。有时也通过加后缀字母 B(Binary)、D(Decimal)、O(Octal) 和 H(Hexadecimal)来分别表示二进制、十进制、八进制和十六进制数，如 3A9EH 表示十六进制数 3A9E。

对于任意的进位记数制，都具有如下两个特点。

(1) 对于 R 进制：逢 R 进一、借一当 R。

当两个 R 进制数相加时，如果某一位的和值大于 R，则向高位进 1。当两个 R 进制数相减时，如果被减数小于减数，则向高位借位，每借 1 则当作 R 来使用。例如，十进制中逢 10 进 1，借 1 当 10；二进制中逢 2 进 1，借 1 当 2。

(2) 可以采用位权表示法。

位权表示法是指采用进位记数制的任意数值均可表示成按位权展开的多项式之和形

式。在介绍位权表示法之前,首先来认识两个重要的概念:基数和位权。

(1) 基数

"基数"是指进位记数制中所需要的基本符号的个数。十进制使用的基本符号是0~9这10个数字符号,因此十进制的基数为10。二进制使用的基本符号是0和1两个数字符号,因此二进制的基数为2。八进制使用的基本符号是0~7这8个数字符号,因此八进制的基数为8。十六进制使用的基本符号是0~9和A~F(或者小写字母a~f)共16个符号,其中,A~F分别表示10~15,因此十六进制的基数为16。由此可见,R进制的基数为R。常见进制的基数及特点如表2-1所示。

表2-1 常见进制的基数及特点

进位制	使用的基本符号	基数	进位规则	后缀符号
二进制	0、1	2	逢二进一,借一当二	B
八进制	0、1、2、3、4、5、6、7	8	逢八进一,借一当八	O
十进制	0、1、2、3、4、5、6、7、8、9	10	逢十进一,借一当十	D
十六进制	0、1、2、3、4、5、6、7、8、9、A、B、C、D、E、F	16	逢十六进一,借一当十六	H

(2) 位权

"位权"是指每个数字符号在固定位置上的计数单位。对于R进制数,其各位的位权可以用R^i来表示,其中整数部分的位权从小数点向左依次为$R^0, R^1, R^2, R^3 \cdots$,小数部分的权值从小数点向右依次为$R^{-1}, R^{-2}, R^{-3}, R^{-4} \cdots$。例如,对于十进制数,其整数部分的位权,从小数点向左依次为$10^0, 10^1, 10^2, 10^3 \cdots$,其小数部分的位权,从小数点向右依次为$10^{-1}、10^{-2}、10^{-3} \cdots$。

对于任意进制数,都可以表示成各位数值与位权相乘的多项式之和,即位权表示法。例如,十进制数218.32按位权展开可表示为:

$$位权:10^2 \; 10^1 \; 10^0 \; 10^{-1} \; 10^{-2}$$
$$(\quad 2 \quad 1 \quad 8 \quad . \quad 3 \quad 2 \quad)_{10}$$
$$= 2 \times 10^2 + 1 \times 10^1 + 8 \times 10^0 + 3 \times 10^{-1} + 2 \times 10^{-2}$$

2. 计算机内部为什么采用二进制

二进制是现代计算机系统普遍采用的数制形式。计算中处理的各种信息,包括数字、文本、图像、声音等等,在计算机内部都采用二进制编码表示。计算机系统选用二进制的主要优点主要体现在以下几个方面。

1) 易于物理实现

具有两个稳定状态的物理器件很多,如电路的导通与截止,电压的高与低。这两种状态可以分别对应二进制的1和0两个符号,而十进制需要具有10种稳定状态的物理电路,实现起来比较困难。

2) 可靠性高

电压的高低、电流的有无都是一种质的变化,两种状态分明,抗干扰能力强。

3) 运算规则简单

数学推导已经证明:对R进制数进行算术求和或求积运算,其运算规则各有$R(R+1)/2$

种。如采用十进制,有 55 种求和与求积的运算规则,而二进制仅各有三种,因而简化了运算器等物理器件的设计。

3. 二进制的算术运算

二进制数和十进制数一样,也可以进行加、减、乘、除等算术运算。由于二进制数只包含 0 和 1 两个基本符号,其运算规则相对更加简单。在二进制加法和减法运算中采用的基本规则就是"逢二进一,借一当二"。

1) 二进制加法运算规则

$0+0=0$

$0+1=1$

$1+0=1$

$1+1=10$(向高位进位)

2) 二进制减法运算规则

$0-0=0$

$0-1=1$(向高位借位)

$1-0=1$

$1-1=0$

3) 二进制乘法运算规则

$0\times0=0$

$0\times1=0$

$1\times0=0$

$1\times1=1$

4) 二进制除法运算规则

$0\div0=0$

$0\div1=0$

$1\div0=0$(无意义)

$1\div1=1$

例 2.1 使用二进制的加法运算规则计算 $(10110100)_2+(00101101)_2$。

解

```
进位      01111000
被加数    10110100
加数    + 00101101
          ────────
          11100001
```

因此 $(10110100)_2+(00101101)_2=(11100001)_2$

例 2.2 使用二进制的减法运算规则计算 $(11000101)_2-(01101011)_2$。

解

```
借位      11110100
被减数    11000101
减数    - 01101011
          ────────
          01011010
```

因此 $(11000101)_2 - (01101011)_2 = (01011010)_2$

4. 二进制的逻辑运算

逻辑运算与算术运算的不同之处在于逻辑运算是对二进制数进行按位操作,因而不会出现进位和借位。基本的逻辑运算包括:与、或、非和异或 4 种运算。

1) 与运算

与运算也被称作"逻辑乘",其运算符号为"∧"或"·",运算规则如下。

$0 \wedge 0 = 0$

$0 \wedge 1 = 0$

$1 \wedge 0 = 0$

$1 \wedge 1 = 1$

即仅当参与运算的两位都为 1 时,运算结果才为 1;只要有一位为 0,运算结果就为 0。

例 2.3 计算 $(10101101)_2 \wedge (11101011)_2$。

解

$$\begin{array}{r} 10101101 \\ \wedge\ 11101011 \\ \hline 10101001 \end{array}$$

因此 $(10101101)_2 \wedge (11101011)_2 = (10101001)_2$

2) 或运算

或运算也被称作"逻辑加",其运算符号为"∨"或"+",运算规则如下。

$0 \vee 0 = 0$

$0 \vee 1 = 1$

$1 \vee 0 = 1$

$1 \vee 1 = 1$

即仅当参加运算的两位都为 0 时,运算结果才为 0;只要有一位为 1,运算结果就为 1。

例 2.4 计算 $(10110010)_2 \vee (11011001)_2$。

解

$$\begin{array}{r} 10110010 \\ \vee\ 11011001 \\ \hline 11111011 \end{array}$$

因此 $(10110010)_2 \vee (11011001)_2 = (11111011)_2$

3) 非运算

非运算的基本运算规则就是"取反",即对 1 进行非运算则变为 0,对 0 进行非运算则变为 1。对一个二进制数进行非运算,就是对该二进制数进行按位取反。非运算属于单目运算,即只有一个运算对象,运算符号为一上横线($\bar{x}$),其运算规则如下。

$\bar{0} = 1$

$\bar{1} = 0$

例 2.5 已知 $x=(10111010)_2$，求 $\bar{x}$。

解 $\bar{x} = \overline{(10111010)_2} = (01000101)_2$

4）异或运算

异或运算的运算符为"⊕"，其运算规则如下。

$0 \oplus 0 = 0$

$0 \oplus 1 = 1$

$1 \oplus 0 = 1$

$1 \oplus 1 = 0$

即参加异或运算的两位不相同时，结果为 1；两位相同时，结果为 0。对两个二进制数进行异或运算，其基本规则类似于"按位相加"，但不产生进位。

例 2.6 计算 $(10001101)_2 \oplus (10111011)_2$。

解

$$\begin{array}{r} 1\,0\,0\,0\,1\,1\,0\,1 \\ \oplus\ 1\,0\,1\,1\,1\,0\,1\,1 \\ \hline 0\,0\,1\,1\,0\,1\,1\,0 \end{array}$$

因此 $(10001101)_2 \oplus (10111011)_2 = (00110110)_2$

2.1.2 不同进制数之间的转换

虽然计算机内部采用二进制表示各种信息，然而在日常生活中人们习惯于使用十进制数。因此，在使用计算机输入或输出数值数据时通常采用十进制方式。为此，计算机内部需要具备一个进制转换机制，用于将用户输入的十进制数转换成二进制数存储到存储器中，而输出数据时通常需要将二进制数转换成人们所熟悉的十进制形式进行输出。由于二进制编码一般比较长，在书写时很不方便，因此还会经常用到八进制或十六进制的数据表示形式。下面介绍常用的各种不同进制数之间的转换方法。

1. 任意进制数转换成十进制数

任意进制数转换成十进制数的基本方法是"位权展开法"。

十进制是人们日常生活中最常用的数制，任意一个十进制数 D 均可以被按权展开成下式：

$$\begin{aligned}(D)_{10} &= D_n \times 10^n + D_{n-1} \times 10^{n-1} + \cdots + D_1 \times 10^1 + D_0 \times 10^0 \\ &\quad + D_{-1} \times 10^{-1} + D_{-2} \times 10^{-2} + \cdots + D_{-m} \times 10^{-m} \\ &= \sum_{i=-m}^{n} D_i \times 10^i \quad (n \text{、} m \text{ 为正整数})\end{aligned}$$

其中，$(D)_{10}$ 中的脚标 10 表示十进制数，这个数共有 $n+m+1$ 位，其中整数位是 $n+1$ 位，小数位是 m 位。D_i 表示 D 的第 i 位的值，是 0~9 这 10 个基本符号中的一个。需要注意的是，整数部分的最低位为第 0 位。10^i 表示十进制数第 i 位的位权，其中 10 为基数。

例 2.7 将十进制数 1048 按位权展开。

解 $(1048)_{10} = 1 \times 10^3 + 0 \times 10^2 + 4 \times 10^1 + 8 \times 10^0$

使用按权展开的方法可以将任意进制数转换成十进制数。对于 R 进制数 A，其按位权展开式为：

$$(A)_R = A_n \times R^n + A_{n-1} \times R^{n-1} + \cdots + A_1 \times R^1 + A_0 \times R^0 \\ + A_{-1} \times R^{-1} + A_{-2} \times R^{-2} + \cdots + A_{-m} \times R^{-m}$$

$$= \sum_{i=-m}^{n} A_i \times R^i \quad (n \text{ 和 } m \text{ 为正整数})$$

例 2.8 将二进制数 1011010.011 转换成相应的十进制数。

解

$$(1011010.011)_2 = 1 \times 2^6 + 0 \times 2^5 + 1 \times 2^4 + 1 \times 2^3 + 0 \times 2^2 + 1 \times 2^1 + 0 \times 2^0 \\ + 0 \times 2^{-1} + 1 \times 2^{-2} + 1 \times 2^{-3}$$

$$= 64 + 0 + 16 + 8 + 0 + 2 + 0 + 0 + 0.25 + 0.125$$

$$= (90.375)_{10}$$

例 2.9 将十六进制数 2D.5 转换成相应的十进制数。

解

$$(2D.5)_{16} = 2 \times 16^1 + 13 \times 16^0 + 5 \times 16^{-1}$$

$$= 32 + 13 + 0.3125$$

$$= (45.3125)_{10}$$

2. 十进制数转换成任意进制数

1) 除 R 取余法

十进制数转换成 R 进制数时，需要将整数部分和小数部分分别进行转换，然后再拼接起来。整数部分采用"除 R 取余法"，小数部分采用"乘 R 取整法"。

(1) 整数部分除 R 取余：十进制的整数部分连续地除以 R，直到商为 0 为止，分别取其余数部分，并按照从高位到低位进行排列（从下往上），其结果即为转换后的 R 进制整数部分。

(2) 小数部分乘 R 取整：十进制的小数部分连续地乘以 R，直到小数部分为 0 或取到有效位数为止，因为小数部分可能永不为 0。分别取其整数部分，并按照从高位到低位进行排列（从上往下），其结果即为转换后的 R 进制小数部分。

例 2.10 将十进制数 97.125 转换成二进制数。

解 整数部分：

```
2 | 97
  2 | 48 ·················· 余 1  低位
    2 | 24 ················ 余 0
      2 | 12 ·············· 余 0
        2 | 6 ·············· 余 0
          2 | 3 ············ 余 0
            2 | 1 ·········· 余 1
                0 ·········· 余 1  高位
```

因此：$(97)_{10} = (1100001)_2$

小数部分：

```
        0.125
    ×       2
      0.2 5  ------------------- 整数0    高位
    ×     2
      0.  5  ------------------- 整数0
    ×     2
      1.  0  ------------------- 整数1    低位
```

因此：$(0.125)_{10} = (0.001)_2$

所以$(97.125)_{10} = (1100001.001)_2$

2）定位减权法

由于计算机使用二进制存储数据，而人们在日常生活中习惯于使用十进制，因此人们在与计算机打交道的过程中，会经常涉及十进制和二进制的相互转换。如果使用前面介绍的"除R取余法"实现十进制向二进制的转换，需要进行多次的"除2取余"运算，运算过程比较烦琐。这里介绍另外一种十进制转换成二进制的方法——定位减权法，这种方法可以不使用除法，只使用减法即可实现十进制向二进制的转换。

定位减权法需要首先记住二进制数各位权值2^i所对应的十进制数。以11位二进制整数为例，从低位到高位的权值分别为$2^0 \sim 2^{10}$，对应的十进制数如下所示。

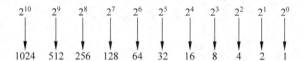

使用定位减权法实现十进制向二进制转换的基本步骤如下。

第一步，找出不大于原十进制数X的最大二进制权值2^N，该权值即为转换后二进制数的最高位权值。将各位二进制权值2^i(i：$0 \sim N$)及相应的十进制值从最高位到最低位依次排列写出，如下所示。

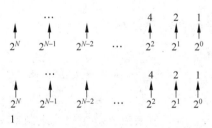

第二步，在权值2^N下面写下1，并将原十进制数X减去2^N作为新的十进制数X。第三步，如果X不为0，则继续找出不大于它的最大二进制权值2^N，并转向第二步。如果X等于0，则转换结束。并在那些权值下方没有写下1的空位处写下0。该二进制数即为原十进制数转换为二级制数的结果。

例2.11 利用定位减权法将十进制数101换成二进制数。

解 不大于101的最大二进制权值为64，即2^6为最高位权值。将各位权值从最高位到最低位排列写出，如下所示。

```
  64   32   16   8    4    2    1      对应的十进制位权
  ↑    ↑    ↑    ↑    ↑    ↑    ↑
  2^6  2^5  2^4  2^3  2^2  2^1  2^0    位权的指数形式
```

在 2^6 下面写下 1,并计算 $101-64=37$。

```
64  32  16   8   4   2   1
↑   ↑   ↑   ↑   ↑   ↑   ↑
2⁶  2⁵  2⁴  2³  2²  2¹  2⁰
1
```

接下来,找出不大于 37 的最大二进制权值为 32,即 2^5。在 2^5 下面写下 1,并计算 $37-32=5$。

```
64  32  16   8   4   2   1
↑   ↑   ↑   ↑   ↑   ↑   ↑
2⁶  2⁵  2⁴  2³  2²  2¹  2⁰
1   1
```

继续找出不大于 5 的最大二进制权值为 4,即 2^2。在 2^2 下面写下 1,并计算 $5-4=1$。

```
64  32  16   8   4   2   1
↑   ↑   ↑   ↑   ↑   ↑   ↑
2⁶  2⁵  2⁴  2³  2²  2¹  2⁰
1   1           1
```

1 对应的二进制权值恰好为 2^0。在 2^0 下面写下 1,并计算 $1-1=0$。转换过程到此结束。

```
64  32  16   8   4   2   1
↑   ↑   ↑   ↑   ↑   ↑   ↑
2⁶  2⁵  2⁴  2³  2²  2¹  2⁰
1   1           1       1
```

最后,在权值下方的空位处写下 0。

```
64  32  16   8   4   2   1
↑   ↑   ↑   ↑   ↑   ↑   ↑
2⁶  2⁵  2⁴  2³  2²  2¹  2⁰
1   1   0   0   1   0   1
```

所以 $(101)_{10} = (1100101)_2$。

3. 二、八、十六进制数之间的相互转换

1)二进制数转换为八进制或十六进制数

将二进制数转换为八进制或十六进制数的基本方法是:将二进制数以小数点为中心,分别向左右两侧划分位组,转换成八进制时 3 位一组,转换成十六进制时 4 位一组,两头不够时可以补零,然后依次写出各组二进制数所对应的八进制或十六进制数即可。二进制与八进制和十六进制数的对应关系如表 2-2 和表 2-3 所示。

表 2-2　二进制与八进制的对应关系表

二进制	八进制
000	0
001	1
010	2
011	3
100	4
101	5
110	6
111	7

表 2-3　二进制与十六进制的对应关系

二进制	十六进制	二进制	十六进制
0000	0	1000	8
0001	1	1001	9
0010	2	1010	A
0011	3	1011	B
0100	4	1100	C
0101	5	1101	D
0110	6	1110	E
0111	7	1111	F

例 2.12　将二进制数 1100101011.01 分别转换成八进制和十六进制数。

解

$$(\underbrace{1}_{1}\underbrace{100}_{4}\underbrace{101}_{5}\underbrace{011}_{3}.\underbrace{01}_{2})_2 = (1453.2)_8$$

后面补一个零：010

$$(\underbrace{1100}_{3}\underbrace{0010}_{2}\underbrace{1011}_{B}.\underbrace{01}_{4})_2 = (32B.4)_{16}$$

后面补两个零：0100

2）八进制或十六进制数转换为二进制

八进制或十六进制数转换为二进制数的基本方法是：将每一位八进制或十六进制数转换成相应的二进制数，每位八进制数对应 3 位二进制数，每位十六进制数对应 4 位二进制数。整数部分高位的零和小数部分低位的零可以省略，需要注意的是小数点两侧的零不能省略掉。

另外，需要特别说明的是，八进制和十六进制之间的相互转换通常要以二进制为中介。

例 2.13　将八进制数 276 转换成二进制数。

解

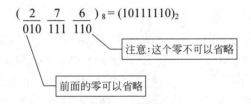

例 2.14　将十六进制数 3D5.4A 转换成二进制数。

解

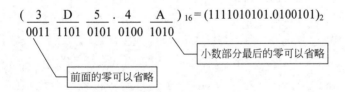

2.2　数据在计算机中的存储方式

2.2.1　数据的存储单位

在日常生活中，人们用厘米、米、千米等单位来衡量长度，用克、千克、吨等单位来衡量质量……在当今信息化社会，使用计算机来存储和处理数据已经成为人们日常生活的一部分。计算机中的数据通常以二进制形式存储在磁盘、光盘或半导体存储器等存储介质中。这些数据不同于一般物体，人们无法直接感知其大小，那么又该如何衡量数据存储量的多少呢？在计算机中，数据的存储单位通常使用"位""字节""字"等。

1. 位

位(bit,b)是计算机存储数据的最小单位,音译为"比特",用小写字母"b"表示,一位只能存储二进制信息 0 或 1。

2. 字节

字节(Byte,B)是计算机存储数据的基本单位,用大写字母"B"表示,1 个字节由 8 个二进制位组成。存储容量是以字节数来衡量的,由于计算机的二进制特性,存储容量通常是 2 的整数次幂。由于 2^{10} 等于 1024,接近于数值 1000,所以在计算机界习惯于用 KB 表示 1024B,读作千字节。除了 KB(千字节)以外,经常使用的存储单位还包括:MB(兆字节)、GB(吉字节)、TB(太字节)、PB(拍字节)等,其换算关系如下。

$1KB = 2^{10}B = 1024B$

$1MB = 2^{20}B = 1024KB$

$1GB = 2^{30}B = 1024MB$

$1TB = 2^{40}B = 1024GB$

$1PB = 2^{50}B = 1024TB$

需要特别说明的是,人们已经习惯于用 K 表示一千,即 10^3,如 km 表示千米、kg 表示千克。而在表示计算机存储容量时,K 通常表示 1024,即 2^{10}。这之间的误差随着存储容量的不断增长而不断扩大。如 $1KB=2^{10}B$,与 10^3B 相差 2‰ 左右;$1MB=2^{20}B$,与 10^6 相差 5% 左右;$1GB=2^{30}B$,与 10^9 相差 7% 左右;$1TB=2^{40}B$,与 10^{12} 相差了近 10%。

在当今 IT 领域,不同的设备厂商对存储容量单位的使用也不完全一致。如内存厂商一般认为 $1GB=2^{30}B$,而硬盘或闪存厂商则认为 $1GB=10^9B$。这种对存储单位的混乱使用不仅容易对用户造成误解,也给设备厂商带来了越来越多的法律纠纷。

为了避免混淆、减少误解,有人建议原有的单位用来表示 10 的幂次,如 k 表示 10^3、M 表示 10^6、G 表示 10^9。同时引入 Ki(kibi,kilobinary 的缩写,简写为 Ki,读作二进制千位或约千位)表示 2^{10}、Mi(mebi,megabinary 的缩写,简写为 Mi,读作二进制兆位或约兆位)表示 2^{20}、Gi(gibi,gigabinary 的缩写,简写为 Gi,读作二进制吉位或约吉位)表示 2^{30} 等。引入以上数据单位后,1kB 表示 1000B,1KiB 表示 1024B,就不会再造成误解了。这两种单位的差别目前正在被越来越多的人所认识,但完全严格地加以区分和使用还需要一定的时间。

3. 字

通常,CPU 在同一时间内能够一次处理的二进制数,称为一个"字",这组数据的二进制位数称为"字长"。不同类型的计算机,其字长是不一样的。一般来说,字长都是字节的 2^i 倍,如 1、2、4、8 倍,即 8 位、16 位、32 位、64 位等。字长是 CPU 的一个重要性能指标,它代表了机器的精度。字长越长,CPU 的运算精度越高,处理速度越快,价格也越昂贵。

当前,微型计算机的 CPU 大多为 64 位。要发挥 64 位 CPU 的最佳性能,还需要相应 64 位软件的配合。如果在 64 位计算机上安装的是 32 位的操作系统,那么该计算机也只能当作 32 位计算机来使用。

2.2.2 数据的存储地址

在计算机中,数据是以"字节"为基本单位进行存取,因此通常一个字节也被称为一个存储单元。一个存储体由多个存储单元组成,每个存储单元包含 8 个二进制位,最右端称为最低位,最左端称为最高位,从右到左的每一位可表示为 b0~b7。为了便于对存储器中的数据进行访问,计算机对存储单元以字节为单位分配了连续的编号,称为存储地址。存储地址一般用十六进制数表示,并且从 0 开始顺序编号。存储体的结构及地址表示如图 2-1 所示。图中 0000H~03FFH 之间,共包含了 2^{10} 个字节存储单元,所以其总容量为 1KB。

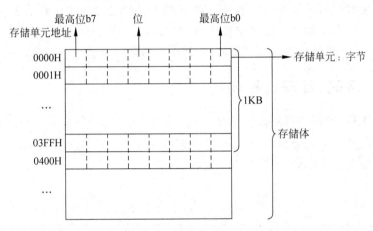

图 2-1 存储体的结构及地址表示

2.3 数值在计算机中的表示

计算机所能处理的数据可分数值型数据和非数值型数据两类。数值型数据是指数学中的代数值,具有量的含义,且有正数和负数、整数和小数之分,可以进行加、减、乘、除等算术运算,如 231、−28.92、0 等。非数值型数据是指除了数值型数据以外的其他数据信息,其没有量的含义,如英文字母、汉字、图片、声音等。本节主要介绍数值型数据在计算机中的表示,比如负数如何表示、小数如何表示等。关于非数值型数据在计算机中的表示将在后续章节中介绍。

2.3.1 真值与机器数

在日常生活中,数值的正负一般通过在该数前面加正号"+"或负号"−"来区分。在计算机内部,数值的正负该如何表示呢?众所周知,在计算机中,各种信息都是以二进制来表示的,正负信息当然也不例外。通常情况下,最高有效位用来表示符号,因此最高位又被称为符号位,一般用"0"表示正号、"1"表示负号。符号位以外的其余各位用来表示该数值的绝对值大小。这种将符号连同数值大小统一编码后生成的二进制数被称为"机器数"。机器数所表示的实际数值则称为"真值"。例如十进制数−56 的 8 位机器数可以写成 10111000,如图 2-2 所示。

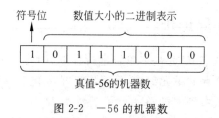

图 2-2 －56 的机器数

以上对于－56 的机器数表示所采取的编码方案是,最高位符号位为 1 表示负号,其余各位是将 56 直接转换为二进制后的编码表示。机器数所采取的这种编码方案称为原码表示法。根据数值部分所采取的不同编码方案,机器数的码制分为原码表示法、反码表示法和补码表示法等。原码表示法虽然简单直观,但不适用于计算机进行加减运算。在计算机内部,通常使用补码来表示数值,而在求补的过程中会用到反码这一中间形式。

2.3.2 原码、反码与补码

对于整数来说,常用的机器数表示方法有:原码表示法、反码表示法和补码表示法。它们都是由符号位和数值部分组成,最高位被用来作为符号位,0 表示正号,1 表示负号。对于正数的表示方法都是一样的,负数的表示则各不相同。

1. 原码

原码表示法的规则为:数的最高位为符号位,符号位为 0 表示正数,为 1 表示负数;数值部分则是该数绝对值的二进制表示。采用原码表示法,对于整数 0 会出现"＋0"和"－0"两种编码形式,若以 8 位二进制表示,即为:00000000 和 10000000。

虽然使用原码表示数值简单、直观,但不能用它直接对两个同号的数相减或两个异号的数相加。例如,＋1 的 8 位原码表示是 00000001,－2 的 8 位原码表示是 10000010,将＋1 和－2 的原码相加:

$$
\begin{array}{r}
00000001 \\
+\,10000010 \\
\hline
10000011
\end{array}
$$

所得机器码 10000011 作为原码表示的真值为－3,结果显然不正确。为了方便计算机进行加减运算,则引入了反码和补码。

2. 反码

反码表示法的规则为:数的最高位为符号位,正数的表示方法同原码;负数的符号位为 1,数值部分通过对该数原码表示的数值部分各位取反获得。

例如,＋1 的 8 位反码表示和原码一致,为 00000001;－2 的 8 位反码表示可通过将其原码 10000010 的数值部分各位取反获得,结果为 11111101。将＋1 和－2 的反码相加:

$$
\begin{array}{r}
00000001 \\
+\,10000001 \\
\hline
11111110
\end{array}
$$

所得机器码 11111110 作为反码表示的真值为－1,结果是正确的。虽然反码的引入解决了将符号数字化后的计算机加减运算问题,但是对于整数 0 仍有"+0"和"-0"两种反码表示形式,若以 8 位二进制表示,即为:00000000 和 11111111。人们一般认为,0 是不应该分正负的,为解决这一问题则出现了补码。

3. 补码

补码表示法的规则为:数的最高位为符号位,正数的表示方法同原码;负数的符号位为 1,数值部分通过该数原码表示的数值部分各位取反再加 1 获得,即 $[x]_{补} = [x]_{反} + 1$。

例 2.15 将十进制真值 $x(+127, -127, +1, -1, +0, -0)$ 分别表示为 8 位的原码、反码和补码形式。

解:如表 2-4 所示。

表 2-4 例 2.15 解答

十进制真值 x	二进制真值 x	x 的原码表示	x 的反码表示	x 的补码表示
+127	+01111111	01111111	01111111	01111111
-127	-01111111	11111111	10000000	10000001
+1	+00000001	00000001	00000001	00000001
-1	-00000001	10000001	11111110	11111111
+0	+00000000	00000000	00000000	00000000
-0	-00000000	10000000	11111111	00000000

补码的引入解决了将减法运算转换为加法运算的问题,使用补码进行加法和减法运算主要遵循以下规则。

(1) 补码加法规则:补码的和等于和的补码,即
$$[x]_{补} + [y]_{补} = [x+y]_{补}$$

(2) 补码减法规则:补码的差等于差的补码,也等于第一个数的补码与第二个数的负数的补码之和,即
$$[x]_{补} - [y]_{补} = [x-y]_{补} = [x]_{补} + [-y]_{补}$$

$[-y]_{补}$ 可以通过对 $[y]_{补}$ 包括符号位在内的每一位取反加 1 求得,也可以直接对 $-y$ 求补码,两种方法求得的结果是一样的。

例 2.16 $x = +73, y = +12$,求 $[x+y]_{补}$。

解法 1 $[x]_{补} = (01001001)_2$

$[y]_{补} = (00001100)_2$

$[x]_{补} + [y]_{补} = (01001001)_2 + (00001100)_2 = (01010101)_2$

因此 $[x+y]_{补} = (01010101)_2$

解法 2 $x + y = 73 + 12 = 85$

因此 $[x+y]_{补} = (85)_{补} = (01010101)_2$

例 2.17 $x = +69, y = +23$,求 $[x-y]_{补}$。

解法 1 $[x]_{补} = (01000101)_2$

$[y]_{补} = (00010111)_2$

因此 $[x-y]_{补} = [x]_{补} - [y]_{补} = (01000101)_2 - (00010111)_2 = (00101110)_2$

解法 2 $[x]_{补} = (01000101)_2$ $[-y]_{补} = (11101001)_2$

因此 $[x-y]_{补} = [x]_{补} + [-y]_{补} = (01000101)_2 + (11101001)_2 = ((1)00101110)_2$

在字长为 8 位的机器中，8 位以上的进位将自然丢失。因此上例中两种求解方法的结果是相同的。

对于补码表示的二进制数如何计算其真值呢？首先看符号位是 1 还是 0，如果符号位为 0，表示这是一个正数，这时它的补码表示和原码表示一致，其真值就是它的数值部分。如果符号位为 1，表示这是一个负数，其真值是对此补码数的数值部分再求一次补，即对此补码数的数值部分进行各位取反再加 1，得到的结果就是该数的真值。

例 2.18 已知 $[x]_{补} = (01001101)_2$，求 x 的真值。

解 由于 x 补码的符号位为 0，所以它是一个正数，其数值部分就是它的真值。即
$$x = +(1001101)_2 = (+77)_{10}$$

例 2.19 已知 $[x]_{补} = (10110001)_2$，求 x 的真值。

解 由于 x 补码的符号位为 1，所以它是一个负数，对其数值部分再求一次补，就可以得到它的真值。即
$$x = -[0110001]_{补} = -(1001111)_2 = (-79)_{10}$$

4. 溢出

机器数的位数决定了其可以表示的数值范围。例如，采用 8 位补码形式可表示的最小数为 $(10000000)_2$，对应的十进制数为 -128；最大数为 $(01111111)_2$，对应的十进制数为 127。超出 $-128 \sim 127$ 范围的数，则无法使用 8 位补码形式表示。要想表示更大范围的数，只能使用更多的二进制位来存放机器数。表 2-5 列出了几种针对不同二进制位数所能表示的数值范围。通过分析可以得出，n 位补码形式可表示的数值范围是 $-2^{n-1} \sim 2^{n-1} - 1$。

表 2-5 不同位数下的补码表示范围

二进制位数	表示范围的二进制形式	表示范围的指数形式	表示范围的十进制形式
8	10000000～01111111	$-2^7 \sim 2^7 - 1$	$-128 \sim 127$
16	1000000000000000～ 0111111111111111	$-2^{15} \sim 2^{15} - 1$	$-32\,768 \sim 32\,767$
32	10000000000000000000000000000000～ 01111111111111111111111111111111	$-2^{31} \sim 2^{31} - 1$	$-2\,147\,483\,648 \sim 2\,147\,483\,647$

在计算机的运算过程中，如果运算结果出现不在数的可表示范围之内的现象，则称为"溢出"。当运算结果大于机器所能表示的最大值时，称为"上溢"；当运算结果小于机器所能表示的最小值时，称为"下溢"。

你认为对于采用 8 位补码形式表示数值的计算机，计算 $-76 + (-76)$ 的和是多少？

-76 的 8 位补码形式为 10110100，因此 $-76 + (-76)$ 的二进制计算竖式如下：

```
  10110100
+ 10110100
(1)01101000
```

由于计算结果的最高位出现了进位，超出了 8 位二进制数所表示的范围，进位被直接截掉，因此计算结果为 $(01101000)_2$，对应的十进制数是 104。而实际上 $-76+(-76)$ 等于 -152，显然计算结果不正确，出错原因就是因为"溢出"导致的。

在计算机中，不论采用多少二进制位来表示数据，总会有一定的表示范围，一旦超出了数值的表示范围，就会出现"溢出"现象，导致计算结果不正确。在使用计算机时，如果发生了计算错误，需要特别考虑是否是由于"溢出"导致的。

2.3.3 浮点数在计算机中的表示

在计算机系统中，实数通常被称为浮点数。浮点数是相对于定点数（小数点位置固定的数）而言的，顾名思义就是小数点位置不固定的数。这种设计的优点是可以在某个固定长度的存储空间内表示定点数无法表示的更大范围的数。

对于任意浮点数，都可表示成 $S\times M\times 2^E$ 的形式，其中 S 表示符号，M 表示尾数，E 表示阶码。在计算机中，通过分别存储符号位 S（0 表示正号，1 表示负号）、尾数 M（小数点固定位于最左端）和阶码 E 来表示浮点数。常用的浮点数类型有两种：单精度浮点数和双精度浮点数。IEEE754 标准中规定，单精度浮点数使用 32 位表示，其中符号位占 1 位，尾数占 23 位，阶码占 8 位；双精度浮点数使用 64 位表示，其中符号位占 1 位，尾数占 52 位，阶码占 11 位，如图 2-3 所示。对于浮点数来说，通过移动小数点位置和调整阶码，可以表示成任意多种指数形式。例如，二进制数"+100101"可表示成 $+(0.100101)_2\times 2^6$、$+(0.00100101)_2\times 2^8$、$+(10.0101)_2\times 2^4$ 等多种指数形式。那么计算机会选择哪种形式来存储该浮点数的尾数和阶码呢？为了不损失有效数字，计算机一般选择规格化的指数形式来存储。规格化的指数形式，是指尾数用纯小数表示，且小数部分最高位为 1 的形式。因此对于二进制数"+100101"，计算机会选择 $+(0.100101)_2\times 2^6$ 作为其浮点数的表示形式。如果将"+100101"看作 32 位单精度浮点数，其在计算机中的二进制编码表示如图 2-4 所示。

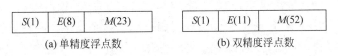

(a) 单精度浮点数　　　　　　(b) 双精度浮点数

图 2-3　浮点数的表示

图 2-4　二进制数"+100101"的浮点表示

2.4　字符信息在计算机中的表示

2.4.1　西文字符编码

ASCII 码是 American Standard Code for Information Interchange（美国标准信息交换

码)的简写,它是计算机中普遍使用的字符编码系统。ASCII 码使用 7 位二进制编码来表示 128 个字符和符号,其中包括 0~9 共 10 个数字、26 个大写英文字母、26 个小写英文字母以及各种可打印字符和控制字符。ASCII 码的 0~32 和 127 共 34 个字符为非图形字符(又称控制字符),其余 94 个为图形字符(又称普通字符)。一个字符的 ASCII 码通常占用一个字节,由于 ASCII 码采用 7 位编码,所以字节的最高位一般用 0 来补充。常见字符的 ASCII 码如表 2-6 所示。

表 2-6 常见字符的 ASCII 码

字符范围	ASCII 码的二进制表示	ASCII 码的十进制值
0~9	0110000~0111001	48~57
a~z	1100001~1111010	97~122
A~Z	1000001~1011010	65~90

可见,数字字符、小写英文字母和大写英文字母的 ASCII 码值都是连续的,且小写字母比对应大写字母的 ASCII 码值大 32。有关 ASCII 码的详细内容参见附录"ASCII 码字符编码表"。

2.4.2 中文字符编码

西文字符为拼音文字,采用 ASCII 码的 7 位编码方案足以表示所有字符,而汉字为非拼音字符,数量很大,常用的也有几千个,使用单字节编码已经不足以表示所有汉字,因此汉字的编码比 ASCII 码复杂得多。

最常见的汉字编码为国标码。国标码的全称是"信息交换用汉字编码字符集——基本集",于 1981 年颁布,其编号是 GB2312—1980,因此又称为"GB2312—1980"编码或汉字交换码。该标准收录了 682 个字符和图形符号以及 6763 个汉字。其中汉字被分成两级,其中一级汉字 3755 个,属于常用汉字,二级汉字 3008 个,属于不常用汉字。

国标码是二字节编码,用两个 7 位二进制编码表示一个汉字。在计算机内部,汉字和西文字符是同时存在的,为了区别汉字编码与 ASCII 码,将国标码的每个字节的最高位置成 1,变换后的国标码称为机内码。例如,汉字"中"的国标码使用二进制表示后,第一个字节为 1010110B,第二个字节为 1010000B,将两个字节的最高位置 1 后形成"中"的机内码为 11010110 11010000B。

目前 Unicode 码正在日益成为信息编码的标准。Unicode 码是由国际标准化组织于 20 世纪 90 年代制定的一种支持全世界各国语言文字的统一编码方案。它采用双字节编码标准,即每一个字符都由 16 位二进制编码表示,因此总共有 65 536 种可能的编码。其中有 39 000 个字符的编码已经有了规定,中国汉字占 21 000 个,其余未定义的编码用于以后的扩充。

在一个汉字处理系统中,输入、内部处理和输出通常需要不同的汉字编码,汉字的处理过程如图 2-5 所示。

1. 输入码

使用键盘可以直接输入西文字符,却不能直接输入汉字。为了通过键盘输入汉字,可以

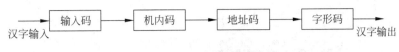

图 2-5　汉字处理过程

使用不同按键的排列组合对汉字进行编码,这种编码称为汉字的输入码。迄今为止,已经有几百种汉字输入码,且仍在迅速地发展中。目前常用的输入法主要有以下两类。

1)音码

音码指利用汉语拼音对汉字进行编码的方案。例如,汉字"人"的编码为"ren",只要在键盘上依次按下 R、E 和 N 三个键,即可输入汉字"人"。音码的优点是容易学习,只要会汉语拼音,就可以输入汉字,符合人们的日常习惯。但是由于汉字的同音字很多,因而重码率很高,在输入汉字时通常需要在多个同音字中进行选择,从而影响了输入速度,也不利于实现"盲打"。常用的音码输入法有微软拼音、全拼、智能 ABC、紫光拼音等。

2)形码

形码指利用汉字的笔画和结构对汉字进行编码的方案。形码的优点是重码率低,利于实现"盲打"。其缺点是汉字的拆分方法及键位分配需要专门学习,不太容易记忆。常用的形码输入法有五笔字型输入法、郑码输入法等。五笔字型输入法是专业录入人员广泛选用的输入法。

除了以上传统的汉字输入方法以外,汉字输入法正在朝着智能化的方向发展,如手写输入、语音识别、扫描输入等,正在逐渐融入人们的日常生活中。

需要特别指出的是,不论采用哪一种汉字输入法,在计算机内部存储的总是汉字的机内码。

2. 字形码

虽然在计算机中存储的是汉字的机内码,但是如果要显示或打印汉字,则需要使用该汉字对应的字形码。汉字的字形码通常有两种表示方式:点阵和矢量表示方式。

1)点阵表示方式

使用点阵表示字形时,字形码指的是用二进制数据表示的汉字点阵图形。点阵字形的点数越多,相应汉字的表达质量就越高。一般用于显示的字形码是 16×16 点阵的,每个汉字在字库中占 16×16/8=32 字节;一般用于打印的字形码是 24×24 点阵的,每个汉字占 72 个字节。对于 16×16 的点阵字形,即将字看作图形,将其分成 16 行 16 列,有笔画的方格为"1",无笔画的方格为"0","中"字的点阵字形及字形码如图 2-6 所示。

由于使用点阵表示字形时所占字节较多,因此常用汉字和符号的点阵集合只能用来构成字库文件,而不便于机内存储。当需要输出汉字时,检索字库文件,从中找出其对应的点阵字形,再进行输出。

2)矢量表示方式

矢量表示方式存储的是描述汉字字形的轮廓特征。当需要输出汉字时,根据汉字的矢量字形描述,由计算机通过计算生成所需大小的汉字点阵。由于矢量化字形描述与最终文字显示的大小、分辨率无关,因此可产生高质量的汉字输出。Windows 中使用的 TrueType 技术就是汉字的矢量表示方式。

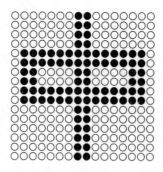

"中"的十六进制字形码为
0180 0180 0180 0180
7FFE 7FFE 6186 6186
7FFE 7FFE 0180 0180
0180 0180 0180 0180

图 2-6 "中"的点阵字形及字形码

3. 地址码

每个汉字的字形码在字库文件中的相对位移称为汉字的地址码。当输出汉字时,需要通过地址码在字库中找到其对应的字形码,最终在设备上形成可见的汉字字形。

2.5 多媒体信息在计算机中的表示

多媒体信息主要是指文本、声音、图像、视频、动画等人的感官直接感受和理解的多种信息类型。这些多媒体信息的表现形式虽然各不相同,但在计算机中都是以二进制编码来表示的。本节主要介绍图像和声音的信息编码方式。

2.5.1 图像信息编码

图像有两大类型:位图图像和矢量图像。

1. 位图图像

位图图像,又称光栅图像或点阵图像,是使用像素阵列来表示的图像。每个像素的色彩信息由 RGB 组合或者灰度值表示。根据颜色信息所需的数据位分为 1、4、8、16、24 及 32 位等,位数越高颜色越丰富,相应的数据量越大。其中使用 1 位表示一个像素颜色的位图因为一个数据位只能表示两种颜色,所以又称为二值位图。通常使用 24 位 RGB 组合数据位表示的位图称为真彩色位图。组成一幅图像的像素数目称为该图像的分辨率。很显然,分辨率越高,图像和原始图就越接近。由于组成一幅图像的像素数目非常多且微小,因此看起来位图图像仍然是非常光滑的。但是,当位图图像被放大到一定程度,会看到一块一块的像素色块,效果会失真,即我们常说的马赛克现象,如图 2-7 所示。位图图像适用于表现颜色和层次丰富的图像,如照片、风景画等。常用的位图图像处理软件有 Photoshop、Painter 等。常见的图像文件格式有 BMP、TIFF、GIF、JPEG、PNG 等。

位图图像是把空间和亮度都连续的真实图像经数字化后得到的能够被计算机存储和处理的图像。图像数字化是计算机图像处理之前的基本步骤,和音频数字化一样,图像的数字化也需要经过采样、量化和编码三步。

(a) 位图　　　　　　　　　　　(b) 放大后的位图

图 2-7　位图图像放大后效果失真

1) 采样

采样指将一幅连续的图像转换成离散点的过程,其实质就是用若干个像素点来描述一张图像。一幅图像的像素个数称为这幅图像的分辨率,采用像素点的"行数×列数"来表示。例如,一幅 640×480 的图像,就表示这幅图像是由 307 200 个点所组成。图像的分辨率越高,图像就越清晰,需要存储的数据量也越大。

描述图像分辨率通常会使用到 ppi(pixels per inch)这一单位,表示每英寸图像所包含的点数或像素数。

dpi 和 ppi 是很容易混淆的概念,其实两者有严格的区分。ppi 全称是"pixels per inch",表示每英寸包含的像素数目,因此 ppi 适用于采用像素作为单位输出的环境,例如扫描仪、显示器等。dpi 全称是"dot per inch",表示每英寸长度内包括的打印点数目,因此 dpi 适用于采用打印点作为基本单位输出的环境,例如打印机。

例如一幅图像分辨率为 120dpi,大小为 1600×1200 像素,按照原分辨率打印时,由于每一英寸要包含 120 个点,所以打印出来的尺寸是 13.3 英寸×10 英寸;当它在显示器上显示时,由于桌面分辨率只有 72ppi,因此它以 100% 显示时大小为 22.2 英寸×16.7 英寸。

2) 量化

量化是指图像采样之后,将表示图像色彩的连续变化值离散化为整数值的过程。图像量化实际就是将图像采样后的样本值的范围分为有限多个区域,把落入某区域中的所有样本值用同一值来表示,即使用有限的离散数值量来代替无限的连续模拟量的一种映射操作。

在量化时所确定的离散取值个数称为量化级数,表示量化的色彩值(或亮度值)所需的二进制位数称为量化字长,也称颜色深度。

对于黑白图像,只有黑白之分,则可用"0"或"1"两个值来表示,量化级数为 2,量化字长为 1。对于灰度图像,如果量化字长为 8,则可表示 256 级的灰度值。

对于彩色图像,每个像素点的颜色在计算机中通常采用其 R、G、B 三个颜色分量来表示。如果每个颜色分量占 1 个字节,则需要 3 个字节(24 位)来表示图像的颜色,这就构成了 2^{24} 种颜色的"真彩色"图像。

3) 编码

图像的编码,就是按照一定的格式把图像经过采样和量化得到的离散数据记录下来。

影响图像数字化质量的主要参数为图像分辨率和颜色深度。图像分辨率越高,颜色深度越大,则图像的数据量就越大。一幅未经压缩的数字图像的数据量为:

图像数据量(字节)=图像的分辨率×颜色深度/8

例如,一幅分辨率为 640×480 的 24 位真彩色图像,未经压缩的数据量为:

$$640×480×24/8=921\ 600\ \text{字节}=900\text{KB}(1\text{KB}=1024\text{B})$$

数字化后得到的图像数据量十分巨大，必须采用压缩技术进行编码，以减少图像信息的数据量。

2. 矢量图像

矢量图像，是使用基本的几何图元（如点、线、曲线、矩形、多边形等）来描绘的图像，通常又被称为矢量图形。矢量图像文件中存储的是各个图元的大小、位置、形状、颜色等信息，而不是像素点。当需要显示时，由计算机通过数学计算，从而生成显示到输出设备上的矢量图像。由于矢量图像可通过公式计算获得，所以矢量图像文件一般较小。矢量图像最大的优点是无论放大、缩小或旋转等都不会失真，如图 2-8 所示。Adobe 公司的 Freehand、Illustrator、Corel 公司的 CorelDRAW 是众多矢量图像设计软件中的佼佼者，著名的动画制作软件 Flash 制作的就是矢量图像动画。另外，Windows 中常见图元文件格式 WMF (Windows Metafile Format)，也属于矢量图形格式。

(a) 矢量图　　　　　　　　(b) 放大后的矢量图

图 2-8　矢量图像放大后仍平滑

2.5.2　声音信息编码

声音是由于物体振动引发空气（或其他介质）中的分子振动而产生的波，这种波传到人们的耳朵，引起耳膜振动，经过大脑反射作用就形成了听觉。声波是在时间和幅度上都连续变化的模拟信号，可由多种具有不同振幅和频率的正弦波来表示，如图 2-9 所示。

振幅、频率和频谱是声音的基本物理属性。振幅指声波的强度，决定声音的响度，即声音的大小。频率指每秒钟声波周期性振动的次数，决定声音的音调。频谱指不同频率和振幅的声波组合成的复合音，决定声音的音色，即声音的音质。

我们已经知道，自然界中的声音是一种在时间和幅度上都连续变化的模拟信号，然而要使用计算机对音频信息进行处理，就必须将模拟音频信号转化为数字音频信号，这一转换过程被称为模拟音频的数字化。模拟音频数字化过程涉及采样、量化及编码三步，如图 2-10 所示。

采样指计算机每隔一定时间间隔在模拟音频的连续波形上获得一个幅度值，从而得到离散的幅值，并用该值表示两次采样之间的模拟幅值。量化指将采样得到的幅度值用计算机中的若干二进制位来表示。编码指将采样与量化后的二进制音频数据按照一定规则进行组织，以利于计算机处理。常用的编码方式是直接使用二进制的补码表示，也称作脉冲编码调制(Pulse Code Modulation, PCM)，该方法属于非压缩编码。

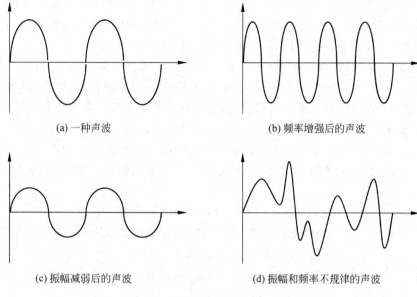

图 2-9　不同振幅和频率的声波波形

图 2-10　模拟音频数字化过程

实际的音频数据数字化后由于数据量非常大,在计算机系统的存储和传输中一般是要经过压缩/解压缩的。通常压缩数据会造成音频质量的下降、计算量的增加。因此在实施压缩时,要在语言质量、数据率以及计算量三方面综合考虑。

数字音频的技术指标主要包括:采样频率、量化位数和声道数。

(1) 采样频率。采样频率指单位时间内采样的次数。显然采样频率越高,所得到的离散幅值的数据点就越逼近于原始波形,同时需要记录的音频信息就越多,生成的数字音频文件也就越大,参见图 2-11。多媒体计算机中支持的采样频率一般有三种:11.025kHz,可达到电话通话品质;22.05kHz,可达到 FM 广播品质;44.1kHz,可达到 CD 品质,超过这个频率,人耳就很难分辨出数字音频和模拟音频之间的差异了。

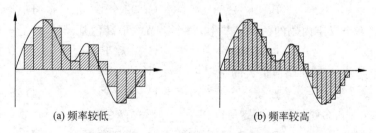

图 2-11　采样频率对数字化的影响

(2) 量化位数。量化位数指计算机为表示每个采样点大小所使用的二进制位数,常用的量化位数为 8 位和 16 位。采样点的大小在用计算机表示后一般要损失一些精度,这主要是因为计算机只能表示有限的数值。例如,用 8 位二进制表示十进制整数,只能表示出

−128～127 之间的整数值,也就是 256 个量化级。如果用 16 位二进制数,则具有 65 536 个量化级。量化级的大小决定了声音的动态范围。在相同的采样频率下,显然量化位数越多,采样精度越高,音质越好,但同时需要存储的信息量也越大。

(3) 声道数。声道数指声音通道的个数。对于单声道的音频,计算机只用一个波形来记录音频信息。而双声道则使用两个波形来记录音频信息,其所需存储空间是单声道的两倍,但在效果上双声道听起来更有空间感,因此也称之为立体声。在不压缩的情况下,数字音频的大小可使用如下公式计算:

$$数字音频大小(B) = 采样频率 \times 量化位数 \times 声道数 \times 时间(s) \div 8$$

例如,用 11.025kHz 的采样频率、16 位的量化位数来存储 10s 的双声道录音,所需存储量为:

$$11\ 025 \times 16 \times 2 \times 10 \div 8 = 441\ 000(B)$$

数字音频在计算机中是以文件的形式保存的,根据采用的不同音频压缩编码方式,对应不同的文件格式。常见的音频文件格式主要有 WAV、MP3、WMA、MID 等。从事专业数字音乐的工作者一般都使用非压缩的 WAV 格式,而普通用户更喜欢使用压缩编码较高、文件容量较小的 MP3 或 WMA 格式。

习题

一、选择题

1. 二进制数 1010.101 对应的十进制数是_____。
   A. 11.33　　　　B. 10.625　　　　C. 12.755　　　　D. 16.75

2. 对于 ASCII 码在机器中的表示,下列说法正确的是_____。
   A. 使用 8 位二进制表示,最高位是 0
   B. 使用 8 位二进制表示,最高位是 1
   C. 使用 8 位二进制表示,最低位是 0
   D. 使用 8 位二进制表示,最低位是 1

3. 16×16 点阵的字形码需要占用的存储字节数是_____。
   A. 8　　　　　　B. 16　　　　　　C. 32　　　　　　D. 64

4. 在存储一个汉字内码的两个字节中,每个字节的最高位是_____。
   A. 1 和 1　　　　B. 1 和 0　　　　C. 0 和 1　　　　D. 0 和 0

5. 下列字符中 ASCII 码值最大的是_____。
   A. A　　　　　　B. a　　　　　　C. Z　　　　　　D. z

6. 在计算机内,多媒体数据最终是以_____形式存在的。
   A. 二进制　　　B. 特殊的压缩码　　C. 模拟数据　　　D. 图形

7. 位图图像的基本组成单元是_____。
   A. 色相　　　　B. 像素　　　　　C. 图层　　　　　D. 选区

二、填空题

1. 将十进制整数转化为 R 进制整数的方法是_____。
2. 将十进制小数转化为 R 进制小数的方法是_____。
3. 模拟音频数字化过程包括采样、_____及编码三步。
4. 影响图像数字化质量的参数主要有_____和_____。
5. 完成下列数制的转换（十进制转换成二进制时,小数点最多保留 4 位）：
   (1) 134D = (　　　　　)B = (　　　　　)O = (　　　　　)H
   (2) 0.1011B = (　　　　　)D = (　　　　　)O = (　　　　　)H
   (3) 2A3EH = (　　　　　)B = (　　　　　)O = (　　　　　)D
   (4) 85.276D = (　　　　　)B = (　　　　　)O = (　　　　　)H
   (5) 110111.1001B = (　　　　　)D = (　　　　　)O = (　　　　　)H
6. 计算下列逻辑表达式的值,结果仍用二进制表示：
   (1) $(10111101)_2 \land (01101011)_2 = (\qquad)_2$
   (2) $(01100010)_2 \lor (10011011)_2 = (\qquad)_2$
   (3) $\overline{(11001110)_2} = (\qquad)_2$
   (4) $(10001101)_2 \oplus (10111011)_2 = (\qquad)_2$
   (5) $\overline{(11001110)_2} \land (00111100)_2 = (\qquad)_2$
   (6) $(10100011_2 \lor 01110011_2) \oplus (10101011)_2 = (\qquad)_2$

三、简答题

1. 分别写出下列十进制数的 8 位原码、补码和反码表示。
   (1) 83　　(2) −49　　(3) +0　　(4) −0　　(5) −127　　(6) +127
2. 什么是真值？什么是机器数？
3. 简述图像的数字化过程。

第 3 章 计算机硬件基础

计算机的产生被认为是 20 世纪最伟大的发明之一。提到对计算机产生所做的伟大贡献,首先会想到图灵和冯·诺依曼这两位科学家。图灵的伟大贡献在于提出了图灵机理论模型,奠定了现代计算机的理论基础。冯·诺依曼的伟大贡献在于提出了"存储程序原理",现代计算机仍然没有突破冯·诺依曼结构。本章首先介绍图灵机和冯·诺依曼型计算机结构,然后介绍计算机的基本工作原理,最后介绍微型计算机的组成和性能指标。

3.1 计算机硬件系统结构

3.1.1 图灵机计算模型

图灵机理论为第一台电子计算机的问世以及"存储程序式"计算机(冯·诺依曼型计算机)的发展奠定了理论基础。

著名的"图灵机"模型,源于图灵在其发表的开创性的论文——"论可计算数及其在判定问题上的应用"。"图灵机"不是一种具体的机器,而是一种思想和理论模型,它为整个现代计算机发展奠定了理论基础。

图灵机的基本思想是用机器来模拟人们用纸笔进行数学运算的过程,图灵把这一过程分解为下列两种简单的动作。

(1) 在纸上写上或擦除某个符号;
(2) 把注意力从纸的一个位置移动到另一个位置。

而在每个阶段,人要决定下一步执行的动作,执行的动作依赖于此人当前所关注的纸上某个位置的符号以及此人当前思维的状态。

图灵机就是为了模拟人的这种运算过程造出的一台假想机器,如图 3-1 所示。该机器由以下几个部分组成。

(1) 一条无限长的纸带。纸带被划分为一个接一个的小格子,每个格子上包含一个来自有限字母表的符号(如 0 和 1),字母表中有一个特殊的符号表示空白(如 b)。

(2) 一个读写头。该读写头可以在纸带上左右移动,它能读出当前所指的格子上的符号,并能改变当前格子上的符号。

(3) 一个有限状态控制器。它由一套控制规则和一个状态寄存器组成。控制规则可以理解为程序,它根据当前机器所处的状态以及当前读写头所指的格子上的符号来确定读写头下一步的动作,并改变状态寄存器的值,令机器进入一个新的状态。状态寄存器用来保存图灵机当前所处的状态。图灵机的所有可能状态的数目是有限的,并且有一个特殊的状态,称为停机状态。

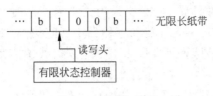

图 3-1 图灵机模型

3.1.2 冯·诺依曼型计算机

回顾计算机技术的发展和所取得的辉煌成就,不能不提及 20 世纪最杰出的数学家之一——约翰·冯·诺依曼(John von Neumann,1903—1957)。冯·诺依曼是一位著名的美籍匈牙利数学家、计算机学家、物理学家、化学家,他可谓是一名伟大的科学全才。鉴于冯·诺依曼在计算机发展过程中的重要影响,他被人们称为"现代电子计算机之父"。

1903 年 12 月 28 日,冯·诺依曼生于匈牙利布达佩斯的一个犹太人家庭。关于冯·诺依曼,有着很多神童般的传闻。他从小就显示出数学和记忆方面的天赋,有着过目不忘的本领和让人惊叹的解题速度。据说,他 6 岁时能够心算做 8 位数除法,8 岁时掌握了微积分,12 岁时就领会了波莱尔的专著《函数论》的要义。1930 年,冯·诺依曼首次赴美,成为普林斯顿大学的客座教授,凭借其出众的才华于 1931 年成为该校的终身教授。1933 年,普林斯顿大学成立高级研究院,冯·诺依曼成为研究院最初的 6 位教授之一,其中包括爱因斯坦,而年仅 30 岁的冯·诺依曼是他们当中最年轻的一位。

冯·诺依曼与计算机的结缘来自于一次偶然的邂逅。众所周知,ENIAC(Electronic Numerical Integrator And Computer,电子数字积分计算机)被认为是世界上第一台电子计算机,为了解决二战时期非常紧迫的弹道计算任务,由美国军方资助、宾夕法尼亚大学的约翰·莫奇利教授(John Mauchly,1907—1980)和雷斯帕·埃克特博士(Presper Eckert,1919—1995)主要负责建造,该项目于 1943 年立项,1946 年完成运行。1944 年夏天的一天,在美国东部马里兰州阿伯丁火车站的站台上,正在参与 ENIAC 项目的美国军械部弹道实验室上尉赫尔曼·戈德斯坦(Herman H. Goldstine)偶然遇到了冯·诺依曼,并同他交谈了有关 ENIAC 的研制情况。当时的冯·诺依曼正在参与美国制造第一颗原子弹的"曼哈顿计划",大量繁杂的计算问题也正使他十分困扰。于是,冯·诺依曼对用于实现电子计算的 ENIAC 项目产生了浓厚的兴趣,认为这将是一件意义深远的工作。两人邂逅不久,冯·诺依曼就专门赶到宾夕法尼亚大学参观戈德斯坦上尉所说的那台正在研制的 ENIAC,还被聘为 ENIAC 研制小组的顾问,参加了一系列为改进 ENIAC 而召开的专家会议。从此,冯·诺依曼开始在电子计算机的发展史上发挥其关键性的指导作用。

ENIAC 本身存在着两大缺点:一是没有存储器;二是使用外插型布线接板进行控制,为了改变控制线路有时需要搭接几天,从而使其计算速度上的优势被这一工作抵消了。于是研究小组决定重新建造一台计算机,并将其命名为 EDVAC(Electronic Discrete Variable Automatic Calculator,离散变量自动电子计算机)。1945 年 6 月,冯·诺依曼起草了一份长达 101 页的设计报告——"关于 EDVAC 的报告草案"。该报告广泛而具体地介绍了制造电子计算机和程序设计的新思想,明确说明了计算机由 5 大部分组成,包括:运算器、逻辑控制装置、存储器、输入设备和输出设备,并描述了这 5 部分的功能和相互关系。在报告中,冯·诺依曼根据电子元器件的特点,建议采用二进制。同时,他还提出了"存储程序"的设计思想,即将程序和数据都事先存放在存储器中,通过在存储器中寻找运算指令,实现程序的自动运行。该报告是计算机发展史上一个划时代的文献,标志着电子计算机时代的开始。

早期的冯·诺依曼计算机以运算器为中心,如图 3-2 所示。在这种结构下,输入/输出设备与存储器之间的数据传输都需要经过运算器,这就使得输入/输出和运算只能串行执行,即输入/输出时不能进行运算,运算时也不能进行输入/输出。

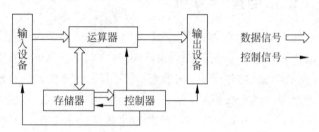

图 3-2 早期的冯·诺依曼机模型

随着计算机技术的不断发展,为了提高运算器的利用率,解决运算器与输入/输出设备速度严重不匹配的问题,人们对冯·诺依曼型计算机进行了改进。目前的计算机,基本上采用的都是以存储器为中心的结构,如图 3-3 所示。改进后的冯·诺依曼型计算机扩充了外存储器,能够支持运算器和输入/输出设备的并行工作,即存储器可以一边向运算器提供运算数据,一边进行数据的输入/输出。

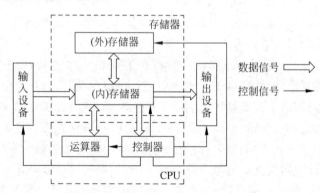

图 3-3 改进的冯·诺依曼机模型

虽然相比早期的冯.诺依曼结构,现代计算机已经做了大量改进,例如增加了高速缓冲存储器、采用了流水线技术、应用了并行处理技术等,但从根本上依然没有突破冯·诺依曼结构的束缚,仍被称为冯·诺依曼计算机。冯·诺依曼计算机的基本思想主要概括为以下几个方面。

(1) 计算机的硬件系统由 5 个基本部分组成:运算器、控制器、存储器、输入设备和输出设备。

(2) 程序和数据都存储在内存中,计算机能够自动地依次从内存中取出指令并执行。

(3) 指令和数据以二进制编码形式表示。

3.1.3 计算机的基本组成

自从 1946 年第一台电子计算机 ENIAC 问世以来,计算机技术发生着日新月异的变化,计算机性能不断提升。但是计算机的基本组成和工作原理并没有发生根本性的突破,仍然属于冯·诺依曼体系结构。冯·诺依曼型计算机由运算器、控制器、存储器、输入设备和输出设备 5 大部分组成。

1. 运算器

运算器又称算术逻辑单元(Arithmetic and Logic Unit,ALU),主要功能是进行算术运算和逻辑运算。在计算机中,算术运算指加、减、乘、除等基本运算;逻辑运算是指进行逻辑判断、关系比较等基本逻辑运算,如与、或、非、异或等。除此以外,运算器还进行移位、传送等基本运算。任何复杂的计算最终都要分解成运算器能够执行的基本运算来一步一步地实现。

2. 控制器

控制器是计算机的指挥控制中心,负责从内存中取出指令,并对指令进行译码;然后根据指令的要求,向其他部件发出相应的控制信号,保证各个部件协调一致地工作。

微型计算机通常把运算器、控制器和一些寄存器(Register)做在一块集成电路芯片上,称为中央处理器,简称为 CPU(Central Processing Unit)。它是计算机的核心和关键,计算机的性能主要取决于 CPU。

3. 存储器

存储器是计算机的记忆存储部件,用来存放程序和数据。存储器通常分为内存储器和外存储器。

1) 内存储器

内存储器简称内存,又称主存,主要存放当前正在运行的程序和程序临时使用的数据,是 CPU 直接寻址的存储空间。内存是计算机进行信息交流的中心,要与计算机的各个部件进行数据交换。内存的特点是存取速度快,但价格较贵,容量不可能配置的非常大,因此还需要价格相对便宜的外存来存放大量的程序和数据。

根据存储介质的性质不同,可以将内存分为磁心存储器和半导体存储器。早期的计算机基本上都是使用磁心存储器作为存储介质,现在的计算机使用的都是半导体存储器。

根据存储的信息是否可以被更改,可以将内存分为随机存储器和只读存储器两大类。

随机存储器简称 RAM(Random Access Memory)。RAM 在计算机工作时,既可从中读出信息,也可随时写入信息,所以 RAM 是一种在计算机正常工作时可读/写的存储器。值得注意的是,RAM 掉电会丢失信息,因此在操作计算机过程中应养成随时存盘的习惯,以防断电丢失数据。我们通常所说的机器中的内存条就属于随机存储器。

只读存储器简称 ROM(Read Only Memory)。ROM 与 RAM 的不同之处是存储器中的内容只能读出不能写入。ROM 中的内容是在制造芯片时预先写入的。ROM 用来存放固定不变的程序,例如计算机中的 BIOS 指令通常固化在 ROM 中。由于刚开机时 RAM 中是空的,所以需要一小段指令来告诉计算机如何向 RAM 中加载操作系统并启动程序的运行,BIOS 指令正是用来完成这些任务的。

闪速存储器(Flash Memory)简称闪存。它集成了 RAM 和 ROM 的所有优点,主要表现为:一是非易失性,二是易改写。目前通常将闪存用作主板和显卡的 BIOS,使主板和显卡的升级变得容易。另外,由于闪存的功耗小、集成度高、体积小且可靠性高,所以闪存目前普遍用作移动存储器。

2) 外存储器

外存储器简称外存,它作为一种辅助存储设备,主要用来存放一些暂时不用而又需长期保存的程序或数据。外存与内存的不同之处主要包括:一是外存上的信息可以长期保存,即使在掉电的情况下,信息也不会丢失;二是外存的容量比内存大得多,当今的硬盘容量已经达到几 T 字节,而内存容量仅为几 G 字节到十几 G 字节;三是外存的数据读写速度比内存慢。通常计算机的各个部件只和内存打交道,是不和外存打交道的。当需要执行外存中的程序或处理外存中的数据时,需要通过 CPU 的输入/输出指令,将其调入内存才能被 CPU 执行处理,所以外存实际上属于输入/输出设备。常见的外储存器有硬盘、光盘、U 盘、移动硬盘等。

4. 输入设备

输入(Input)设备用来接收通过输入接口输入的程序和数据,并将它们转换成计算机可以识别的形式存放到内存中。常用的输入设备有键盘、鼠标、扫描仪、麦克风、光笔等。

5. 输出设备

输出(Output)设备用来将计算机处理的结果通过输出接口转换成人们所要求的直观形式或控制现场能够接受的形式。常用的输出设备有显示器、打印机、音箱、绘图仪等。

3.2 计算机基本工作原理

计算机的工作就是执行程序。程序员通常使用高级语言编写程序,然后通过翻译程序将其转换为计算机唯一能够识别和执行的二进制机器指令。可见,计算机的工作过程实际上就是自动快速地执行指令的过程。为了了解计算机的基本工作原理,必须了解什么是指令以及指令的执行过程。

3.2.1 机器指令

计算机由硬件系统和软件系统组成。硬件是软件赖以工作的物质基础,软件的正常工作是硬件发挥作用的唯一途径,两者缺一不可。计算机软件是由各种程序设计语言编写的程序,不论使用哪种计算机语言编写的程序,必须转换成计算机唯一能够识别的机器语言,才能在计算上执行。机器语言是由一条一条的语句组成的,每一条语句即是一条机器指令。

指令是计算机运行的最小功能单位。指令通常由操作码和操作数(也叫地址码)两个字段组成,如图3-4所示。

| 操作码 | 操作数 |

图 3-4 指令的一般格式

操作码字段用于说明所执行的操作的性质和功能,例如加法、减法、乘法、除法、保存、加载等。组成操作码的位数通常取决于指令系统的规模,即一个指令系统中所包含的不同指令的条数。指令系统的规模越大,需要表示每条指令的操作码的位数也越多。很显然,对于包含8条指令的指令系统,使用3位的操作码就够了;对于包含16条指令的指令系统,使用4位的操作码就够了。由此容易看出,n位的操作码最多能够表示的指令数是2^n条。

操作数,又被称为地址码,该字段用于说明参与运算的操作数或操作数的地址。

一台计算机所能支持的全部机器指令的集合就是该计算机的指令系统。按照指令所完成的功能,一个较完善的指令系统通常包括:数据传送指令、算术运算指令、逻辑运算指令、串操作指令、控制转移指令和系统控制指令等。

3.2.2 计算机是如何工作的

计算机的工作过程实际上就是自动执行一系列指令的过程,虽然一条指令的功能是有限的,但是由一系列指令构成的程序则可以完成很多复杂的任务。

计算机由中央处理器CPU、存储器、接口电路以及各种外部设备组成,它们之间通过总线及专用通道连接在一起,其中,CPU包括运算器、控制器和一些寄存器,总线包括数据总线、地址总线和控制总线。

实际的计算机结构非常复杂,为了让读者更容易掌握计算机的基本概念、基本部件和基本工作原理,我们不考虑接口电路和外部设备,并且认为要执行的指令和要处理的数据都已经存入了内存中。

指令的执行过程通常包括三个主要步骤,即取指令、分析指令和执行指令。

(1) 取指令:从内存单元中读取将要执行的指令放入指令寄存器。其中,所读取指令的内存地址位于程序计数器(Program Counter,PC)中。程序计数器的功能就是存放指令的地址。当执行程序时,PC的初值为程序第一条指令的地址,每当读取一条指令后,PC的值会自动加1指向下一条要执行的指令。

(2) 分析指令:指令译码器(Instruction Decoder,ID)对指令寄存器中的指令进行译码。首先解析出操作码和操作数,然后将参与运算的操作数通过总线传送给运算器(如果参与运算的操作数位于存储器中,则需要根据操作数地址从内存中读出操作数),并通过控制电路产生相应的控制信号。

(3) 执行指令:在控制信号的作用下,运算器进行相应的运算并完成结果的保存。

下面以数据传送指令为例,介绍计算机的基本工作原理。假设将要执行的是03H内存单元中的指令,其指令码为1000H,其中,高8位10H为操作码,表示当前指令为数据传送指令;低8位00H为操作数,表示要传送到累加器中的数据。该指令要完成的操作是将操作数传送到累加器中,指令的执行过程如图3-5所示。

具体步骤如下。

① 程序计数器PC(Program Counter)的内容03H送地址寄存器。

② 地址寄存器接收到PC送来的地址后,PC的内容自动加1,变为04H。

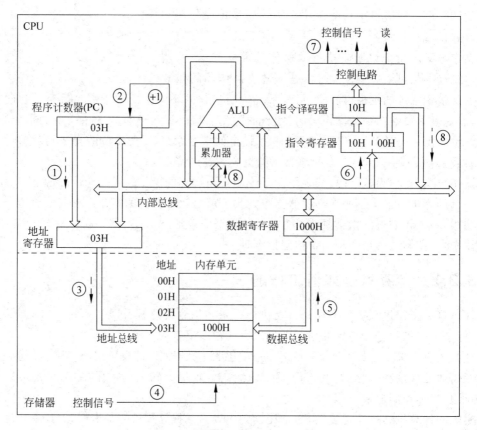

图 3-5 数据传送指令的执行过程

③ 地址寄存器中的内容 03H 经地址总线送到内存,经过地址译码后,选中相应的地址为 03H 的内存单元。

④ 控制器发出读控制信号。

⑤ 在读信号的控制下,内存 03H 单元的内容 1000H 经数据总线送到数据寄存器中。

⑥ 将数据寄存器中的内容经内部总线送到指令寄存器中。

以上为取指令的具体过程。

⑦ 分析指令。指令寄存器的操作码字段经指令译码器译码后,经控制电路产生执行这条指令需要的各种控制信号。然后就进入指令的执行阶段。

⑧ 指令执行。由于在译码阶段已经知道这是一条数据传送指令。因此接下来将指令寄存器中的操作数部分 00H 经内部总线送到累加器中。

3.2.3 如何提高 CPU 的执行效率

CPU(处理器)执行指令的效率,决定了整个计算机的运算速度。指令流水线(Instruction Pipeline)技术就是为了这一目的而诞生的。

指令流水线(Instruction Pipeline)技术是指为了提高处理器执行指令的效率,把一条指令的操作分成多个子任务,每个子任务由专门的功能部件进行轮流处理,从而实现多条指令重叠执行的一种准并行处理实现技术。

描述流水线的工作过程，通常采用时空图的方法。在时空图中，纵坐标表示指令序列，横坐标表示时间。

例如，假设一条指令由三个子任务组成：取指、译码、执行，每个子任务都需要花费一个机器周期。如果不采用指令流水线技术，那么执行这条指令需要三个机器周期，执行连续的三条指令则需要花费 9 个机器周期，其时空图如图 3-6 所示。如果采用了指令流水线技术，那么在当前指令完成"取指"后开始"译码"的同时，下一条指令就可以进行"取指"了。依照这样的三级流水线策略，完成三条指令只需要花费 5 个时钟周期，大大提高了指令的执行效率，采用了 3 级流水线的时空图如图 3-7 所示。

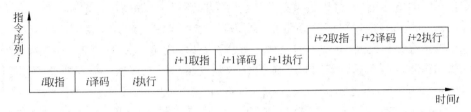

图 3-6　非指令流水线时空图

图 3-7　3 级指令流水线时空图

指令流水线技术首次在 Intel 486 处理器芯片中开始使用，其采用的是 5 级流水线，指令的执行过程被分为 5 个阶段：取指、译码、转址、执行和写回。1993 年开始推出的奔腾（Pentium）系列处理器引入了"超标量流水线"的概念，流水线扩展到了 12 级。当今比较流行的酷睿 i7（Core i7）处理器流水线级别为 16 级。

在流水线技术的实际应用过程中，往往难以实现流水线的满负荷运行。影响流水线执行效率的因素有很多，例如流水线的装入时间、流水线的排空时间、指令的执行时间有长有短、指令有时不是顺序执行的等。有关流水线技术的更详细介绍，可参考计算机体系结构方面的相关书籍或文献。

3.3　微型计算机

3.3.1　微型计算机概述

随着大规模集成电路和超大规模集成电路制造技术的发展，到了 20 世纪 70 年代初期，已经能把原来体积很大的中央处理机电路集成在一片面积很小（仅十几平方毫米）的电路芯片上，称为微处理器（Micro Processing Unit，MPU）。微处理器的出现开创了微型计算机的新时代。从微处理器出现之日起，它按照摩尔定律所描述的"每 18 个月，集成度提高一倍，速度也提高一倍,但是价格却降低一半"的规律飞速发展。微处理器是微型计算机的核心部件,其性能很大程度上决定了微型计算机的性能,因此微型计算机的发展是以微处理器的发展而更新换代的。

微型计算机是指以微处理器为核心再配上半导体存储器、输入/输出接口电路、系统总线及其他支持逻辑电路组成的计算机。微型计算机的出现,为计算机技术的发展和普及开辟了崭新的途径,是计算机科学技术发展史上的一个新的里程碑。微型计算机具有体积小、价格低、可靠性高、通用性强等优点。随着超大规模集成电路的迅速发展,微型计算机的性价比不断增高,在社会生产和家庭生活各个领域得到广泛应用。

按照不同的组成结构,可以将微型计算机分为单片机、单板机和多板机三类。

(1) 单片机:指将微处理器、存储器、输入输出接口等都集成到一块芯片上的微型计算机。单片机具有集成度高、体积小、功耗低、可靠性高、使用灵活方便、控制功能强、编程保密化、价格低廉等优点,广泛用于工业控制、智能仪器仪表、通信、数据采集和处理、家用电器等领域。

(2) 单板机:指将微处理器和其他支持芯片安装在同一块印刷电路板上的微型计算机。单板机具有结构简单、价格低廉、完全独立的操作功能,加上电源就可以独立工作。但由于它的输入、输出设备简单、存储容量有限,工作时只能用机器码(二进制)编程输入,因此通常只能应用于一些简单控制系统和教学中。

(3) 多板机:指将微处理器芯片、存储器芯片、各种I/O接口芯片、驱动电路、电源等装配在多块印刷电路板上,各个印刷电路板通过系统总线相互连接起来的微型计算机。目前广泛使用的微型计算机系统(如PC)就属于多板机。

3.3.2 微型计算机的硬件组成

微型计算机由主机和外部设备组成。主机通常安装在主机箱内,由系统主板、微处理器、内存储器、硬盘驱动器、光盘驱动器、电源、显卡等组成。外部设备简称外设,主要包括外存储器以及各种输入/输出设备。现在的微型计算机功能越来越强大,配置的外部设备也越来越丰富,但其基本组成都包括主机、显示器和键盘。下面对微型计算机的各个组成部分分别具体介绍。

1. 微处理器

微处理器是微型计算机使用的中央处理器(CPU),是决定一台微机性能的核心部件,人们通常使用CPU的型号来衡量一台微机的档次。

微处理器的生产厂商主要有Intel(英特尔)公司和AMD公司。Intel公司是x86体系CPU的最大生产厂商,其先后推出的CPU产品有4004、8080、8088、80286、80386、80486、80586、Pentium(奔腾)系列、Celeron(赛扬)系列和Core(酷睿)系列等。AMD是仅次于Intel的第二大x86体系CPU的生产厂商,其主要推出的CPU产品有Athlon(速龙)系列、APU系列、FX系列等。

当前市场上比较常见的Intel处理器主要是酷睿系列的i3、i5和i7。i3的定位属于中低端,i5属于主流的中高端,i7属于高端配置。在描述CPU型号时,通常会看到形如iX-XXXX的形式(X代表一位数字),短横线左边代表系列号,右边的第一位数字代表第几代,后面的三位数字代表型号。同一系列处理器一般有多种型号,一般型号值越大说明在同档次中性能越好。例如,i5-4460表示酷睿i5第4代型号为460的处理器。

在处理器市场,Intel和AMD公司的强势地位一直以来几乎无人能够撼动。但国产CPU研发的脚步却一直没有停下,经过长期的探索和研究,目前我国已经研发出具备自主知识产权的CPU芯片,甚至有些国产CPU性能已经达到世界前列。有代表性的国产CPU方案主要有龙芯、申威、飞腾、兆芯等。

衡量CPU性能的主要指标如下。

(1) 主频、倍频和外频:主频就是CPU的时钟频率,即CPU的工作频率。一般说来,主频越高,一个时钟周期内完成的指令数也越多,CPU的速度也就越快。不过由于各种CPU内部结构的不尽相同,所以时钟频率相同的CPU的性能也不完全一样。外频就是系统总线的工作频率;而倍频则是指CPU外频与主频相差的倍数。用公式表示就是:

主频=外频×倍频

(2) 字长:字长是指CPU在一个时钟周期内可以同时处理的最大二进制位数。字长体现了一条指令所能处理数据的能力,它决定着CPU的寄存器和总线的数据宽度。字长较长的计算机在一个时钟周期内要比字长短的计算机处理更多的数据,因此性能更高。早期的微处理器为8位和16位,Intel 486处理器为32位,目前流行的CPU多为64位。

(3) 高速缓冲存储器Cache:高速缓冲存储器是一种比主存储器存取速度更快的存储器,是为协调CPU与主存之间的速度差异而设计的。当CPU需要访问内存数据时,首先访问Cache,如果Cache中有CPU所需的数据,则CPU不必再去访问内存而直接从Cache中读取;如果Cache中没有CPU所需的数据,则采用"程序局部性原理"将主存中的数据调入Cache中。Cache的使用大大提高了CPU访问主存的时间效率。

按照数据读取顺序和与CPU结合的紧密程度,CPU缓存被分为多个级别,目前主要有一级缓存(L1 Cache)、二级缓存(L2 Cache),部分高端CPU还具有三级缓存(L3 Cache)。每一级缓存中所储存的全部数据都是下一级缓存的一部分,这三种缓存的技术难度和制造成本是相对递减的,所以其容量也是相对递增的。当CPU要读取一个数据时,首先从一级缓存中查找,如果没有找到再从二级缓存中查找,如果还是没有就从三级缓存或内存中查找。一般来说,每级缓存的命中率大概都在80%左右,也就是说全部数据量的80%都可以在一级缓存中找到,只剩下20%的总数据量才需要从二级缓存、三级缓存或内存中读取,由此可见,一级缓存是整个CPU缓存架构中最为重要的部分。

目前高速缓冲存储器基本上都是采用SRAM(Static Random Access Memory,静态随机存取存储器),它是一种具有静态存取功能的存储器,不需要刷新电路即能保存它内部存储的数据。SRAM的优点是速度快、能耗低,但集成度相对较低、价格较高,所以通常高速缓冲存储器的容量不是太大,一级缓存一般为千字节数量级,二级缓存一般在兆字节数量级。

(4) 核心数量:CPU从诞生之日起,主频就在不断提高。CPU的主频在2000年达到了1GHz,2001年达到2GHz,2002年达到了3GHz,2005年达到了3.8GHz。但在将近十五年之后仍然没有看到4GHz以上处理器的出现,电压和发热量成为最主要的障碍。Intel公司和AMD公司认识到,无法再通过简单提升时钟频率就可设计出下一代的新CPU。面对主频之路走到尽头,Intel公司和AMD公司开始转向增加CPU内核的数量。

多内核是指在一块处理器芯片上封装了多个微处理器。目前主流 CPU 一般是双核、四核、六核,甚至八核。多核处理器可以同时并行执行多个线程,从而大大提高了程序的运行效率。

（5）内存总线速度：也叫系统总线速度,一般等同于 CPU 的外频。内存总线的速度对整个系统性能来说很重要,由于内存速度的发展滞后于 CPU 的发展速度,为了缓解内存带来的瓶颈,所以出现了二级缓存,来协调两者之间的差异,而内存总线速度就是指 CPU 与二级高速缓存和内存之间的工作频率。

（6）制造工艺：制造工艺虽然不会直接影响 CPU 的性能,但它可以极大地影响 CPU 的集成度和工作频率,制造工艺越精细,CPU 可以达到的频率越高,集成的晶体管就可以更多。从芯片制造工艺来看,在 1965 年推出 $10\mu m$ 处理器后,经历了 $6\mu m$、$3\mu m$、$1\mu m$、$0.5\mu m$ 等越来越精细的发展。当前市场上 CPU 的制作工艺一般以纳米（nm）为单位,主要有 180nm、130nm、90nm、65nm、45nm、32nm 和 22nm。

2. 主板

主板又称主机板（Mainboard）、系统板（Systemboard）或母板（Motherboard）,是主机箱中最大的一块集成电路板。主板上有 CPU 插座、内存插槽、芯片组等,同时还集成了各种 I/O 接口,如 PCI（Peripheral Component Interconnect,周边元件扩展接口）扩展槽、PCI Express 扩展槽或者 AGP（Accelerated Graphics Port,加速图像处理端口）扩展槽、硬盘接口、USB（Universal Serial Bus,通用串行总线）接口等,如图 3-8 所示。CPU、存储器、扩展卡等各种器件和外部设备通过主板有机地结合在一起协同工作,从而形成了完整的微机硬件系统。

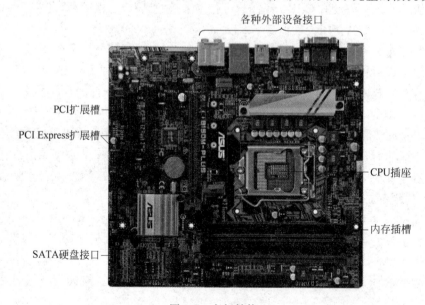

图 3-8　主板结构

根据主板上各种元器件的布局和排列方式的不同,主板具有不同的结构规范。不同的结构规范通常要求不同的机箱与之相配套,各主板结构规范之间的差别包括尺寸大小、形状、元器件的放置位置和电源供应器等。目前常见的主板结构规范主要有 AT、ATX、NLX、Flex ATX、服务器主板结构等。AT 结构因首先应用在 IBM PC/AT 机上而得名,现已基本被淘汰。ATX结构是目前最常用的主板结构,其优点主要包括:一是全面改善了硬件的安装、拆卸和使用;二是支持现有各种多媒体卡;三是全面降低了系统整体造价;四是改善了系统通风设计;五是降低了电磁干扰,机内空间更加简洁。NLX结构是IBM公司与Intel公司共同开发的主板结构标准,是新一代一体化主板结构规范,其主要特点是在主板上集成了连接各主要外部设备的接口,基本上可以不再使用接口插卡,提高了系统集成度和稳定性。

主板上的芯片组是保证系统正常工作的重要控制模块,根据芯片组的不同功能,通常将芯片组分成南桥芯片和北桥芯片。靠近CPU插槽的一般称为北桥芯片,主要负责控制CPU、内存和显卡的工作;靠近PCI扩展槽的称为南桥芯片,主要负责控制系统的输入输出等功能。由于北桥芯片的发热量较高,因此通常装有散热片。

扩展槽是主板上用于固定扩展卡并将其连接到系统总线上的插槽,也叫扩展插槽或扩充插槽。扩展卡也叫适配卡,常见的有显卡、声卡、网卡、视频卡等。通过在扩展槽中插入相应的扩展卡,可以为计算机增加新功能或提升原有功能。例如,需要录制电视节目的用户可以安装视频采集卡,从而增加视频采集功能。再如,当前很多主板都集成了显卡、声卡和网卡的功能,以显卡为例,用户不再需要专门插入显卡,即可连接显示器,显示效果对于一般用户来说都是可以接受的。对于那些经常做图像或视频处理,或者经常玩大型游戏的用户,可以通过扩展槽安装性能更好的显卡,满足自己对显示效果的更高要求。

不同主板配置的扩展槽不尽相同,不同扩展卡的接口标准也不尽相同,用户可以根据自己的需要进行选购。例如,用户希望购买一个新的显卡来提高原有计算机的显示性能,那么需要首先确定原有主板上的插槽能够支持新显卡。如果新显卡采用的是PCI-Express接口,而老主板并没有提供PCI-Express插槽,则无法进行显卡的升级。常见的扩展槽主要有PCI、AGP、PCI-Express,以及笔记本专用的PCMCIA等。PCI和AGP插槽正在逐渐被淘汰,未来的主流扩展插槽是PCI-Express插槽。

显卡全称即显示接口卡,又称显示适配器,是计算机的基本配置之一。显卡的主要作用是进行数/模信号转换,即将计算机的数字信号转换成模拟信号让显示器显示出来。同时显卡还是有图像处理能力,可协助CPU工作,提高整体的运行速度。

目前,显卡主要分为集成显卡、独立显卡和核芯显卡三类。集成显卡是指将显示芯片、显存及其相关电路都集成在主板上,与主板融为一体。独立显卡是指将显示芯片、显存及其相关电路单独做在一块电路板上,自成一体而作为一块独立的板卡存在,它需占用主板的扩展插槽。核芯显卡是最新出来的技术,指将图形处理核芯集成到CPU处理器中,与CPU融为一体。总之,集成显卡只是满足高清视频用户需要;独立显卡用于满足专业制图用户和游戏用户的需要;核芯显卡的最大特点之一就是功耗低,但从性能上来讲目前还不能满足专业级别制图的需要,但是未来显卡发展的一个方向。

1) PCI插槽

PCI插槽是基于PCI总线的扩展插槽。在过去的很长一段时间,PCI插槽一直是主板的主要扩展插槽,可插接显卡、声卡、网卡、内置Modem、USB 2.0卡、IEEE1394卡、视频采集卡以及其他种类繁多的扩展卡。通过插接不同的扩展卡可以使计算机获得大部分扩展功能,是名副其实的"万用"扩展插槽。

2) AGP插槽

AGP接口标准是在PCI标准的基础上发展起来的,主要针对图形显示方面进行了优化,专门用于插接显卡。在主板上,AGP 插槽通常与 PCI 插槽不在同一水平位置,而是内进一些,这样更容易辨认。随着显卡速度的提高,AGP 插槽已经不能满足显卡传输速度的需求,目前 AGP 接口的显卡已经逐渐被淘汰,取代它的是 PCI Express 接口。

3) PCI-Express

PCI-Express 是由 Intel 公司提出的最新总线和接口标准,简称 PCI-E。PCI-Express 1.0 标准于 2002 年确定,目前最新的标准是第 3 代,即 PCI-Express 3.0。制定 PCI-E 标准的目标是全面取代 PCI 和 AGP 接口标准,最终实现总线标准的统一。其主要优势是数据传输速率高,目前最高可达到 10GB/s 以上,而且还有相当大的发展潜力。PCI Express 有多种通道规格,从 PCI Express x1 到 PCI Express x32,有非常强的伸缩性,能满足不同设备对数据传输带宽的不同需求。目前比较常见的规格是 PCI Express x1 和 PCI Express x16,PCI Express x1 可以满足主流声卡、网卡和存储设备对数据传输带宽的需求,PCI Express x16 可以满足显卡对传输带宽的更高需求。

3. 接口

主板上提供了各种外部设备接口,用于连接不同的外部设备,主要有 PS/2 接口、VGA 接口、USB 接口、RJ-45 接口(网络接口)、音频接口等,如图 3-9 所示。一些早期的主板通常还配有 COM 接口(串口)和 LPT 接口(并口),如图 3-10 所示。

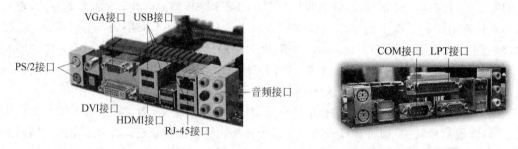

图 3-9　常用外部设备接口　　　　　　　图 3-10　串口和并口

计算机与计算机或计算机与外部设备之间的数据通信有两种方式:并行和串行。并行方式是指使用 8 根数据线每次同时发送一个字节的数据,其特点是传输速度快。但是当传输距离比较远时,会导致通信线路变得复杂且成本提高,所以并行方式适合于近距离的数据传输。串行方式使用一根数据线,每次只能发送一位的数据,接收时再将逐位接收到的数据拼装成字节数据。其特点是通信线路简单、成本低、抗干扰能力强、适合远距离的数据传输。

从理论上讲,并行传输比串行传输速度快。但实际上,当数据传输速度较高时,并行接口的多条数据线之间会存在串扰,并且并行接口需要数据信号同时发送、同时接收,任何一根数据线延迟都会引起传输错误。而串行方式只有一根数据线,不存在信号之间的串扰问题,传输速度可以做得很高。目前,计算机接口的发展趋势是串行逐渐取代并行,成为高速传输数据的首选,例如 USB 接口、SATA 硬盘接口、PCI-E 接口都属于串行接口。

COM 接口属于串行通信接口,采用了 9 针 D 形连接器,通常也被称为串口或 RS-232 接口。LPT 接口属于并行通信接口,该接口共有 25 个针孔,分为两排,主要用于连接打印机和扫描仪设备,通常也被称为并口或打印机接口。目前,在微型计算机中已经很少使用

COM 接口和 LPT 接口，基本已被 USB 接口所取代。

USB(Universal Serial Bus，通用串行总线)接口是连接计算机和外部设备的一种通用串行总线接口标准，已经成为 PC 主板的标准配置。当前，大部分外部设备都是通过 USB 接口与计算机连接的，如鼠标、键盘、U 盘、扫描仪、打印机等。USB 1.0 最早于 1996 年出现，速度只有 1.5Mb/s。目前常见的 USB 接口一般是 USB 2.0 和 USB 3.0。USB 2.0 的理论最高传输速度是 480Mb/s，而 USB 3.0 的理论最高速度为 5Gb/s。USB 3.0 是向下兼容的，即 USB 3.0 接口可以连接 USB 2.0 的设备，但只能达到 USB 2.0 接口的传输速度。当前，主板一般同时配有 USB 2.0 和 USB 3.0 接口，为了方便区分，USB 2.0 通常为黑色，USB 3.0 通常为蓝色。

PS/2 接口用于连接鼠标和键盘，是早期微型计算机上常见的接口。一般情况下，绿色的接口用于连接鼠标，紫色的接口用于连接键盘。当前，鼠标和键盘更多使用的是 USB 接口。当 USB 接口比较紧张，或使用 PS/2 接口的鼠标和键盘时，可以考虑使用该接口。

显示接口是指显卡与显示器、电视机、投影仪等图像输出设备连接的接口，常见的显示接口有 VGA 接口、DVI 接口、HDMI 接口等。

(1) VGA(Video Graphics Array，视频图形阵列)接口又称 D-Sub 接口，是 IBM 公司于 1987 年推出的用于连接计算机显示设备的模拟信号接口标准。VGA 接口共有 15 针，分成三排，每排 5 个孔，是显卡上应用最为广泛的接口类型。该接口传输的视频信号属于模拟信号。随着高清数字化设备和 DVI、HDMI 等数字视频接口的出现，目前有些显卡已不再配置 VGA 接口。

(2) DVI(Digital Visual Interface，数字视频接口)是 Silicon Image、Intel、Compaq 等多家公司于 1999 年联合推出的数字视频接口标准。DVI 具有三种不同的接口形式：DVI-A、DVI-D 和 DVI-I。DVI-A 用于传输模拟信号，功能和 VGA 接口一样。DVI-D 用于传输数字信号，是真正意义上的数字信号传输接口。DVI-I 集合了两者的功能，既能传输数字信号，也能传输模拟信号，是目前应用最多的 DVI 类型。图 3-9 中所示的 DVI 接口就属于 DVI-I 型(24+5 针)。

(3) HDMI(High Definition Multimedia Interface，高清晰度多媒体接口)是日立、松下等 7 家公司于 2002 年联合推出的一种符合高清标准的全新数字化视频/音频接口技术，其可同时传送音频信号和视频信号。与 DVI 相比，体积更小，并且可以支持更高的分辨率和刷新率。DVI 和 HDMI 在个人计算机、DVD 播放机、高清晰电视、高清晰投影仪等设备上均有广泛应用。

RJ-45 接口是最常见的网络接口类型，用于将计算机的网卡通过双绞线与网络设备连接，以实现将计算机接入网络。接入 RJ-45 接口的双绞线接头，通常也被称为"水晶头"，包含 8 条芯线。RJ-45 接口主要用在以双绞线为传输介质的以太网中，由于以太网的普及，使得 RJ-45 接口成为应用最广的网络接口类型。

音频接口用于实现音频信号的输入和输出。当前音频接口一般由 6 个不同颜色的插孔组成，如图 3-9 所示，应用最为广泛的是粉色和绿色插孔。粉色插孔是音频输入接口，通常用来连接麦克风；绿色插孔是音频输出接口，通常用来连接耳机或音箱。如果使用的音箱设备比较高端，还会用到其他插孔，可根据说明书进行插接。

不同的主板往往配有不同的接口，用户应当根据自身的需求进行选择。当主板接口无法满足用户需求时,也可以通过接口转换器进行接口转换,如 USB 转串口、DVI 转 HDMI 接口等,如图 3-11 所示。

(a) USB转串口

(b) DVI转HDMI

图 3-11 接口转换器

4. 存储器

当前的微型计算机通常包含多种存储器,例如寄存器、Cache、主存储器、外部存储器(例如硬盘、光盘、U 盘等)等。容量大的存储器往往访问速度较慢,访问速度快的存储器往往容量不大、价格较高。为了实现速度、容量、价格的最高性价比,计算机系统通常采用层次结构的存储器系统,如图 3-12 所示。其中,"Cache-主存储器"层次结构也被称为 Cache 存储系统,主要目的是提高存储器的访问速度;"主存储器-硬盘"层次结构也被称为虚拟存储系统,主要目的是扩充存储器容量。

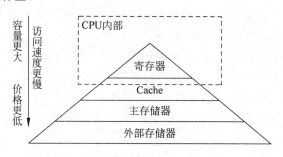

图 3-12 存储器的层次结构

关于存储器的分类和特点已在 3.1.2 节中做过介绍,这里主要介绍微型计算机中的内存条以及一些常见的外部存储器,如硬盘存储器、光盘驱动器和各种移动存储设备。

1) 内存

从形态上看,可将内存分为 SDRAM(Synchronous DRAM,同步动态随机存储器)和 DDR SDRAM(Double Data Rate SDRAM,双倍数据传输率同步动态随机存储器)两大类,DDR SDRAM 又经历了 DDR、DDR2、DDR3 和 DDR4 共 4 代的发展,其各自的参数和特点如表 3-1 所示。目前,SDRAM 已经退出主流市场,市面上最常见的是 DDR3 内存。

表 3-1 不同类型的内存参数比较

内存类型	电压	线数	金手指外观	数据预取	传输速率/(GB/s)	时钟频率/MHz
SDRAM	3.3V	168 线	两个缺口 直线型	1 倍	0.8~1.3	100~166
DDR	2.5V	184 线	一个缺口 直线型	2 倍	2.1~3.2	133~200
DDR2	1.8V	240 线 左 64,右 56	一个缺口 直线型	4 倍	4.2~6.4	133~200
DDR3	1.5V	240 线 左 72,右 48	一个缺口 直线型	8 倍	8.5~14.9	133~200
DDR4	1.2V	284 线	一个缺口 弧型	8 倍	17~21.3	133~200

随着内存技术的不断发展,内存的访问速度越来越快,容量越来越大,工作电压越来越低。图 3-13 列出了几种常见的内存条。从外观上看,SDRAM 具有 168 线,金手指处有两个缺口。DDR~DDR4 内存的金手指处都只有一个缺口,但缺口的位置略有不同。

DDR3 是目前市场上应用最为广泛的内存产品,相较于 DDR2 具有更高的运行效能和更低的电压,从外观上看为 240 线,左 72 线右 48 线。

DDR4 内存是目前最新的内存产品,提供比 DDR3/DDR2 更低的供电电压 1.2V 以及更高的带宽。从外观上看,DDR4 内存中间的"缺口"位置相比 DDR3 更靠近中央,触点数相较 DDR3 有所增加,例如,普通 DDR4 内存的触点数有 284 个,而 DDR3 是 240 个。DDR4 在外观上的另外一个明显变化是金手指不再沿用以往的直线型设计,而是采用了中间高两端低的弧线型设计,这种设计在确保信号稳定的同时,更有助于内存的插拔。由于 DDR4 与以往的内存接口不兼容,需要主板和 CPU 的支持,所以提高了其普及的门槛。

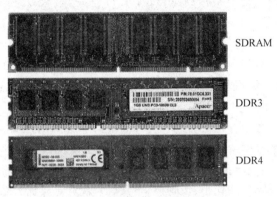

图 3-13　几种内存条的外观

2) 硬盘存储器

硬盘存储器简称硬盘,其外观及内部构造如图 3-14 所示,是目前计算机使用的主要外部存储设备,由硬磁盘和硬磁盘驱动器组成。

(1) 硬盘结构

硬盘主要由若干个盘片和一个读写臂组成,读写臂上有若干个读写磁头,其内部结构如图 3-15 所示。盘片表面附着着磁性材料,盘片有双面盘和单面盘之分,每一面都对应一个磁头。当硬盘工作时,盘片在主轴电机的控制下高速旋转,磁头在读写臂的带动下沿盘片做径向移动,并通过磁头读取或者修改盘片上磁性材料的状态,从而实现信息的存取。

图 3-14　硬盘及其内部构造

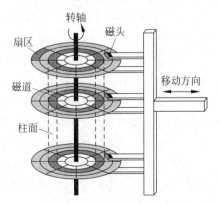

图 3-15　硬盘内部结构示意图

关于硬盘结构，需要了解以下几个重要概念：磁道、柱面和扇区。当磁盘旋转时，磁头若保持在一个位置上，则每个磁头都会在磁盘表面划出一个圆形轨迹，这些圆形轨迹就叫作磁道。磁道从外缘的 0 开始编号。硬盘通常由重叠的一组盘片构成，具有相同编号的磁道形成一个圆柱面，称为磁盘的柱面。磁盘的柱面数与一个盘面上的磁道数是相等的。每个盘片通常有上下两个盘面可以用来存放信息，由于每个盘面都有自己的磁头，因此，盘面数等于总的磁头数。磁盘上的每个磁道又被等分为若干个弧段，这些弧段便是硬盘的扇区。早期硬盘中每个磁道的扇区数是一样的，因此只要知道硬盘的 CHS（Cylinder/柱面、Head/磁头、Sector/扇区），即可确定硬盘的容量，即：硬盘的容量＝柱面数×磁头数×扇区数×扇区字节数（通常为 512B）。

(2) 硬盘分类

目前市场上的硬盘主要有机械硬盘（HDD）、固态硬盘（SSD）和混合硬盘（HHD）三种类型。

机械硬盘，又叫传统硬盘，采用磁性碟片来存储数据，是目前市场上应用最广泛的计算机存储设备。机械硬盘的优点是存储空间大、技术成熟、价格低、可以多次复写、使用寿命长，误操作所删除的数据可恢复；缺点是读写速度较慢、功耗大、发热量大、有噪声、抗振性能差。

固态硬盘采用固态电子存储芯片阵列（Flash 芯片）来存储数据，与 U 盘的原理类似。在固态硬盘的数据读写过程中不存在任何机械运动，所以抗振性非常好。固态硬盘接口规范、功能及使用方法与机械硬盘相同，其外形和尺寸也和普通硬盘相仿。固态硬盘的优点是数据读写速度快、抗振性强、功耗小、无噪声、重量轻；缺点是存储容量小、价格高、数据丢失后不可恢复。随着固态硬盘的制造成本逐年降低，可以预见在不远的将来它将逐渐占据市场的主流。

混合硬盘是把磁性硬盘和电子存储芯片集成在一起，构成的一种新型硬盘。混合硬盘涵盖了固态硬盘和机械硬盘的双重优点，既高速快捷又价格低廉；其缺点是构造复杂。

(3) 硬盘接口

硬盘接口是硬盘与主机系统间的连接部件，作用是在硬盘缓存和主机内存之间传输数据。不同的硬盘接口决定着硬盘与计算机之间的连接速度，在整个系统中，硬盘接口的优劣直接影响着程序运行快慢和系统性能好坏。目前，硬盘接口主要有 IDE（Integrated Drive Electronics）、SATA（Serial ATA）、SCSI（Small Computer System Interface，小型计算机系统接口）等多种方式，如图 3-16 所示。当前，微型计算机的硬盘一般采用的都是 SATA 接口。

① IDE 接口有 40 针，最初为 AT 结构的计算机设计，又称为 ATA（Advanced Technology Attachment）接口。标准 IDE 接口只支持两个硬盘设备，每个硬盘的最大空间也只能到 528MB，后来出现的增强型 IDE（EIDE）标准，最多可支持 4 个大容量的硬盘设备。IDE 接口的硬盘转速为 7200r/min。这种类型的接口随着接口技术的发展已经被淘汰了。

② SATA 接口，即串行 ATA 接口。使用 SATA 接口的硬盘又叫串口硬盘，它采用串行连接方式。相对于并行 ATA 来说，数据传输率提高了几倍，并在很大程度上提高了数据传输的可靠性。串行接口还具有结构简单、支持热插拔的优点。目前，主流的主板都支持这种接口的硬盘。

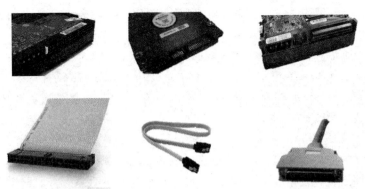

(a) IDE接口硬盘及数据线　(b) SATA接口硬盘及数据线　(c) SCSI接口硬盘及数据线

图 3-16　硬盘的接口类型

③ SCSI 并不是专门为硬盘设计的接口,是一种广泛应用于小型计算机上的高速数据传输技术。SCSI 具有多任务、带宽大、CPU 占用率低,以及热插拔等优点,但价格较高,主要应用于中、高端服务器和高档工作站中。

(4) 硬盘的主要性能指标

衡量硬盘性能的主要指标有存储容量、转速、访问时间、传输速率、缓存等。

① 存储容量

硬盘作为计算机的主要外部存储设备,存储容量是其重要的性能指标之一。目前硬盘的容量通常以 GB 或 TB 为单位。在 Windows 操作系统中显示硬盘容量时,1GB＝1024MB,1TB＝1024GB。但硬盘厂商在标称硬盘容量时通常取 1GB＝1000MB、1TB＝1000MB,这也是为什么在 Windows 操作系统中显示的硬盘容量比厂家的标称值要小的原因。

② 转速

转速是硬盘内电机主轴的旋转速度,即硬盘盘片在一分钟内所能完成的最大转数。硬盘转速以每分钟多少转来表示,单位为 r/min(revolutions per minute,转/分钟)。转速值越高,表明数据的内部传输率越高,硬盘的整体性能也就越好。个人计算机使用的硬盘常见转速有 5400r/min 或 7200r/min。台式计算机的硬盘一般为 7200r/min,笔记本的硬盘多为 5400r/min。

(5) 硬盘分区和格式化

工厂生产的硬盘必须经过低级格式化、分区和高级格式化三个处理步骤后,计算机才能利用它们存储数据。

① 低级格式化:磁盘的低级格式化会破坏硬盘上已有的所有数据,并且通常由生产厂家完成,目的是划定磁盘可供使用的扇区和磁道并标记有问题的扇区。

② 分区:分区是将硬盘分成逻辑上独立的若干个分区使用,不同的分区可以分别用来安装不同的操作系统,或者对数据进行分类存放。通常首先划分出主分区,主分区一般用来安装操作系统,主分区以外的区域通常划分为扩展分区。扩展分区不能直接使用,必须再分成若干个逻辑分区。由主分区和逻辑分区构成的逻辑磁盘称为驱动器(Drive)或卷(Volume)。常见的硬盘分区格式有 FAT32 和 NTFS 两种。

③ 高级格式化：高级格式化(简称格式化)主要用于清除硬盘分区上的数据、生成引导区信息、初始化 FAT(文件分配表)表、标注逻辑坏道等。

注意：硬盘的格式化是一项非常危险的操作，会造成硬盘原有数据的丢失，建议格式化前备份好重要数据。如果不小心由于格式化丢失了硬盘数据，最好不要在格式化后的分区写入任何新内容，然后可以利用一些恢复软件(如数据恢复精灵、都叫兽数据恢复、EasyRecovery 等)尝试进行数据恢复。

3) 光盘驱动器

随着多媒体的应用越来越广泛，光驱已经成为家用计算机的标准组成部分，是多媒体计算机的关键部件之一。根据光盘存储技术，光驱可分为 CD-ROM 驱动器、DVD 光驱(DVD-ROM)、康宝(COMBO)和刻录机等。

CD-ROM 为只读型光盘存储器，如图 3-17 所示，是微机系统中曾经广泛使用的一种只读性光盘，目前已经基本退出主流市场。用户只能从 CD-ROM 中读取数据，而不能写入数据。一张普通的 5.25 英寸 CD-ROM 的容量约为 650MB 或 700MB。光驱的主要技术指标为"倍速"，1 倍速等于 150kb/s。52 倍速就是 52×150kb/s。

图 3-17　CD-ROM 光驱

DVD 光驱是一种可以读取 DVD 光盘的光驱，单面存储容量为 4.7GB，双面双层光盘容量高达 17GB，数据传输率为 1.385Mb/s。数据除了兼容 DVD-ROM、DVD-VIDEO、DVD-R、CD-ROM 等常见的格式外，对于 CD-R/RW、VIDEO-CD 等都能很好地支持。DVD 光驱是当前微机系统的主流配置。

COMBO 光驱，俗称为"康宝"光驱。COMBO 光驱是一种集合了 CD 刻录、CD-ROM 和 DVD-ROM 为一体的多功能光存储产品。

刻录光驱包括 CD-R(R 表示可写入)、CD-RW(W 代表可反复擦写)和 DVD 刻录机等，其中，DVD 刻录机又分为 DVD+R、DVD-R、DVD+RW、DVD-RW 和 DVD-RAM。—和＋表示写入方式的不同，—R 和＋R 的光盘只能写入一次，并且—R 比＋R 的光盘便宜；—RW 和＋RW 的光盘可以反复擦写，—RW 和＋RW 光盘价格基本相同。—RAM 光盘比其他光盘价格上要贵一些，但是不需要刻录软件，通过拖动鼠标就可以保存数据。刻录机的外观和普通光驱差不多，只是其前置面板上通常都清楚地标识着写入、复写和读取三种速度。

4) 移动存储设备

现在流行的移动存储设备包括 U 盘和移动硬盘。

U 盘是基于 Flash Memory 为存储介质、以 USB 为接口的一种存储器，如图 3-18 所示。U 盘的存储容量与日俱增，目前市场上流行的 U 盘容量通常为 16B～64GB，最高可达 512GB，已经成为移动存储市场的主流产品。U 盘可提供写保护功能，可防病毒、防误擦写，寿命一般为擦写 100 万次以上，数据可保存 10 年。由于 USB 接口具有热插拔功能，因此 U 盘无须驱动器，能够实现即插即用。由于 USB 接口已成为目前计算机的标准配置，因此 U 盘的兼容性非常好，大部分都能支持 Windows、Mac OS 以及 Linux 等操作系统，实现真正的即插即用。

移动硬盘是以硬盘为存储介质，强调便携性的存储设备。移动硬盘由普通硬盘或笔记本硬盘外加一个移动硬盘盒构成，如图 3-19 所示。目前市场上流行的移动硬盘容量通常为 1B～4TB，最高可达 20TB。其接口方式主要有 IEEE1394 和 USB 两种。IEEE1394 也称 Fire wire(火线)，它是苹果公司在 20 世纪 80 年代中期提出的，是苹果计算机标准接口。USB 接口是移动硬盘的主流接口，支持热插拔。另外，有些移动硬盘支持 USB＋IEEE1394 双接口，这种配置较为灵活，但售价也相对较高。

图 3-18　U 盘　　　　图 3-19　移动硬盘

5. 总线(Bus)

总线是计算机各设备间进行信息传输的通道。微处理器、总线、存储器及各种外设的连接结构如图 3-20 所示。

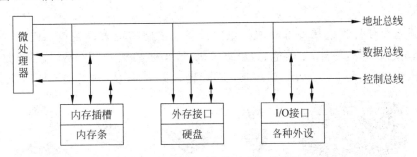

图 3-20　微处理器、总线、存储器及各种外设的结构

根据总线中传输信息的不同，可将总线分为数据总线、地址总线、控制总线。

(1) 数据总线(Data Bus,DB)是 CPU 与内存及各种外部设备之间进行数据传送的数据通道。数据总线上的信息传送是双向的，既可以从 CPU 送出，也可以送入 CPU。数据总线宽度，即数据总线的位数，反映了计算机系统的数据传送能力。

(2) 地址总线(Address Bus,AB)是 CPU 传送存储单元或 I/O 接口地址的通道。地址总线上的信息传送是单向的，即只能由 CPU 向外发送地址。地址总线位数决定了系统的寻址能力，反映了构成计算机系统的规模。

(3) 控制总线(Control Bus,CB)是专供各种控制信号传递的通道，总线操作的各项功能都是由控制总线完成的。控制总线上的信息传送是双向的，包括 CPU 发出的控制信号，和送回给 CPU 的反馈信号。控制总线信号反映了总线的特色、总线的设计思想和控制技巧。

根据连接设备的不同，总线又可以分为内部总线、系统总线和外部总线。内部总线连接的是 CPU 与系统内部芯片,用于芯片一级的互连,常见的内部总线标准有 I^2C 总线、SPI 总线、SCI 总线等;系统总线是连接系统主板与扩展插卡的总线,用于插件板一级的互连,系统总线标准有 ISA 总线、PCI 总线、AGP 总线等;外部总线则是用于连接系统与外部设备的总线,微机作为一种设备,通过该总线和其他设备进行信息与数据交换,它用于设备一级的互连,外部总线标准有 RS-232-C 总线、RS-485 总线、IEEE-488 总线、USB 总线等。

  ISA 插槽由于其带宽和容量的限制已逐渐被淘汰,但是为了保持计算机的兼容性某些计算机上通常保留一两个该类型的插槽。PCI 总线作为比较快速的总线被广泛采用,一般计算机上有 2~4 个该类型的插槽。AGP 总线的带宽宽,容量大,是当前作为图形显示的主流总线,一般计算机上有一个 AGP 总线作为显示卡的接口总线。USB 总线是通用串行总线(Universal Serial Bus)的简称,是 IBM、Intel、Microsoft、Compaq、NEC 等几大世界著名厂商联合制定的一种新型串行接口,它已成为计算机与外部设备(如键盘、鼠标、摄像头、打印机等)之间标准的接口。该接口不但负载能力好,而且易用性也好,具有"即插即用"(Plug And Play,PNP)的功能。"即插即用"是 Intel 开发的一组规范,它赋予了计算机自动检测和配置设备并安装相应驱动程序的能力,当有设备被更改时能自动通知使用该设备的程序当前设备的状况。"即插即用"功能还需要软件的支持,Windows、iOS、Linux 等当前流行的操作系统基本都支持"即插即用"功能。

  6. 输入设备

  输入设备是使计算机从外部获取信息的设备。常用的输入设备包括键盘、鼠标、扫描仪、麦克风、摄像头等,另外,手写笔、数码摄像机、数码照相机、数码录音机等也是较为广泛使用的输入设备,如图 3-21 所示,通过它们可以输入文字、图像、声音等不同的信息。

    键盘   鼠标   扫描仪   手写笔   摄像头

图 3-21 常见的输入设备

  下面主要介绍目前最常用的两种输入设备——键盘和鼠标。

  1) 键盘

  键盘(Keyboard)是常用的输入设备,它是由一组开关矩阵组成,包括数字键、字母键、符号键、功能键及控制键等。每一个按键在计算机中都有它的唯一代码。当按下某个键时,键盘接口将该键的二进制代码送入计算机主机中,并将按键字符显示在显示器上。当快速大量输入字符,主机来不及处理时,先将这些字符的代码送往内存的键盘缓冲区,然后再从该缓冲区中取出进行分析处理。

  键盘的接口常见的有 PS/2 接口和 USB 接口两种。PS/2 接口和 USB 接口的键盘在使用方面差别不大,由于 USB 接口支持热插拔,因此 USB 接口键盘在使用中更方便一些。各种键盘接口之间也能通过特定的转接头或转接线实现转换,例如 USB 转 PS/2 转接头等。

  2) 鼠标

  鼠标(Mouse)是一种手持式屏幕坐标定位设备,它是为适应图形用户界面而出现的一种输入设备,特别是现今流行的 Windows 图形操作系统环境下应用鼠标方便快捷。

鼠标有多种分类的方式。根据内部构造的不同,可分为机械式鼠标和光电鼠标。机械式鼠标的底部装有一个可以自由滚动的小球,当鼠标在桌面上移动时,小球与桌面摩擦,发生转动。小球与 4 个方向的电位器接触,可测量出上下左右 4 个方向的位移量,用以控制屏幕上光标的移动。目前,机械式鼠标已基本被淘汰。光电鼠标的底部装有两个平行放置的小光源。这种鼠标在反射板上移动,光源发出的光经反射板反射后,由鼠标接收,并转换为电移动信号送入计算机,使屏幕的光标随之移动。光电鼠标比机械式鼠标定位精度高,防尘性能好,已经成为市场的主流产品。

鼠标按接口类型可分为串行鼠标、PS/2 鼠标、USB 接口鼠标和蓝牙接口鼠标。串行鼠标是通过串行口与计算机相连,有 9 针接口和 25 针接口两种。PS/2 鼠标通过一个 6 针微型 DIN 接口与计算机相连,它与键盘的接口非常相似,使用时注意区分。USB 接口鼠标是伴随 USB 接口的出现产生的,支持热插拔,目前许多鼠标产品都采用 USB 接口。蓝牙鼠标是采用蓝牙技术生产的无线鼠标。蓝牙技术是一种短距离无线通信技术,是一种可实现多种设备之间无线连接的协议,凭借其在使用距离、抗干扰能力、易用性、安全性等方面的领先优势,同时蓝牙设备的成本也不断地下降,使得蓝牙技术正在逐渐成为无线外设的主流技术。

7. 输出设备

输出设备是计算机把信息处理的结果以人们能够识别的形式表示出来的设备。常用的输出设备包括显示器、打印机、音箱、绘图仪等,如图 3-22 所示。

CRT显示器　　液晶显示器　　激光打印机　　音箱　　绘图仪

图 3-22　常见的输出设备

下面主要介绍目前最常用的两种输出设备——显示器和打印机。

1) 显示器

显示器(Display)是计算机的主要输出设备,它的好坏不仅关系着显示效果,还直接影响着使用者的身体健康。根据显示器采用的显示管的不同,可分为传统的阴极射线管显示器(CRT)和液晶显示器(LCD)。目前,CRT 显示器在市场上已经极为少见,目前市场上见到的显示器基本都是 LCD。LCD 显示器的主要技术指标如下。

(1) 尺寸和长宽比

LCD 显示器的尺寸是指显示器对角线的长度,单位为英寸。目前市场上常见的显示器尺寸有 17 英寸、19 英寸、21 英寸等。长宽比是指 LCD 屏幕的宽度和高度之比。早先的 LCD 长宽比为 4∶3,目前市场常见的是 16∶10,同时 16∶9 的 LCD 所占市场份额正在逐渐增加。

（2）分辨率

分辨率是指水平方向和垂直方向上容纳的像素点个数，通常用水平方向像素数×垂直方向像素数表示，分辨率与屏幕的尺寸和长宽比有关。常见的 17 英寸 LCD 的分辨率是 1280×1024，19 英寸 LCD 的分辨率是 1440×900。

（3）响应时间

响应时间是指像素点对输入信号反应的速度，即像素由暗转亮或由亮转暗的速度，其单位是毫秒(ms)。目前大多数 LCD 显示器的响应速度都在 5ms 左右，所以无论是在播放 DVD 影片，还是玩游戏，都可达到流畅的画面效果。

（4）可视角度

可视角度是指用户可以从不同的方向清晰地观察屏幕上所有内容的角度。由于液晶显示器的光线是透过液晶以接近垂直角度向前射出的，因此当从其他角度观看屏幕时，可能产生色彩失真现象，这就是液晶显示器的视角问题。日常使用中可能会几个人同时观看屏幕，所以可视角度应该是越大越好。一般来说，水平视角 90°～100°，垂直视角 50°～60°就能满足平常的使用了，因为毕竟显示器很少会有多人同时观看。目前，新品 LCD 的水平和垂直可视角度一般分别在 170°和 160°以上，已经足以满足那些要求苛刻的用户了。

（5）刷新率

由于设计上的不同，LCD 显示器实际上并不会像 CRT 显示器因为刷新率的高低而产生闪烁的状况。对于 CRT 显示器来说，刷新率关系到画面更新的速度，速度愈快画面愈不容易闪烁，刷新率一般在 75Hz 以上，这样使用者基本不会感到画面闪烁。

（6）亮度

亮度是指画面的明亮程度，以每平方米烛光(cd/m^2)为测量单位，读作坎德拉每平方米。液晶是一种介于液体和晶体之间的物质，它可以通过电流来控制光线的穿透度，从而显示出图像。但是，液晶本身并不会发光，因此所有的液晶显示器都需要背光照明，背光的亮度也就决定了显示器的亮度。亮度高决定画面显示的层次也就更丰富，从而提高画面的显示质量。理论上，显示器的亮度是越高越好，不过太高的亮度对眼睛的刺激也比较强。目前市场上的主流 LCD 显示器都有显示 $250cd/m^2$ 的亮度能力，更高的甚至达 $300cd/m^2$ 以上。

（7）坏点

坏点是指无法显示正常颜色的像素点，包括黑点和亮点。液晶屏最怕的就是坏点。一旦出现坏点，则不管显示器显示哪幅图像，LCD 上的某一点永远显示同一种颜色。这种"坏点"是无法维修的，只有更换整个显示屏才能解决问题。检查坏点的方式很简单，只要将 LCD 显示器的亮度及对比度调到最大，让显示器成为全白的画面，就可以找出黑点；调到最小，让显示器成为全黑的画面，就可以找出亮点。

2）打印机

打印机(Printer)是计算机最基本的输出设备之一。随着计算机技术和用户需要的不断发展，各种新型实用的打印机也应运而生。根据打印机原理的不同，市场上常见的打印机主要有针式打印机、喷墨打印机、激光打印机三种。

针式打印机利用机械动作，将字体通过色带打印在纸上，根据印出字体的方式又可分为活字式打印机和点阵式打印机。针式打印机具有结构简单、技术成熟、打印成本低等优点，但也具有工作噪声大、打印速度慢、不易实现彩色打印等缺点。针式打印机在打印票据方面具有不可替代的作用。

喷墨打印机和激光打印机都是以点阵的形式组成各种字符和图形的。喷墨式打印机将墨水通过精制的喷头喷到纸面上形成字符和图形。喷墨打印机具有体积小、工作噪声低、容易实现彩色打印等优点，但也具有打印速度较慢、打印成本较贵等缺点。

激光打印机接收来自 CPU 的信息，然后进行激光扫描，将要输出的信息在磁鼓上形成静电潜像，并转换成磁信号，使碳粉吸附到纸上，加热定影后输出。激光打印机具有打印速度快、工作噪声低、打印成本低等优点。目前，彩色喷墨打印机和彩色激光打印机已日趋成熟，成为市场上的主流打印机。

3.3.3 微型计算机的主要性能指标

衡量一台微型计算机性能好坏的主要性能指标如下。

(1) 运算速度：运算速度是衡量计算机性能的一项重要指标。通常所说的计算机运算速度，是指每秒钟所能执行的指令条数，一般用"百万条指令/秒"(Million Instruction Per Second,MIPS)来描述。

(2) 字长：字长指计算机内部在同一时间参与运算的数的位数。在其他指标相同时，字长越长计算机处理数据的速度就越快。早期的微型计算机的字长一般是 8 位、16 位和 32 位。目前主流微机的字长多为 64 位。

(3) 内存容量：内存容量是指内存储器所能存储二进制信息的总量。内存容量越大，系统功能就越强，处理的数据量也越大，运算速度也越快。当今主流微机的内存容量一般为 4GB 或 8GB。

以上只是一些主要性能指标。除此以外，微型计算机还有其他一些指标，例如，所配置外围设备的性能指标以及所配置系统软件的情况等。值得注意的是，各项指标之间不是彼此孤立的，在实际应用时，应该把它们综合起来考虑，以较高"性能价格比"为最终原则。

习题

一、选择题

1. "存储程序原理"是_____提出来的。
   A. 图灵　　　　　　B. 布尔　　　　　　C. 冯·诺依曼　　　　D. 帕斯卡
2. 在下列设备中，属于输出设备的是_____。
   A. 键盘　　　　　　B. 绘图仪　　　　　C. 鼠标　　　　　　D. 扫描仪
3. 冯·诺依曼型计算机由 5 大部分组成，分别是_____。
   A. 运算器、控制器、存储器、输入设备和输出设备
   B. 运算器、控制器、处理器、输入设备和输出设备
   C. 控制器、存储器、处理器、输入设备和输出设备
   D. 主机、显示器、键盘、鼠标和打印机
4. 以下关于指令流水线设计的叙述中，错误的是_____。
   A. 指令执行过程中的各个子功能都须包含在某个流水段中

B. 所有子功能都必须按一定的顺序经过流水段

C. 流水线技术有利于提高指令的执行效率

D. 任何时候各个流水段的功能部件都不可能执行空操作

5. 以下存储器中，存取速度最快的是_____。

　　A. Cache　　　　　B. 寄存器　　　　　C. RAM　　　　　D. 硬盘

6. 衡量一台微型计算机的运算速度经常使用单位 MIPS，其含义是_____。

　　A. 指令数/秒

　　B. 万条指令/秒

　　C. 百万条指令/秒

　　D. 千万条指令/秒

二、填空题

1. 世界上第一台电子计算机于_____年诞生于_____国，名称为_____。
2. 1MB=_____KB，1KB=_____B。
3. 一个完整的计算机系统应包括_____和_____两部分。
4. 术语 RAM、ROM 的意思分别是_____和_____。
5. 在微型计算机中，用来存储信息的最基本单位是_____。
6. 在微型计算机中，通常把运算器、控制器和一些寄存器集成在一块芯片上，称为_____。

三、简答题

1. 简述计算机硬件的基本组成，以及各部分的主要功能。
2. 微型计算机由哪几部分组成？
3. 衡量 CPU 性能的主要技术指标是什么？
4. 常见的输入设备和输出设备有哪些？

第 4 章 算法与程序设计基础

计算思维反映了计算机学科最本质的特征和最核心的解决问题方法。而算法是对计算思维中问题求解的一种表达,算法中蕴含着计算思维的思想和方法。本章首先讨论了算法与计算思维的关系,分析了算法的重要性;然后介绍算法的定义和特征,接着讲述了算法的描述方法;简单介绍了几种基本的算法设计策略,如穷举法、递推法、递归法、分治法、贪心法等,并讨论了几种基本查找和排序算法。最后,在介绍程序设计基本概念的基础上,着重介绍了一个适合程序设计初学者快速创建算法并验证算法正确性的可视化环境 RAPTOR,并通过几个典型案例讲解 RAPTOR 求解问题的过程。

4.1 计算思维与算法

计算思维又称构造思维,是指从具体的算法设计规范入手,通过算法过程的构造与实施来解决给定问题的一种思维方法。因此,了解计算思维的定义、特征,对于学习"算法"有很好的指导作用。

4.1.1 什么是计算思维

2006 年 3 月,美国卡内基·梅隆大学计算机科学系主任周以真(Jeannette M. Wing)教授提出了"计算思维",认为"计算思维是运用计算机科学的基础概念去求解问题、设计系统和理解人类行为的思维活动"。

运用计算机科学的概念"求解问题",是指首先把实际问题转换为数学问题,然后建立模型、设计算法和编程实现,最后在实际的计算机中运行并求解。

计算思维代表着一种普遍的认识和一类普适的技能,每一个人都应热心于计算思维的学习和应用。

根据周以真教授对计算思维的解释,计算思维具有以下特征。

(1) 计算思维是概念层面上的抽象,而不只是程序设计;

(2) 计算思维是每一个人为了在现代社会中发挥职能所必须掌握的根本技能,而不是死记硬背的技能;

(3) 计算思维是人的,而不是计算机的思维方式;

(4) 计算思维是数学和工程思维的互补与融合;

(5) 计算思维是思想而不是人造物;

(6) 计算思维面向所有人、所有地方。

计算思维的本质是抽象(Abstraction)和自动化(Automation)。抽象是通过简化、转换、递归、嵌入等方法,将一个复杂问题转换成许多简单的子问题并进行求解的过程,这是任何科学发现的必然过程;自动化是充分利用计算机运算能力来实现问题求解,以弥补人的计算缺陷,这将丰富计算机的应用范围。

计算思维中包含的思想和方法已经在很多研究领域产生了较大的影响和作用。例如,计算机科学家运用巧妙的算法,解决了人类基因组测序问题,这仅靠传统的生物学研究方法是无法解决的。同时,生物学的"数据爆炸"也给计算机科学带来了新的挑战和机遇。

4.1.2 计算思维与算法的关系

计算思维的核心之一是算法思维,而算法思维又是计算机科学的精髓。因此,对计算思维的学习和认识应该从算法设计开始。

算法是对计算思维中问题求解过程的一种表达,计算思维是算法中蕴含的思想和方法。

人类在使用计算机解决问题过程中总结、创造了计算思维中的许多方法和策略,例如穷举、并行、递归、协同、排序、查找、索引、数据库、模块化、自顶向下逐步求精等。这些方法和策略,同样在非计算思维领域发挥着巨大作用。例如,利用计算思维的方法和策略,在生物学领域对人类基因组进行霰弹算法测序,大大降低了基因组测序的成本,提高了测序的速度;在化学研究领域,采用计算思维的方法和策略,并结合数学、统计学的方法,以分子模拟为工具实现了各种核心化学的计算问题,架起了理论化学与实验化学之间的桥梁,促进了化学研究的快速发展。

再如,系统学习过排序、索引算法并能灵活应用的人,在对较多的货物进行排序、检索时,应比未学习过计算思维的人在排序和检索的效率上有明显优势。

4.2 算法

什么是算法?在互联网高速发展以及信息爆炸时代,算法在计算机技术中的地位是什么?我们为什么要学习算法?算法与程序的关系是什么?本节将回答这些问题。

4.2.1 算法的定义与特性

1. 算法的定义

简单地说,算法(Algorithm)是用计算机解决计算问题时所采取的一系列计算步骤组成的序列。

例如,我们可能需要把一个数据序列进行从小到大排序,这就是一个排序问题。此问题的输入和输出描述如下。

输入:n 个数据组成的一个序列 $<a_1, a_2, \cdots, a_n>$。

输出:输入序列的一个排列 $<a'_1, a'_2, \cdots, a'_n>$,其中,$a'_1 \leqslant a'_2 \leqslant \cdots \leqslant a'_n$。

例如,给定一个输入序列 $<15, 12, 31, 45, 10, 18>$,经过排序算法处理后,将得到一个有序序列<10,12,15,18,31,45>。

经典著作《算法导论》上给出了算法较为严谨的定义:"算法就是任何明确定义的计算过程,该过程取某个值或值的集合作为输入并产生某个值或值的集合作为输出。这样,算法就是把输入转换成输出的计算步骤的一个序列。"

如果一个算法对于所有合法输入,都能得到正确的输出结果,就可以说这个算法是正确的,也就是说,这个算法正确地解决了这类问题。

确定好解决问题的算法后,可以用自然语言(如中文、英文等)、流程图、伪代码、程序设计语言等描述它。但不管用什么方式,都必须能精确描述算法的计算过程。

用程序设计语言表示的算法称为程序,一个算法最终要表示为程序并在计算机上运行,从而得到所求问题的解。算法是程序的思想和"灵魂",程序是对算法的表达和实现。

2. 算法的特性

通过分析算法的特性,可以更好地理解算法的本质。一般来说,算法具有如下 5 大特性。

(1) 有穷性:算法必须能在执行有限个步骤之后结束。有穷的含义还包括算法的运行时间满足实际需要,不超过最大时间上限。

(2) 确定性:算法的每一步都必须明确、无二义性。

(3) 可行性:算法的每一步都是可行的,即算法的每一步都能被计算机所理解和执行,并且能得到正确的结果。

(4) 零个或多个输入:输入可以来自键盘、文件或网络。程序可以没有输入。

(5) 至少一个输出:没有输出的算法没有意义。

3. 算法的设计要求

如果一个算法有缺陷,或不适合于某个问题,则执行该算法不会解决这个问题。对同一个问题,往往会有多种解决问题的算法,其中总有某种算法可能是在特定条件下相对满意的算法,一般来说,一个好算法有如下 4 个特征。

(1) 正确性:算法首先必须是正确的,算法对正确的输入得到正确的输出结果。

(2) 可读性:设计算法的目的不仅是为了在计算机上运行,还有一个重要目的是便于他人阅读、理解和交流。可读性不好的算法不利于阅读,而且难以排查算法中的错误。

(3) 健壮性:算法应该能够处理不合法的输入,能够识别并给出相应的异常提示。

(4) 时空效率问题:在算法设计的过程中,需要考虑算法的实现时间和消耗空间问题。为了改善一个算法的时间开销,往往以增大空间开销为代价。而究竟是侧重时间开销还是空间开销,可以针对不同的场合和实际需求,具体问题具体分析,但总体原则是某一方面最优。而随着硬件价格的下降,应该说,现在最不缺的是空间,用户追求的往往是时间效率,所以空间换时间是必然的倾向。

需要进一步说明的是:①计算机所能理解和执行的基本操作有:算术运算、逻辑运算、比较运算和数据传送。因此,算法中可包含的操作可以是上述 4 种基本操作,也可以是能分解成这些基本操作的复杂操作。②为了控制算法中各步骤的执行顺序,算法描述中需要包含一些控制执行顺序的机制,如选择、循环等。

4. 算法在计算机科学中的地位

算法是计算机科学领域最重要的基石之一。虽然计算机语言和程序开发平台日新月异,但万变不离其宗的是那些算法和理论。

计算机的计算能力每年都在飞快增长,价格也在不断下降。可不要忘记,需要处理的信息量更是呈指数级的增长。现在每人每天都会创造出大量数据(照片、视频、语音、文本等)。日益先进的记录和存储手段使每个人的信息量都在爆炸式地增长。互联网的信息流量和日志容量也在飞快增长。在科学研究方面,随着研究手段的进步,数据量更是达到了前所未有的程度。无论是三维图形、海量数据处理、机器学习、语音识别,都需要极大的计算量。在网络时代,越来越多的挑战需要靠卓越的算法来解决。

例如,要在浩如烟海的数据中找到用户所需的信息,简单的办法是逐一查看全部数据,很容易就能找到想要的东西,但这将耗费很多时间,因为数据量实在太庞大了,因此,需要更快捷有效的搜索方法,使搜索引擎在最短的时间内完成搜索任务。

4.2.2 算法的描述

确定了解决问题的设计思路即算法后,还要将算法描述出来,以辅助自己更清晰地编写程序,或与人交流。算法的描述方式有多种,下面讲述使用自然语言、流程图、伪代码和程序设计语言4种方式描述算法的方法。

1. 自然语言

用自然语言描述算法直观、易于理解,但其直接的后果是叙述冗长,容易产生歧义,很难"精确"地表达算法的逻辑流程。

例 4-1 用自然语言写出求两个正整数 a,b 的最大公约数的算法。

欧几里得算法又称辗转相除法,用于计算两个正整数 a,b 的最大公约数。

其计算原理依赖于定理 $\gcd(a,b) = \gcd(b, a \bmod b)$,其中,$\gcd(a,b)$ 表示正整数 a,b 的最大公约数,$a \bmod b$ 表示 a/b 后的余数。

用自然语言描述该算法的思路如下。

步骤1:输入 a,b 的值。

步骤2:如果 a 小于 b,则对换 $a、b$ 的值。

步骤3:a 除以 b 得余数 r。

步骤4:若 r 等于0,则 b 为所求的最大公约数;

否则,以 b 为 a,r 为 b,继续步骤3。

例 4-2 从一组数(至少两个)中找到最大的数。

步骤1:输入这一组数。

步骤2:将最大数置为第一个数。

步骤3:将下一个数和最大数进行比较,如果该数大于最大数,将最大数置为该数,反之保持最大数不变。

步骤4:重复步骤3,直至比较至最后一个数,此时,将得到最大数。

2. 流程图

流程图用图框表示各种操作,用流程线表示操作的执行顺序。流程图描述了算法所要执行的操作的顺序及执行操作的条件。流程图直观形象、易于理解。美国国家标准化协会(American National Standard Institute ,ANSI)规定了程序流程图符号,表 4-1 给出了常用的 6 种符号。

表 4-1 常用的程序流程图符号

名称	图形符号
起止框	
输入输出框	
流程线	
处理框	
判断框	
连接点	

其中:

(1) 起止框中写入"开始"的开始框,表示程序的开始;写入"结束"的终止框表示程序的结束。

(2) 输入输出框中可写入类似"输入变量 x 的值""输出变量 y 的值"等文字。

(3) 处理框中写入给变量赋值的操作时,类似的描述可以是"把 2 赋值给变量 x",或直接写"$x \leftarrow 2$",或写成"$x=2$";处理框中调用某个子程序模块时,类似的描述可为"调用子程序 func"(func 是被调用的子程序名)。

(4) 在处理框中经常要把一个算术表达式的值赋给某个变量。算术表达式中常用的运算符可以用"+、−、*、/、mod"表示"加、减、乘、除、求余"。

(5) 在判断框中可以写入类似"a＞b""x＞1 and x＜10"的关系表达式或逻辑表达式,可以用"==、≠、＞、≥、＜、≤"表示"等于、不等于、大于、大于等于、小于、小于等于"等 6 个关系运算符,用"and、or、not、xor"表示"与、或、非、异或"等 4 个逻辑运算符。

(6) 当流程图较大而无法连续绘制时,可以用连接点连接中断的地方。

已经证明,算法(或程序)包含三种基本结构,分别是:顺序结构、选择结构、循环结构(包括直到型和当型两种循环),如图 4-1 所示。任何算法都是上述三种结构的组合。

其中:①顺序结构表示算法的各步骤之间是按书写顺序依次执行的关系;②选择结构表示根据判断条件的真假,选择两个操作中的其中之一来执行,"操作 2"可以为空;③循环

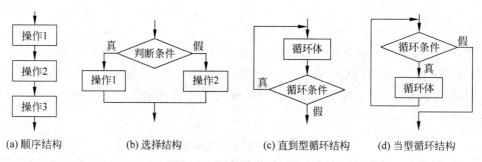

(a) 顺序结构　　(b) 选择结构　　(c) 直到型循环结构　　(d) 当型循环结构

图 4-1　三种基本结构

结构表示一种重复机制,"循环体"表示被重复执行的操作。

流程图的直观易懂使其成为算法设计初学者首选的算法描述方式,我们可以用多种编辑软件(如 Office 软件)和专门的流程图绘制软件(如 Microsoft Visio)来绘制流程图。

值得一提的是,为了帮助大家绕过编程语言来实现算法,出现了多种基于流程图的编程环境,其中,免费软件 Raptor 就是一个优秀的流程图工具。

Raptor 通过流程图的跟踪和执行直观地创建和执行算法,并且可以显示计算结果。Raptor 注重思想胜于实现,将依附程序设计语言的程度减至最低。可以最大限度让开发人员自由地表现算法,和传统程序设计语言相比,更容易上手,非常适合用于计算思维的训练。另外,该工具也可将流程图自动生成为 C、C++、Java 等多种形式代码。4.4 节将讲述使用 Raptor 编程的方法。

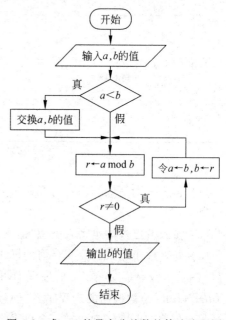

例 4-3　用流程图描述求两个正整数 a,b 的最大公约数的算法。

采用欧几里得算法求两个正整数的最大公约数。该算法的流程图如图 4-2 所示。

说明:流程图中的 mod 是表示求余运算,"$a \bmod b$"表示计算 a 除以 b 后的余数。例如"5 mod 3"表示 5 除以 3 得到的余数,该余数为 2。

图 4-2　求 a,b 的最大公约数的算法流程图

例 4-4　用流程图描述从一组数(至少两个)中找到最大的数的算法。

找最大数算法的流程图如图 4-3 所示。其中,图 4-3(a)适用于使用数组来存放输入的数据,图 4-3(b)适用于使用一个变量来重复接收输入的数据。

3. 伪代码

因为任何算法最终都要用计算机语言实现并在计算机上执行,而用自然语言和流程图描述的算法很难直接转换成程序,而使用伪代码描述的算法可以容易地以任何一种编程语言(C,C++,Java,Python 等)实现。

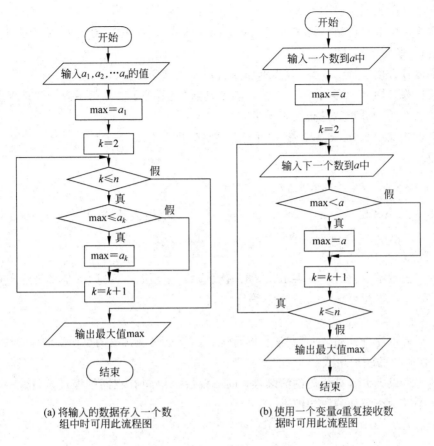

(a) 将输入的数据存入一个数组中时可用此流程图

(b) 使用一个变量a重复接收数据时可用此流程图

图 4-3　找最大数算法流程图

使用伪代码(Pseudocode)描述算法是一种常用的方法。伪代码既类似于自然语言,又使用与程序设计语言相似的方法描述算法。这使得伪代码既能够清晰地表达算法的结构,又不必像程序那样在细节上非常严谨。

在伪代码中,可以使用最清晰、最简洁的表示方法来说明给定的算法,所以在伪代码描述的算法中嵌入一段英文或中文句子或某种程序代码,也很正常。用伪代码描述算法的最大好处是不需要考虑程序语言的具体语法和实现细节,却能简洁地表达算法的本质。

由于伪代码在语法结构上具有类似于自然语言的随意性,因此,伪代码没有通用的语法标准,人们通常以某种高级程序语言为基础,简化后得到类似此高级语言的伪代码,常用的有"类 PASCAL 语言""类 C 语言"等伪代码。

目前,广为接受的伪代码标准之一,是 *Introduction to Algorithms*(即《算法导论》)的作者 Thomas H. Cormen 提出的伪代码格式标准。本节采用了与 Cormen 的标准基本一致的伪代码规范。内容如下。

(1) 变量。

在伪代码中,变量无须声明,变量名是字母开头、由字母和数字组成的符号串,用小写表示,例如 x、y、a1。

(2) 表达式。

表达式是由运算符将运算量(常量、变量或表达式)连接起来的式子,分为算术表达式、关系表达式、逻辑表达式。

算术运算符用+、-、*、/、%表示加、减、乘、除、求余运算。

关系运算符用==、≠、<、>、≤、≥表示判断"是否等于""是否不等于""是否小于""是否大于""是否小于等于""是否大于等于"。

逻辑表达式用 and、or、not 表示"并且""或者""非"。

例如:

b*b-4*a*c　是一个算术表达式;

a+b>c　and b+c>a　and a+c>b　是一个逻辑表达式,其中又包括三个关系表示式。

(3) 赋值。

用"="表示赋值,如 x=e 表示将 e 的值赋给 x;多重赋值 i=j=e 是将表达式 e 的值赋给变量 i 和 j,这种表示与 j=e 和 i=e 等价。

(4) 注释。

用"//"表示注释开始,一直到该行的行尾。注释是对伪代码的更详细的解释说明。

(5) 代码块的缩进格式。

块结构可以大大提高代码的清晰性;同一模块的语句有相同的缩进量,次一级模块的语句相对于其父级模块的语句缩进。

例如:

语句1
语句2
　子语句1
　子语句2
　　子语句3
语句3

(6) 选择语句。

IF(表达式 C)
THEN
　　语句块 S1
ELSE
　　语句块 S2

其中,当代表判断条件的表达式 C 值为真时,语句块 S1 被执行一次;当代表判断条件的表达式 C 值为假时,语句块 S2 被执行一次;如果不需要对表达式 C 值为假时做任何处理,则"ELSE　语句块 S2"可以不出现。

例如:

IF (x > y)
THEN
　　max = x

```
ELSE
    max = y
```

其中,当代表判断条件的表达式"x>y"值为真时,"max=x"被执行一次,即将 x 的值赋给 max;否则,"max=y"被执行一次,即将 y 的值赋给 max。

(7) 循环语句。

这里给出两种循环语句:当型循环(即 WHILE 循环)、FOR 型循环。

① 当型循环的基本形式:

```
WHILE (表达式 C)
    语句块 S
```

其中,当代表判断条件的表达式 C 值为真时,语句块 S 被重复执行;每次执行完语句块 S,都要检测表达式 C 的值是否为真,如果为假,则结束循环。

② FOR 循环的基本形式:

```
FOR (i = begin  TO  end )
    语句块 S
```

其中,i 为循环变量,begin 和 end 为常数,begin 为 i 的初始值,当 i⩾begin 并且 i⩽end 时,重复执行"语句块 S",且每次 i 的值加 1。

另一种形式:

```
FOR (i = begin  DOWNTO  end )
    语句块 S
```

其中,i 为循环变量,begin 和 end 为常数,begin 为 i 的初始值,当 i⩽begin 并且 i⩾end 时,重复执行"语句块 S",且每次 i 的值减 1。

(8) 数组。

用数组来表示一组相同类型的数据,其中每个数据称为数组元素。数组元素的存取用数组名后跟"[下标]"表示。例如,$a[j]$ 指示数组 a 的第 j 个元素,$a[1..j]$ 表示含元素 $a[1]$、$a[2]$、…、$a[j]$ 的数组,符号".."用来指示数组中下标取值的范围。

(9) 每个算法都描述为一个函数,函数名用大写字母表示,单词间用连字符"-"连接。算法的输入应以<参数表>的形式在函数名后的括号中给出。有时为了表达清晰,在算法的前面对输入输出进行描述。例如:

输入:正整数 a,b
输出:a,b 的最大公约数
GCD(a,b)

(10) 给函数名下的每行编号。

(11) 函数值利用"返回(代表函数返回值的变量或表达式)"语句来返回。

(12) 简单任务块可以用自然语言表达。

(13) 每行一条语句。

(14) 用"=="判断是否相等,用"≠"判断是否不相等。

(15) 默认情况下,变量都是局部变量,使用全局变量必须先声明。

用伪代码写算法并无固定的、严格的语法规则，只要能清晰、准确地表达算法即可。

例 4-5 用伪代码写出求两个正整数 a,b 的最大公约数的算法。

输入：正整数 a,b

输出：a,b 的最大公约数

```
GCD(a,b)
1    IF (a<b)           //如果 a<b,则交换 a,b 的值,确保 a>b
2    THEN
3        c = a
4        a = b
5        b = c
6    r = a % b           //求 a 除以 b 后的余数
7    WHILE (r≠0)
8        a = b
9        b = r           //实施"辗转相除"
10       r = a % b
11   返回(b)
```

例 4-6 从一组数（至少两个）中找到最大数。

输入：数组 $a[1..n]$

输出：最大值

```
MAX(a[1..n])
1    max = a[1]
2    k = 2
3    WHILE(k≤n)
4        IF(max<a[k])
5        THEN
6            max = a[k]
7        k = k + 1
8    返回(max)
```

4. 程序设计语言

用程序设计语言描述算法是计算机算法的终极表示。设计算法的目标就是为了使算法能在计算机上运行并获得结果。程序设计语言表示的算法恰恰实现了这一目标。一个算法可以用多种不同的程序设计语言表示。下面给出用 C 语言实现的最大公约数算法和在一组整数中寻找最大数的算法。

例 4-7 求两个整数的最大公约数程序实现。

设置算法中的相关变量 a,b,c,r 为整型变量。

```c
//求正整数 a,b 的最大公约数
#include<stdio.h>
int main()
{
  int a,b,c,r;
  printf("请输入整数 a,b: ");
  scanf("%d%d",&a,&b);           //输入整数 a,b
  if(a<b)
     {c=a;a=b;b=c;}              //交换 a,b,确保 a>b
  r=a%b;
```

```
    while(r!= 0)
      {
         a = b;b = r;              //实施"辗转相除"
         r = a % b;
      }
   printf("result = %d\n",b);      //输出求解结果
   return 0;
}
```

例 4-8 从一组数(至少两个)中找到最大数。

设置算法中的数组变量为 a[N](数组的最大长度为 10,用大写字母 N 表示),表示最大值的变量为 max。

```
#include<stdio.h>
#define N 10                      //定义本程序最多能处理的数的个数
int main()
{
   int a[N], max, n, i;
   printf("请输入这组数的个数：");
   scanf("%d",&n);
   printf("请输入一组整数：");
   scanf("%d",&a[0]);              //输入第一个整数
   max = a[0];
   for( i = 1;i<n; i++)
   {
      scanf("%d",&a[i]);           //输入后续的一个整数
      if(max<a[i] )                //如果此数大于最大值
         max = a[i];                //则将最大值置为此数
   }
   printf("max = %d\n",max);       //输出求解结果
   return 0;
}
```

4.3 算法设计

在对特定类型的问题设计算法时,选择合适的设计策略和设计方法将事半功倍。本节首先介绍常用的算法设计策略,然后再讨论数据排序和查找有关的基本算法,通过实例揭示这些设计策略和方法的本质。

4.3.1 算法设计策略

本节讨论几个常用的算法设计策略：穷举法、递推法、递归法、分治法、贪心法。

1. 穷举法

穷举法也称蛮力法,它是一种简单而直接的问题求解方法,解题思路常常直接基于问题的描述,是计算机求解最容易应用的方法,也是比较耗时的方法。

有很多问题,根据其描述和相关的知识,能确定一个大概的解空间范围,在这个解空间范围内,按照某种顺序一一枚举和检验每个可能的值,直到找到一个或全部符合条件的值(即问题的解),有时候甚至可能无解。

例 4-9 百钱买百鸡问题。某人有 100 元钱,要买 100 只鸡。其中,公鸡 5 元 1 只,母鸡 3 元 1 只,小鸡 1 元 3 只。问:如何用 100 元钱正好买 100 只鸡?

算法分析:

(1) 先计算一下 100 元钱最多能买多少只公鸡、母鸡,经计算:100 元钱最多能买 20 只公鸡;100 元钱最多能买 33 只母鸡;当然,虽然 100 元钱能买 300 只小鸡,受条件约束,小鸡的数目必须在 100 只以内。这样,就初步确定了此问题的解空间范围。

(2) 下一步就该检验公鸡、母鸡、小鸡的数目哪种组合能满足总价钱为 100 元。设求出的解为公鸡 x 只、母鸡 y 只、小鸡 z 只,则 x,y,z 满足条件是"$5x+3y+z/3$ 正好等于 100"。

用伪代码描述该问题的算法如下(注:算法中"//"表示对算法步骤的注释)。

```
FOR( x = 0 TO 20 )          //x 的取值范围为 0~20,每判断一次 x 值增加 1.
{                           //公鸡数取 x 只
    FOR( y = 0 TO 33 )      // y 的取值范围为 0~33,每判断一次 y 值增加 1.
    {                       //母鸡数取 y 只
      z = 100 - x - y;      //在公鸡数为 x,母鸡数为 y 时,可以计算出小鸡的数目了
                            //下面判断 x * 5 + y * 3 + z/3 的值是否等于 100
      IF  (x * 5 + y * 3 + z/3 == 100)
      THEN
          输出 x,y,z 的值
    }
}
```

从例 4-9 可以看出,穷举法的基本思想如下。

(1) 首先为该问题确定要穷举的对象(此例中为公鸡数 x 和母鸡数 y)、穷举范围和判断条件。

(2) 一一列举可能的解集合中的元素(此例中为 x 的所有可能取的值,y 的所有可能取的值),验证是否是问题的解。

例 4-10 谁做的好事。已知有 4 位同学中的一位做了好事,不留名,表扬信来了之后,校长问这 4 位是谁做的好事。

A 说:不是我。

B 说:是 C。

C 说:是 D。

D 说:他胡说。

已知三个人说的是真话,一个人说的是假话。现在要根据这些信息,找出做了好事的人。

算法分析:

(1) 先将相关的陈述写成关系表达式。

定义变量 thisman 表示做好事的人,把 4 个人说的 4 句话写成关系表达式,如表 4-2 所示。

表 4-2　4 句话对应的关系表达式

4 个人说的话	关系表达式
A 说：不是我	thisman≠'A'
B 说：是 C	thisman=='C'
C 说：是 D	thisman=='D'
D 说：他胡说	thisman≠'D'

（2）关系表达式的计算结果只有"假"和"真"两种结果。从"已知三个人说的是真话，一个人说假话"可知，表 4-2 中的 4 个关系表达式中有 3 个是真的，1 个是假的。如果用整数 0 表示"假"，用整数 1 表示"真"，那么，4 个关系表达式的值的和应该等于 3。定义变量 condition 表示 4 个关系表达式的和，即

condition = (thisman≠'A') + (thisman == 'C') + (thisman == 'D') + (thisman≠'D')

那么，"condition 是否等于 3"就是判断条件。

（3）穷举试探。我们现在并不知道是谁做的好事，但我们知道做好事的人是 A、B、C、D 4 个人中的某一个。因此，我们可以一个一个地试探。

先假设是 A 做的好事，即 thisman=='A'，然后看 condition==3 条件是否成立；然后再假设是 B 做的好事，即 thisman=='B'，再测试条件 condition==3 是否成立。如此继续下去，将所有可能的情况（本例子有 4 种情况）都测试一遍，在实际编程过程中，都是使用循环来一个一个地测试。

用伪代码表示的核心代码：

```
FOR (thisman = 'A' TO 'D')
    condition = (thisman!= 'A') + (thisman == 'C') + (thisman == 'D') + (thisman!= 'D');
    IF (condition == 3)
    THEN
        输出 thisman          // 此 thisman 就是做好事的人
```

穷举法还常用来解决那些通过公式推导、规则演绎的方法不能解决的问题。例如，解决地图上不同国家着色问题的"四色问题"，这是数学史上的一个著名难题，它的证明就是借助电子计算机用穷举法实现的。据文献记载，证明此问题的美国数学家阿佩尔（K. Appel）与哈肯（W. Haken）在两台不同的计算机上，用了 1200 小时，做了 100 亿次判断，最终完成了四色定理的证明。

在学习程序设计时，很多实际问题都可以用穷举法来求解。例如求水仙花数问题（水仙花数是指一个 n 位数（$n \geq 3$），它的每个数位上的数字的 n 次幂之和等于它本身，如：$1^3 + 5^3 + 3^3 = 153$）。

需要指出的是，在采用穷举法解决问题时，要注意减小搜索空间。在上述"百钱买百鸡"问题的穷举算法中，我们对公鸡数、母鸡数建立了搜索空间。如果换作对小鸡数建立搜索空间的话，循环以及判断的次数显然要大大增加。这就是穷举法的优化问题。

2．递推法

递推法是利用问题本身所具有的递推关系求得问题解的一种方法。

先来看一个著名的数列——斐波那契数列（Fibonacci）。它是由意大利数学家列昂纳多·斐波那契（Leonardo Fibonacci）发明的，斐波那契数列是这样一个数列：1,1,2,3,5,8,13,21,34,55,89,144,…，这个数列从第三项开始，每一项都等于前两项之和。第一项和第二项为初始项。即，$f_1=1, f_2=1, f_n=f_{n-1}+f_{n-2}$ （当 $n \geqslant 3$ 时）。

如果需要求斐波那契数列的第 20 项，只需按照递推关系，从第三项起依次计算每项就行了，计算 18 次后，就得到了所求的解。

用伪代码描述求斐波那契数列的算法如下。

```
f₁ = 1
f₂ = 1
输出 f₁, f₂ 的值
FOR( i = 3  TO  20 )            //本算法求斐波那契的前 20 项
{
    f₃ = f₁ + f₂;               //后一项等于前两项之和
    输出 f₃ 的值;
    f₁ = f₂;                    //为了得到新的 f₃ 更新 f₁
    f₂ = f₃;                    //为了得到新的 f₃ 更新 f₂
}
```

斐波那契数列有很多奇妙的性质。例如，随着数列项数的增加，前一项与后一项之比越逼近黄金分割 0.618 033 988 7…，因此，斐波那契数列也称黄金分割数列。斐波那契数列在物理学、化学、经济领域、生物学中都有直接应用。它与自然界中的许多现象也有很多巧合，例如许多植物的花瓣数呈现斐波那契数列特性。

递推法的思想可以概括如下：设要求问题规模为 N 的解，当 $N=1$ 时，解或为已知，或能非常方便地得到。能采用递推法构造算法的问题有重要的递推性质，即当得到问题规模为 $i-1$ 的解后，由问题的递推性质，能从已求得的规模 $1,2,\cdots,i-1$ 的一系列解，构造出问题规模为 i 的解。这样，程序可从 $i=0$ 或 $i=1$ 出发，重复地，由已知 $i-1$ 规模的解，通过递推，获得规模为 i 的解，直至得到规模为 N 的解。

利用递推法求解问题的关键，是需要通过分析待求解的问题找出递推关系式。

3. 递归法

递归是设计和描述算法的一种有力的工具，它在复杂算法的描述中被经常采用。

能采用递归描述的算法通常有这样的特征：为求解规模为 N 的问题，设法将它分解成规模较小的问题，然后从这些小问题的解方便地构造出大问题的解，并且这些规模较小的问题也能采用同样的分解和综合方法，分解成规模更小的问题，并从这些更小问题的解构造出规模较大问题的解。特别地，当规模 $N=1$ 时，能直接得解。

例如，编写计算斐波那契数列的第 n 项函数 fib(n)。

$$\text{fib}(n) = \begin{cases} 1 & \text{若 } n = 1 \\ 1 & \text{若 } n = 2 \\ \text{fib}(n-1) + \text{fib}(n-2) & \text{若 } n > 2 \end{cases}$$

递归算法的执行过程分为问题分解和回归两个阶段。

在问题分解阶段，把较复杂的问题（规模为 n）的求解分解到比原问题简单一些的问题

(规模小于 n)的求解。例如上例中,求解函数 fib(n)的值时,就把它分解到求解 fib($n-1$)函数和 fib($n-2$)函数的值。也就是说,为计算 fib(n),必须先计算 fib($n-1$)和 fib($n-2$),而计算 fib($n-1$)和 fib($n-2$),又必须先计算 fib($n-3$)和 fib($n-4$)。以此类推,直至计算 fib(2)和 fib(1),需要指出的是,在问题分解阶段,必须要有终止递归的条件,例如在函数 fib(n)中,当 n 为 2 和 1 的情况。

在回归阶段,当获得最简单情况的解后,逐级向上返回,依次得到稍复杂问题的解,例如得到 fib(2)和 fib(1)后,向上返回并计算,得到 fib(3)的结果,……,在得到了 fib($n-1$)和 fib($n-2$)的结果后,向上返回并计算,得到 fib(n)的结果。

由于递归引起一系列的函数调用(参见图 4-4),并且可能会有一系列的重复计算,递归算法的执行效率相对较低。

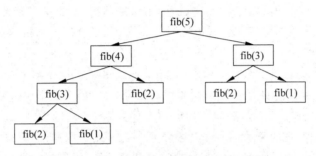

图 4-4　函数 fib(5)递归过程中的问题分解图

从图 4-4 可以看出,计算函数 fib(5)递归过程中,仅函数项 fib(2)的计算就被重复调用了三次。而用递推法计算斐波那契数列的第 5 项,总共只需要三次加法运算就可以了。所以,递归算法时间效率较低。

当某个递归算法能较方便地转换成递推算法时,通常按递推算法编写程序。例如上例计算斐波那契数列的第 n 项的函数 fib(n)应采用递推算法,即从斐波那契数列的前两项出发,逐次由前两项计算出下一项,直至计算出要求的第 n 项。

想一想,在设计一个计算数学式子 $n!$ 的算法时,是采用递归法好呢,还是采用递推法好呢?

虽然,递归对某些问题而言存在重复调用,导致算法的效率不高,但对一些特别的问题,如汉诺塔问题,用递归方法实现比非递归实现更简洁、清晰。

4. 分治法

分治法的本质是"分而治之,各个击破"。分治法将一个难以直接解决的大问题,分成若干个相互独立的子问题,通过求解子问题,并将子问题的解合并得到原问题的解。

这种分治策略,是解决工作、学习和生活中一些常见问题的一种方法。如公司扩大经营时在多地开设分公司,体育比赛的初赛、决赛的选拔机制,云计算中的 MapReduce 技术,以及排序算法中的二分查找算法等,都是分治法的应用。掌握分治法的思想,可以很好地指导我们的实践活动。

如果原问题可分割成 k 个子问题($2 \leqslant k \leqslant n$),且这些子问题都可解,并可利用这些子问题的解求出原问题的解,那么这种分治法就是可行的。由分治法产生的子问题往往是原问题的较小模式,这就为使用递归技术提供了方便。在这种情况下,反复应用分治手段,可以使子问题与原问题类型一致而其规模却不断缩小,最终使子问题缩小到很容易直接求出其解。这自然导致递归过程的产生。分治与递归像一对孪生兄弟,经常同时应用在算法设计之中,并由此产生许多高效算法。

分治法所能解决的问题一般具有以下几个特征。

(1) 该问题的规模缩小到一定的程度就可以容易地解决。

(2) 该问题可以分解为若干个规模较小的相同问题,即该问题具有最优子结构性质。

(3) 利用该问题分解出的子问题的解可以合并为该问题的解。

(4) 该问题所分解出的各个子问题是相互独立的,即子问题之间不包含公共的子问题。

上述的第一条特征是绝大多数问题都可以满足的,因为问题的计算复杂性一般是随着问题规模的增加而增加;第二条特征是应用分治法的前提,它也是大多数问题可以满足的,此特征反映了递归思想的应用;第三条特征是关键,能否利用分治法完全取决于问题是否具有第三条特征,如果具备了第一和第二条特征,而不具备第三条特征,则可以考虑贪心法或动态规划法。第四条特征涉及分治法的效率,如果各子问题是不独立的,则分治法要做许多不必要的工作,重复地解公共的子问题,此时虽然可用分治法,但一般用动态规划法较好。

分治法的基本步骤:分治法在每一层递归上都有以下三个步骤。

(1) 分解:将原问题分解为若干个规模较小,相互独立,与原问题形式相同的子问题。

(2) 解决:若子问题规模较小而容易被解决则直接解,否则递归地解各个子问题。

(3) 合并:将各个子问题的解合并为原问题的解。

常用的二分查找算法就是一个典型的分治算法,该算法的效率很高。二分查找算法也称折半查找,是在一个由 n 个元素组成的有序序列 $a_1, a_2, a_3, \cdots, a_n$ 中查找指定元素 key(key 称为关键字)的过程。

例如,设由 10 个元素组成的从小到大排列的有序序列 $a_1, a_2, a_3, \cdots, a_{10}$ 为:1,5,8,9,12,14,15,18,20,25,要求查找元素 18 是否在序列中。

对上述问题采用二分查找算法,具体步骤如下。

(1) 令 $n=10$;计算 $n/2$,得到序列的中间位置值为 5,于是待查找的有序序列以 a_5 为界限,被分成个数大致相同的两半:$a_1 \sim a_4$ 和 $a_6 \sim a_{10}$。原任务得到一次分解,如图 4-5 所示。

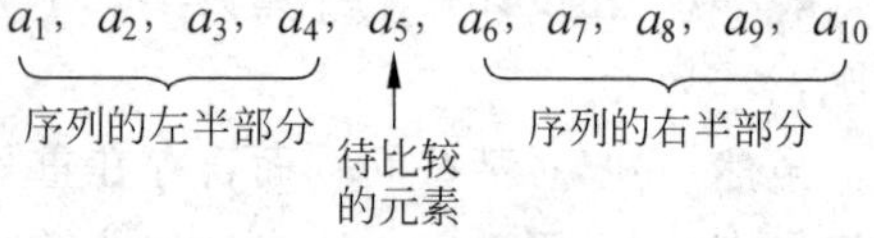

$a_1, a_2, a_3, a_4,\ a_5,\ a_6, a_7, a_8, a_9, a_{10}$

序列的左半部分　待比较的元素　序列的右半部分

图 4-5　二分查找算法中的任务分解

(2) 判断 a_5 的值是否等于 18。

若 a_5 等于 18,则在序列中找到指定元素,查找过程结束。

若 a_5 小于 18,则继续在 a_5 右侧序列中查找指定元素(递归查找)。

若 a_5 大于 18,则继续在 a_5 左侧序列中查找指定元素(递归查找)。

(3) 采用上述同样的方法处理左右两部分序列,直到找到满足条件的记录,使查找成功;或直到无法再分出子序列为止,此时查找不成功。

想一想,从上述 10 个数中查找一个数是否存在最多做几次比较,就可以得到结果? 如果采用从第一个元素依次比较,找到一个数最多用几次比较? 哪种算法的效率高呢?

分治法的合并步骤是算法的关键所在。有些问题的合并方法比较明显,有些问题合并方法比较复杂,或者是有多种合并方案;或者是合并方案不明显。究竟应该怎样合并,没有统一的模式,需要具体问题具体分析。

5. 贪心法

贪心法是指,在对复杂问题求解时,总是做出在当前看来最好的选择(即局部最优)。因此,贪心法是将一个复杂问题分解为一系列较为简单的局部最优选择,每一个选择都是对当前解的一个扩展,直到获得问题的完整解。

贪心法是一种不追求最优解、只希望得到较为满意解的方法。贪心法一般可以快速得到满意的解,因为它省去了为找最优解要穷尽所有可能而必须耗费的大量时间。贪心法以当前情况为基础做最优选择,而不考虑各种可能的整体情况。

例如平时购物找钱时,为使找回的零钱的币数最少,不考虑找零钱的所有各种方案,而是从最大面值的币种开始,按递减的顺序考虑各币种。先尽量用大面值的币种,当不足大面值币种的金额时才去考虑下一种较小面值的币种。这就是贪心法的应用。

贪心法在解决问题的策略上"目光短浅",只根据当前已有的信息就做出选择,而且一旦做出了选择,不管将来有什么结果,这个选择都不会改变。

下面讨论用贪心法求解"数字三角形"问题的过程。

设某个数字三角形如图 4-6 所示,从三角形的顶点出发,向下行走,到达最底层的某一个节点,称为一条路径。

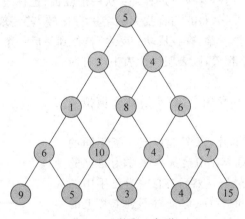

图 4-6 数字三角形

每次向下层行走时,只能看到其下接的两个相邻节点。例如,从第三层的节点 8 只能走到第四层的节点 10 或节点 4。

问:能否找到一条路径,使得路径上节点值之和最大(称为最大权值路径,每个节点的值称为"权")?

用贪心法的求解过程:从第一层的节点 5 向下走,使用贪心策略,选择第二层中的较大者(即节点 4)。继续从第二层的节点 4 向下走,使用贪心策略,选择第三层中的较大者(即节点 8)。继续按此方法向下行走,最终得到一条符合局部最优的路径 5→4→8→10→5(权值 32)。

而实际上,数字三角形的最大权值路径为 5→4→6→7→15(权值 37)。

由此可见,使用贪心法不能保证得到最优解,只能得到较为满意解。

4.3.2 排序与查找算法设计举例

从浩瀚的数据中找到用户所需的数据,是计算机处理数据的基本操作之一。尤其是互联网发达的今天,使用计算机的人经常会用搜索引擎查找并下载自己所需的文字、图片等信息。例如,我们使用搜索引擎(例如"百度")查找关键字"算法",搜索引擎就去从百度服务器的"索引库"中搜索出所有包含"算法"的页面,并显示在浏览器窗口。

如果"索引库"中所有记录随机存放,搜索引擎就只能在"索引库"中从头到尾顺序查找,而且每次搜索都是如此;如果"索引库"中所有记录已经按某种规则排序,搜索引擎就可以采用更高效的算法在"索引库"中查找所需的关键字。由此可见,数据的排序和查找是很重要的基础算法,值得我们去研究。

1. 查找算法

从一系列数据中找到需要的数据,需要使用查找算法,其中需要查找的数据称为查找关键字(Search Key)。

人们已经研究出了多种不同的查找算法,不同的算法查找策略和效率不同。本节只讨论两种简单、常用的查找算法:顺序查找和二分查找。

1) 顺序查找

顺序查找,也称线性查找,其执行过程是:从一组数据(也称线性表)中的第一个数据元素开始,依次查看每一个元素,将其与查找关键字进行比较,若发现此元素的值与查找关键字相等,即找到所需的数据元素,查找成功;反之,若查到最后一个数据元素,也没有找到一个数据元素与查找关键字相等,则表明线性表中没有所找的元素,查找失败。

我们可以用一个"寻找秘密号码"小游戏来模拟顺序查找算法。

游戏双方各持 25 张卡片,每个卡片上写了不同的数值。每人从自己手中的卡片中挑选一张作为自己的保密号码,并告诉对方此号码。然后各自将自己手中的 25 张卡片洗牌,并将卡片的背面(保证看不到卡片上的数字)朝上、乱序摊开。每个人依次从对方那里选一张卡片翻开,第一个找到对方秘密号码的人算作胜利。

将此游戏多玩几次,然后请回答下列问题。

(1) 在一次游戏中,你最多花费的猜测次数是多少?你最少花费的猜测次数是多少?

(2) 在一次游戏中,你第一次就能猜对的概率是多少呢?

(3) 在游戏中,平均花费多少次猜测能猜对呢?

(4) 在一次游戏中,如果秘密号码卡片不在这些卡片中,要猜多少次才能发现呢?

顺序查找算法用流程图描述如图 4-7 所示。用伪代码描述如下:

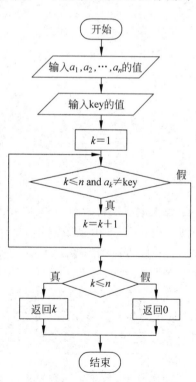

图 4-7 顺序查找算法的流程图

输入：n 个数据组成的一个序列 $<a_1, a_2, \cdots, a_n>$，查找关键字 key。这里假定 n 的值已知。
输出：key 在序列中的位置，或者 key 不在序列中的信息。

SequenceSearch($<a_1, a_2, \cdots, a_n>$, key)
1　　设初始查找位置为 1，即令 $k = 1$；
2　　WHILE($k \leqslant n$　and　$a_k \neq$ key)
3　　　　$k = k + 1$　　　　　　　　//k 增 1，使位置向后移动，直到找到或 k 的值大于 n
4　　IF($k \leqslant n$)
5　　THEN
6　　　　返回(k)　　　　　　　　//返回所找到的数据元素的位置
7　　ELSE
8　　　　返回(0)　　　　　　　　//没找到，则返回 0

2）二分查找

二分查找，也称折半查找，它的基本思想是，将 n 个元素 $<a_1, a_2, \cdots, a_n>$ 分成个数大致相同的两半（这里假设此数据序列按升序排列），取 $a_{n/2}$ 与欲查找的 key 做比较，如果 key$= a_{n/2}$ 则找到 key，算法终止。如果 key$< a_{n/2}$，则只要在数据序列的左半部继续搜索 key。如果 key$>a_{n/2}$，则只要在数据序列的右半部继续搜索 key。

对比采用顺序查找法玩的"寻找秘密号码"游戏，如果在查找秘密号码前，先将手中的卡片按号码从小到大顺序排放（顺序排好后卡片要背面朝上），然后采用二分查找法，则花费的猜测次数比使用顺序查找法少。因为只用检查卡片队列的中间项就可锁定要查找的秘密号码（即关键字）位于哪一半队列，这样一来，每猜一次相当于将待查找的目标数量减少一半。由此可知，二分查找算法比顺序查找算法的效率要高很多。

下面给出二分查找算法流程图表示（参见图 4-8）和自然语言描述。

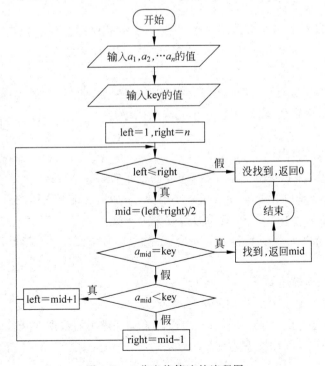

图 4-8　二分查找算法的流程图

输入：n 个数据组成的一个序列 $<a_1,a_2,\cdots,a_n>$，查找关键字 key。这里假定 n 的值已知。

输出：key 在序列中的位置，或者 key 不在序列中的信息(此算法中用 0 表示)。

BinarySearch：

第一步：设查找区间初值，即设区间下界 left=1，设区间上界 right=n；

第二步：如果(left≤right)

    则 计算中间位置 mid=(left+right)/2; //除不尽时舍小数取整

    否则 查找失败，返回 0。

第三步：如果(key<a_{mid}) 则 right=mid-1，并继续执行第二步；

    如果(key>a_{mid}) 则 left=mid+1，并继续执行第二步；

    如果(key=a_{mid}) 则 查找成功，返回目标元素位置 mid。

课堂练习：设由 10 个元素组成的从小到大排列的有序序列 $a_1,a_2,a_3,\cdots,a_{10}$ 为 1,5,8,9,12,14,15,18,20,25，要求查找元素 18 是否在序列中。请写出查找过程中变量 left，right，mid 的取值，以及查找成功花费的查找次数。

2. 排序算法

在日常的工作、学习、生活中，排序无处不在。例如，玩扑克牌时将扑克牌排序；字典的条目按字母顺序排序；学生的成绩排序；某个晚会中的节目排序；电子邮件按邮件到达的时间排序；算术计算中的运算符优先级排序等。

在计算机科学中，排序是研究最多的问题之一。通过排序，将一组无序的数据序列调整为按照元素关键字排序的有序序列(这里，一个数据元素可能包含多个子项，其中参与排序比较的子项称为关键字)。

排序分为内部排序和外部排序。如果整个排序过程都在计算机的内存里完成，称为内部排序；如果排序的数据量非常大，整个排序过程不可能在内存里完成，则称为外部排序。

本节只讨论几种常见的内部排序算法：选择排序、冒泡排序和插入排序。

本节讨论的排序算法，默认按照从小到大的顺序排序。

1) 选择排序

选择排序算法的思路如下。

第一步：从所有数据中选出最小数，作为已排序的第一个数。

第二步：从剩下未排序数据中找出最小的数，添加到已排序数据的后面。

第三步：反复执行第二步，直到所有数据都处理完毕。

把第二步的操作称为一趟排序。n 个元素的序列需要 $n-1$ 趟排序，就能变成有序序列。

详细的排序过程描述如下。

(1) 初始状态：无序区为 $R[1..n]$，有序区为空。

(2) 第 1 趟排序：在无序区 $R[1..n]$ 中选出关键字最小的数据 $R[k]$，将它与无序区的第 1 个数据 $R[1]$ 交换，使无序区变为 $R[2..n]$。

……

(3) 第 i 趟排序：第 i 趟排序开始时，当前有序区和无序区分别为 $R[1..i-1]$ 和 $R[i..n]$。该趟排序从当前无序区中选出关键字最小的数据 $R[k]$，将它与无序区的第 1 个数据 $R[i]$ 交换，使 $R[1..i]$ 和 $R[i+1..n]$ 分别变为数据个数增加一个的新有序区和数据个数减少一个的新无序区。

(4) 第 $n-1$ 趟排序：第 $n-1$ 趟排序开始时，当前有序区和无序区分别为 $R[1..n-2]$ 和 $R[n-1..n]$。该趟排序从当前无序区中选出关键字最小的数据 $R[k]$，将它与无序区的第 1 个数据 $R[n-1]$ 交换，使有序区变为 $R[1..n-1]$，而 $R[n]$ 是余下的值最大的数据。

这样，n 个数据的无序序列经过 $n-1$ 趟选择排序后变为有序序列。

图 4-9 演示了对数列 12,18,10,23,4,30,25 进行选择排序的过程。有序区间用中括号标出，其右侧为无序区间。

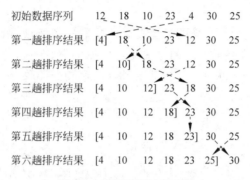

图 4-9 选择排序过程示例

课堂练习：设由 10 个元素组成的无序序列 $a_1,a_2,a_3,\cdots,a_{10}$ 为 12,8,15,3,4,2,1,18,20,25，按照上述选择排序算法对该序列排序，要求写出每趟排序中的有序区和无序区区间。

2) 冒泡排序

冒泡排序的基本思想：将全部数据元素 $<a_1,a_2,a_3,\cdots,a_n>$ 分成两部分：有序序列和无序序列。无序序列的初始序列为 $<a_1,a_2,\cdots,a_n>$，有序序列的初始序列为空。冒泡排序的基本操作是比较相邻的元素，如果第一个比第二个大，就交换它们两个在序列中的位置，让较小的居前，较大者居后。对每一对相邻元素做同样的工作，从开始第一对到结尾的最后一对。最后的元素将是值最大的数据，将该元素加入到有序序列中，并令无序序列的长度减 1。

每扫描一次无序序列，无序序列减少一个元素，有序序列增加一个元素，持续每次对越来越少的元素重复上面的步骤，直到没有任何一对元素需要比较。

冒泡排序过程如下。

(1) 初始状态：无序区为 $R[1..n]$，有序区为空。

(2) 第 1 趟排序：从无序区 $R[1..n]$ 的第一对相邻元素开始，比较每对相邻元素，如果发现数值大者在前、数值小者在后，则交换两者的位置。即依次比较 $R[1]$ 和 $R[2]$、$R[2]$ 和 $R[3]$、$\cdots$、$R[n-1]$ 和 $R[n]$；对于每对元素 $R[j]$ 和 $R[j+1]$，若 $R[j]>R[j+1]$，则交换 $R[j]$ 和 $R[j+1]$ 的内容。第一次扫描完毕后，值最大的元素就落到了最后位置上，即为 $R[n]$。这样，无序区变为 $R[1..n-1]$。

(3) 第 2 趟排序：扫描无序区 $R[1..n-1]$，完成相邻元素的两两比较及互换，即依次比

较 $R[1]$ 和 $R[2]$、$R[2]$ 和 $R[3]$、…、$R[n-2]$ 和 $R[n-1]$；扫描完毕后，无序区中值最大的元素就落到了该区的最后位置上，即为 $R[n-1]$。这样，无序区变为 $R[1..n-2]$，有序区变为 $R[n-1..n]$。

……

（4）这样，n 个数据的无序序列经过 $n-1$ 趟扫描后，得到有序序列 $R[1..n]$。

图 4-10 演示了对数列 12,18,10,23,4,30,25 进行冒泡排序的过程。有序区间用中括号标出。

课堂练习：设由 10 个元素组成的无序序列 $a_1,a_2,a_3,…,a_{10}$ 为 12,8,15,3,4,2,1,18,20,25，按照冒泡排序算法对该序列排序，要求写出每趟排序中的有序区和无序区区间，并分析该排序算法的性能。

3）插入排序

插入排序与打牌时整理扑克牌的过程类似。抓第一张牌时不需要整理，但是从第二张同花色牌开始，通常按从左到右升序的方式插入新抓的牌。例如，在如图 4-11 所示的抓牌过程中，新抓的"梅花 7"就按大小顺序插入到梅花 5 和梅花 10 之间。

初始数据序列	12	18	10	23	4	30	25
第一趟排序结果	12	10	18	4	23	25	[30]
第二趟排序结果	10	12	4	18	23	[25	30]
第三趟排序结果	10	4	12	18	[23	25	30]
第四趟排序结果	4	10	12	[18	23	25	30]
第五趟排序结果	4	10	[12	18	23	25	30]
第六趟排序结果	4	[10	12	18	23	25	30]

图 4-10 冒泡排序过程示例

图 4-11 扑克牌插入排序示意

插入排序的基本思想：将全部数据元素 $<a_1,a_2,a_3,…,a_n>$ 分成两部分：有序序列和无序序列。有序序列的初始序列为 $<a_1>$，无序序列的初始序列为 $<a_2,a_3,…,a_n>$。插入排序的基本操作是将无序序列中的一个数据插入到已经排好序的有序序列中，并要求插入后的序列仍然有序。进行 $n-1$ 次插入并排序的操作后，将使全部数据得到排序。

插入排序效率不高，但是容易实现。它借助了"逐步扩大成果"的思想，使有序列表的长度逐渐增加，直至其长度等于原列表的长度。

插入排序过程如下。

（1）初始状态：有序区为 $R[1]$，无序区为 $R[2..n]$。

（2）第 1 趟排序：从无序区 $R[2..n]$ 中取出 $R[2]$，并将 $R[2]$ 存入变量 x 中。将 x 与元素 $R[1]$ 比较，若 $x>R[1]$，则直接将无序区变为 $R[3..n]$，将有序区变为 $R[1..2]$，没有数据移动；若 $x<R[1]$，则 $R[1]$ 后移一个单元，即 $R[2]=R[1]$，再将 x（即原来的 $R[2]$）放入 $R[1]$ 中。这样，有序区变为 $R[1..2]$，无序区变为 $R[3..n]$。

……

（3）第 i 趟排序：第 i 趟排序开始时，当前有序区和无序区分别为 $R[1..i-1]$ 和 $R[i..n]$。

这时，先将$R[i]$的值保存到变量x中，然后用x的值与有序区$R[1..i-1]$中的$R[i-1]$进行比较。若$x>R[i-1]$，则直接将有序区变为$R[1..i]$，将无序区变为$R[i+1..n]$，没有数据移动；若$x<R[i-1]$，则$R[i-1]$后移一个单元，即$R[i]=R[i-1]$；再用x与$R[i-2]$比较，若$x<R[i-2]$，则$R[i-2]$后移一个单元，即$R[i-1]=R[i-2]$，依次比较下去，直到找到插入位置，将x插入到该位置。这样，有序区变为$R[1..i]$，无序区变为$R[i+1..n]$。

（4）这样，n个数据的无序序列经过$n-1$趟插入排序后变为有序序列。

图 4-12 演示了对数列 12,18,10,23,4,30,25 进行插入排序的过程。有序区间用中括号标出，其右侧为无序区间。

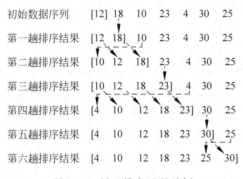

图 4-12 插入排序过程示例

课堂练习：设有 10 个元素组成的无序序列 $a_1,a_2,a_3,\cdots,a_{10}$ 为 12,8,15,3,4,2,1,18,20,25，按照上述的插入排序算法过程对该序列排序，要求写出每趟排序中的有序区和无序区区间。

4.3.3 算法的评价

对同一个问题，可用不同的算法来解决，执行这些算法所用的时间和空间也各不相同。一个算法的质量优劣通常用时间复杂度和空间复杂度来衡量。

1. 时间复杂度

算法的时间复杂度是指执行算法所需要的计算工作量。

一个算法执行所实际耗费的时间，除了与算法本身、所处理的数据之外，还与计算机的硬件环境、计算机语言处理软件（如编译器）等相关。同一个算法在不同的软硬件环境下，运行时间会有较大差异。因此，不能用算法的实际执行时间来衡量时间复杂度。通常是抛开计算机软硬件环境，只对算法中的计算工作量进行统计。算法中语句执行次数越多，它花费的时间就越多。

一般将算法处理的数据单元（也代表了问题的规模）的个数记为n，将执行一条基本语句（如加法、减法、比较等）的时间开销记为1，则算法的时间复杂度是问题规模n的函数，记作$T(n)$。

一般情况下，算法的基本操作重复执行的次数是问题规模n的某一函数$f(n)$。随着模块规模n增大，算法执行时间的增长率和$f(n)$的增长率成正比。所以，同一问题的不同算法（问题规模都为n），算法的$f(n)$函数值越小，该算法的时间复杂度就越低，其效率也就越高。

例如,下述算法:

```
FOR( i = 1 TO n )              // i 的取值范围为 1~n,每判断一次 i 值增加 1.执行次数为 n
{
    FOR( j = 1 TO n )          // j 的取值范围为 1~n,每判断一次 j 值增加 1,执行次数为 n²
    {
        k = 100 - i - j;       //该步骤是基本操作,执行次数为 n²
        IF (i*5 + j*3 + k/3 == 100)   //该步骤是基本操作,执行次数为 n²
        THEN
            输出 i,j,k 的值
    }
}
```

可见,这段用伪代码描述的算法总的执行次数是:$f(n) = 3n^2 + n$。

当问题的规模 n 趋向于无穷大时,如果 $f(n)$ 的值增长缓慢,则算法为优。一般用 $f(n)$ 的数量级 O 来粗略地表示算法的时间复杂度,即 $T(n) = O(f(n))$。上例中的时间复杂度可粗略地表示为 $T(n) = O(n^2)$。

2. 空间复杂度

算法的空间复杂度是指执行这个算法所需要的内存空间,用 $S(n)$ 表示,其中,n 表示问题的数据规模。

执行算法所需的内存空间其实包括两部分:固定空间和可变空间。固定空间是算法执行时运行环境本身所占用的内存空间,与问题规模无关,不属于算法的空间复杂度考虑范围内的空间;可变空间是存储问题中的数据所占的空间。

一个算法所需的存储空间用 $f(n)$ 表示,算法的空间复杂度 $S(n) = O(f(n))$。

在实际应用中,设计算法时,只要计算机的内存容量许可,一般都是用空间换时间。

4.4 程序设计基础

本节首先介绍程序设计的一般概念,包括程序、程序设计、程序设计语言、程序设计方法,然后着重介绍基于流程图的 Raptor 编程基础,包括 Raptor 符号、变量和常量、表达式、输入/输出语句、控制结构、子程序等,并通过典型案例说明 Raptor 程序设计环境下问题求解过程。

4.4.1 程序、程序设计和程序设计语言

1. 程序

"程序"(Program)这一概念通常是指完成某些事务的一种既定方式和过程。例如,快递员的快递发送程序是揽收、分捡、运送在途、派送等。

计算机程序是为实现特定目标或解决特定问题而用计算机语言编写的命令序列的集

合,即为实现预期目的而进行操作的一系列语句和指令。本章前面的例4-7、例4-8就是用C语言的语句和指令编写的程序,这两个程序分别实现了求两个整数的最大公约数、在一组数中找到最大数的任务。

程序通常存储成文件,保存在硬盘、光盘或优盘上,程序在执行时被调入到RAM内存中。如果是非常重要的程序,也可以放入到ROM(内存)芯片中。

程序有大有小,小程序一般功能单一,大型程序完成复杂的处理任务,通常包含多个模块。例如,操作系统程序就包含管理计算机软件、硬件资源的多个模块。

程序通常包括输入(Input)、处理(Process)、输出(Output)三部分。程序在运行时请求用户输入待处理的数据,然后执行程序中的指令完成所需的数据处理任务,最后将处理结果输出。

构成计算机程序的指令有时也被称为代码,即程序代码。这或许是由于第一代计算机的程序指令是由二进制代码构成的。

计算机程序对人们的生活、工作和学习产生了极大的影响,诸如智能手机应用、办公软件、游戏、数字设备上的多媒体处理等都是由计算机程序驱动的。那么,如何编写出一个满足需求的程序呢?用哪种计算机语言来编程呢?编程过程中应采取什么方法才能保证编写的程序是正确、有效的呢?这是程序设计应解决的问题。

2. 程序设计

程序设计是给出解决特定问题程序的过程,是软件构造活动中的重要组成部分。程序设计往往以某种程序设计语言为工具,给出这种语言下的程序。程序设计过程包括分析、设计、编码、测试、排错等不同阶段。专业的程序设计人员常被称为程序员。

任何设计活动都是在各种约束条件和相互矛盾的需求之间寻求一种平衡,程序设计也不例外。在计算机技术发展的早期,由于机器资源比较昂贵,程序的时间和空间代价往往是设计关心的主要因素;随着硬件技术的飞速发展和软件规模的日益庞大,程序的结构、可维护性、复用性、可扩展性等因素日益重要。

某种意义上,程序设计的出现甚至早于电子计算机的出现。英国著名诗人拜伦的女儿爱达·勒芙蕾丝曾设计了巴贝奇分析机上计算伯努利数的一个程序。她甚至还创建了循环和子程序的概念。由于她在程序设计上的开创性工作,爱达·勒芙蕾丝被称为世界上第一位程序员。

程序设计包括分析问题、设计算法、编写程序、测试运行、编写文档等步骤。

(1) 分析问题

对于接受的任务要进行认真的分析,研究所给定的条件,分析最后应达到的目标,找出解决问题的规律(数学模型),选择解题的方法。

(2) 设计算法

即设计出解题的方法和具体步骤。

(3) 编写程序

将算法翻译成计算机程序设计语言,对源程序进行编辑、编译和连接。

(4) 测试运行程序,分析结果

运行程序,得到运行结果。能得到运行结果并不意味着程序正确,要对结果进行分析,看它是否合理。若结果不合理则要对程序进行调试,即通过上机发现和排除程序中的故障。

(5) 编写程序文档

许多程序是提供给别人使用的,如同正式的产品应当提供产品说明书一样,正式提供给用户使用的程序,必须向用户提供程序说明书。内容应包括:程序名称、程序功能、运行环境、程序的装入和启动、需要输入的数据,以及使用注意事项等。

3. 程序设计语言

程序设计语言是用于编写计算机程序的语言。语言的基础是一组记号和一组规则。根据规则由记号构成的记号串的总体就是语言。在程序设计语言中,这些记号串就是程序。程序设计语言包含三个方面,即语法、语义和语用。语法表示程序的结构或形式,亦即表示构成程序的各个记号之间的组合规则,但不涉及这些记号的特定含义,也不涉及使用者。语义表示程序的含义,亦即表示按照各种方法所表示的各个记号的特定含义,但也不涉及使用者,语用表示程序语言与使用的关系,即如何理解和使用程序设计语言。

程序设计语言的基本成分有:①数据成分,用于描述程序所涉及的数据;②运算成分,用以描述程序中所包含的运算;③控制成分,用以描述程序中所包含的控制;④传输成分,用以表达程序中数据的传输。

程序设计语言的不断发展,经历了机器语言、汇编语言、高级语言、第4代语言等几个阶段。其中,机器语言和汇编语言被称为低级语言。

1) 机器语言

机器语言(Machine language)是计算机唯一能直接识别并执行的语言。机器语言由二进制编码组成,每一串由0和1组成的二进制编码叫作一条机器指令(简称指令)。一条指令规定了计算机执行的一个动作。每台机器的指令,其格式和代码所代表的含义不同。每一种机器语言都只能用于一种特定的CPU或微处理器系列。

虽然机器语言程序执行效率高,但是使用机器语言编写程序是一种相当烦琐的工作,编写出来的程序全是由0和1的数字组成,直观性差、难以阅读,不仅难学、难记、难检查、又缺乏通用性。因此,尽管机器语言仍然用在今天的计算机上,但程序员很少用机器语言来编写程序。

2) 汇编语言

将机器语言的每一条指令符号化,即将机器语言中用0和1表示的机器指令码代之以记忆符号(如用add代表"加"指令)表示,这样就产生了汇编语言。汇编语言克服了机器语言难读、难记的缺点,使计算机程序的可读性大大提升,编程的难度也大大降低。

用汇编语言编写的程序叫汇编语言源程序,计算机无法直接执行,必须用一个称为"汇编程序"的工具把它翻译成机器语言目标程序,才能在计算机上执行。这个翻译过程称为汇编过程,如图4-13所示。

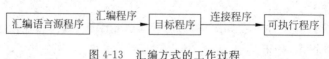

图4-13 汇编方式的工作过程

跟机器语言一样,汇编语言也属于低级语言,因为汇编语言也是针对特定机器的。当程序员需要对硬件级的行为进行操作时,汇编语言是非常有用的,如设备驱动程序、操作系统核心代码通常用汇编语言来编写。

3) 高级语言

高级语言是指由表达各种意义的词和数学公式按照一定的语法规则来编写程序的语言。高级语言之所以高级,是因为这种语言接近于数学语言或人的自然语言,同时又不依赖于计算机硬件,编出的程序能在所有机器上通用。因此高级语言具有通用性强、兼容性好和便于移植等优点。

例如,要计算算术表达式并赋值给变量 t,即 $t = x \times y + z$,使用机器语言、汇编语言、高级语言(C 语言)的代码大致上如图 4-14 所示。

```
00010001000001001000        load r0 x
00010001000100001010        load r1 y
00110101000001100001        mult r0 r1
00000001000100001100        load r1 z
00100100000011000001        add r0 r1
00100010000000101110        save r0 t              t = x * y + z;
    (a) 使用机器语言         (b) 使用汇编语言       (c) 使用高级语言(C语言)
```

图 4-14 实现 $t = x \times y + z$ 的代码

由上例可以很容易看出,高级语言的书写形式与人们所熟悉的数学语言或自然语言形式相近,因此更容易阅读和理解。然而,计算机是不能直接执行除机器语言程序以外的汇编语言程序和高级语言程序的。为此在执行由高级语言编写的源程序之前,需要通过"翻译程序"将其翻译成机器语言形式的目标程序,计算机才能识别和执行。这种"翻译程序"通常有两种方式,即编译方式和解释方式。

(1) 编译方式

编译方式是指使用编译程序将用户由高级语言编辑好的源程序整个翻译成用机器语言表示的与之等价的目标程序。但是目标程序并不能直接由计算机执行,因为源程序中可能还调用了系统库函数或其他目标程序,因此接下来需要使用连接程序将目标程序和其他目标程序以及库函数连接生成一个完整可执行程序;生成的可执行程序可由计算机直接执行。

编译方式的工作过程如图 4-15 所示。采用编译方式的程序执行速度快,但是每次修改程序后都必须重新进行编译和连接。大部分高级语言采用的都是编译方式,如 C/C++、PASCAL、FORTRAN 等。

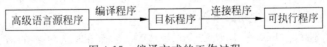

图 4-15 编译方式的工作过程

(2) 解释方式

使用解释程序对用户编写的源程序边扫描边解释。解释程序对源程序进行逐句分析,如图 4-16 所示。如果没有错误,则将该语句翻译成一个和多个机器语言指令,然后立即执行这些指令;如果解释时发现错误,则立即停止解释和执行,并向用户报错。在解释方式下,不产生目标程序、可执行程序等额外的文件,但程序的执行过程包含程序解释的时间,因此执行速度较编译方式慢。采用解释方式的高级语言有 BASIC、LISP、Python 等。

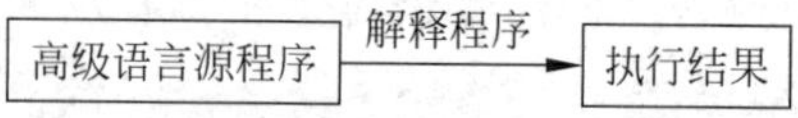

```
┌──────────────┐  解释程序  ┌────────┐
│ 高级语言源程序 │ ────────→ │ 执行结果 │
└──────────────┘           └────────┘
```

图 4-16　解释方式的工作过程

根据编程方法的不同,高级语言分为面向过程的语言、面向对象的语言。有些语言同时具有面向过程和面向对象的属性,称为混合语言,如 C++、C♯、Python 等。

(1) 面向过程的语言

面向过程的语言,采用计算机能够理解的逻辑来描述需要解决的问题和解决问题的具体方法和步骤。也就是说,采用面向过程的语言编程时,程序不仅要说明做什么,还要详细地告诉计算机怎么做。典型的面向过程的语言有 FORTRAN、BASIC、PASCAL、C 语言等。

面向过程的语言最适合解决什么类型的问题呢?它最适合于可以通过按部就班的步骤来解决的问题,例如,导弹弹道轨迹的计算、数学常量 π 的计算等。

与面向过程语言对应的程序开发方法是过程化方法。过程化方法已被广泛用于事务处理过程中,这些过程的特点是将一个算法应用于多个不同的数据集合。例如,计算销售额,无论销售数量和产品单价是多少,计算销售额的算法是相同的。

过程化的方法遵循结构化程序设计理论,强调程序的构成必须以顺序结构、选择结构、循环结构为基础。在后续的 Raptor 编程中将详细讲述结构化程序的设计方法。

过程化方法和过程化语言适合开发运行较快且对系统资源利用效率较高的程序,但不适合于某些类型的问题,例如非结构化的或具有复杂算法的问题。这些问题如果被看成是互相交互的对象会更好。

(2) 面向对象的语言

"面向对象"的概念是在 20 世纪 60 年代初开始提出来的,是相对于"面向过程"的一次革命。面向对象语言(Object-Oriented Language)是一种以对象作为基本程序结构单位的程序设计语言。

面向对象的语言将客观事物看成具有属性和行为的对象,通过抽象找出同一类对象的共同属性和行为,构成类。通过类的继承和多态可以很方便地实现代码的重用,大大提高了程序的复用能力和程序开发效率。典型的面向对象的语言有 C++、Java、Python 等。

与面向对象的语言对应的程序开发方法是面向对象的方法。面向对象的方法适合于哪些应用呢? 面向对象的方法适用范围很广,如果可将问题看成是一些来回传递消息的对象,这种问题就适合用面向对象的方法来解决。

面向对象的方法优点明显。从认知上讲它与人类感知现实世界的方法很相似,方便程序员设计程序。类的继承、封装利于代码重用,提高了编程的效率。但是,面向对象的方法可能的一个缺点是运行时效率较低。面向对象程序往往比过程化程序需要更多的内存空间和运行时间。这就需要用户、程序开发人员在程序开发效率和程序运行效率之间权衡。

4) 第 4 代语言

自 1951 年美国 IBM 公司约翰·贝克斯(John Backus)开发的 FORTRAN 语言开始,各种高级语言层出不穷,达上千种之多。但是人们很快发现有一类语言由于具有"面向问题""非过程化程度高"等特点,可以成数量级地提高软件生产率,缩短软件开发周期。这类语言被称为第 4 代语言(Fourth-Generation Language,4GL)。自 1985 年起,4GL 进入了计算机科学的研究范畴。

4GL 是针对以处理过程为中心的第 3 代语言提出的,希望通过某些标准处理过程的自动生成,使用户只说明要做什么,而把具体的执行步骤的安排交给软件自动处理。所以 4GL 又被称为需求说明语言。数据库查询和应用程序生成器是第 4 代语言典型的应用。

SQL(Structured Query Language,结构化查询语言)是操作关系数据库的工业标准语言,是目前应用最广泛的非过程化语言。例如,要想从数据库文件 d:\data.accdb 的学生成绩表 score 中查找不及格的学生名单,可以使用如下 SQL 语句实现:

SELECT 姓名,成绩 FROM   score   WHERE   成绩<60

可视化程序设计是第 4 代语言常用的开发方法。可视化的开发环境具有良好的用户界面,简单、易学,使用方便、灵活。但是,4GL 仍缺乏统一的工业标准,4GL 产品用户界面差异很大,与具体的机器联系紧密,语言的独立性较差(SQL 稍好),影响了应用软件的移植与推广。目前,4GL 主要面向基于数据库应用的领域,不宜于科学计算、高速的实时系统和系统软件开发。

随着用户需求和计算机技术的发展,适应新需求的编程模式也将会不断涌现,总的趋势是程序设计和程序设计语言越来越智能化,界面可视化,编写程序将越来越简单、方便、有趣。

4.4.2　Raptor 程序设计基础

1. 为什么要使用 Raptor

前面已经讨论了多种程序设计语言,但为什么要使用 Raptor 呢？算法设计是程序设计的重点,快速创建算法并验证算法的正确性是非常必要的,尤其对于程序设计的初学者。使用基于文本的程序语言编程(如 C、Java 等),必须花费较长时间学习复杂的语法和词汇,这增加了学习的难度,导致初学者不能专注于"算法问题求解"。

可视化(Visual)程序设计以"所见即所得"的编程思想为原则,力图实现编程过程的可视化。程序设计人员利用开发环境本身提供各种可视化的控件、方法和属性等,像搭积木一样构造出应用程序。这就缩短了现实世界的行动与程序设计之间的概念距离,减少了学生在学习上的认知负担。这就是 Raptor 诞生的背景。

Raptor(the Rapid Algorithmic Prototyping Tool for Ordered Reasoning,用于有序推理的快速算法原型工具)是一种基于流程图仿真的可视化的程序设计环境,可以为程序和算法设计等基础课程的教学提供实验环境。

Raptor 的主要特点如下。

(1) 规则简单,容易掌握,使初学者无须花费太多时间,就可以进入问题求解的实质性算法学习阶段。

(2) 可以在最大限度地减少语法要求的情形下,帮助用户编写正确的程序指令。

(3) 具备基本运算功能,有 18 种运算符,可以实现大部分运算。

(4) 在 Raptor 中，程序就是流程图，可以逐个执行图形符号，以便帮助用户跟踪指令流执行过程。

(5) 用 Raptor 可以进行算法设计和验证，从而使初学者有可能理解和真正掌握"计算思维"。

(6) 使用 Raptor 设计的程序和算法可以直接转换成为 C++、C♯、Java 等高级程序语言，这就为程序和算法的初学者铺就了一条平缓、自然的学习阶梯。

(7) 具备单步执行、断点设置等重要调试手段，便于快速发现问题和解决问题。

2．Raptor 符号和 Raptor 程序

1) Raptor 符号

Raptor 有 7 种基本符号，每个符号代表一个独特的指令类型。7 种符号分别为：开始/结束、赋值、调用、输入、输出、选择和循环，如图 4-17 所示。

由于 Raptor 符号所起的作用与程序设计语言中的语句相当，因此，在本节后续的描述中，在不引起误解的情况下，也使用"语句"或"指令"来描述这些符号。

Raptor 的 7 种符号/语句的作用说明如下。

(1) 输入语句：允许用户输入数据，并将数据赋值给一个变量。

(2) 赋值语句：使用各类运算来更改变量的值。

(3) 过程调用：执行一个过程，该过程包含多个语句。

(4) 输出语句：显示变量的值，也可以将变量的值保存到文件中。

(5) 选择语句：经过条件判断后选择两种路径之一继续执行。

(6) 循环语句：允许重复执行一个或多个语句，直到某些条件为真值。

(7) 开始/结束语句：程序的开始和终止。

其中，前 4 种语句用于对数据对象运算和操作，其后两种用于实现程序的控制结构。

2) Raptor 程序

一个程序通常由两个要素组成：①对数据对象的运算和操作；②程序的控制结构。

在一般的计算机系统中，基本运算和操作如下。

(1) 算术运算：主要包括"加""减""乘""除""求余""乘方"等运算。

(2) 关系运算：包括"大于""大于等于""小于""小于等于""等于"和"不等于"。

(3) 逻辑运算：主要包括"与""或"和"非"等运算。

(4) 数据传输：主要包括"赋值""输入"和"输出"等操作。

程序的控制结构是指程序中各操作之间的操作顺序和结构关系。程序的控制结构给出了程序的基本框架，一个程序一般都可以用顺序、选择和循环三种基本控制结构组合而成。

Raptor 程序中的这两大要素是通过一组连接的符号来表示的。符号间的连接箭头确定所有操作的执行顺序。Raptor 程序执行时，从开始(Start)符号起步，并按照箭头所指方向执行程序。Raptor 程序执行到结束(End)符号时停止。

Raptor 程序的初始状态只有开始符号和结束符号，如图 4-17 所示。在开始和结束符号之间插入一系列 Raptor 符号，并设置符号的内容，就可以创建有意义的 Raptor 程序。

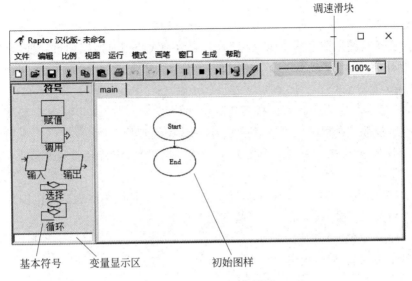

图 4-17　Raptor 工作界面

3. Raptor 的变量和常量

1) Raptor 变量

变量(Variable)是数据在计算机内存中的临时存放场所,用于保存数据值。在任何时候,一个变量只能容纳一个值。在程序执行过程中,变量的值可以改变。

变量的赋值过程如表 4-3 所示。

表 4-3　变量的赋值过程

程序和语句	变量的值	说　明
Start	未定义	程序刚开始时,不存在任何变量
X←32	32	执行第一个赋值语句时,为变量 x 分配内存,并把数值 32 存入变量 x 的内存空间中
X←X+1	33	执行第二个赋值语句时,系统检索到变量 x 值为 32,给 x 加 1,并把结果 33 给变量 x
X←X+2	66	执行第三个赋值语句时,系统检索到变量 x 值为 33,给 x 乘 2,并把结果 66 给变量 x

Raptor 的变量的值可以是数值、字符串和字符类型三种类型之一。其中:

数值类型(Number):任意整数或实数,如 12,567,−4,3.1415,0.000371。

字符串类型(String):如双引号括起来的字符串,"Hello, how are you?","James

Bond","The value of x is: "等。

字符类型(Character)：如'A','8','!'等单引号括起来的字符。

Raprot 变量在使用前不需要定义，只需要在第一次使用时声明即可。变量的名称应以字母开头，后跟字母、数字或下画线。变量的命名要符合"见名知意"的原则。

2) Raptor 常量

常量是程序运行过程中其值保持不变的量，如数值常量 12.3，字符串常量"hello"，字符常量'A'等，这些常量在程序中可以直接使用，称为字面常量。

除此之外，Raptor 在系统内部预定义了一些专用常量，用特定符号来表示。在 Raptor 程序中可以直接使用该符号常量。

pi：圆周率，值为 3.1416(默认精度为 4 位，用户可以扩展精度表达的范围)。

e：自然对数的底数，值为 2.7183(精度设置同上)。

true/yes：布尔值"真"，值为 1。

false/no：布尔值"假"，值为 0。

4. 输入语句

输入语句用于获取用户输入的数值，并把该值保存到变量中。

需要在 Raptor 程序中插入输入语句时，则双击编程窗口中的"输入"符号，并在弹出的"输入"对话框中设置"输入提示"和"输入变量"名，如图 4-18 所示。

输入提示必须是英文双引号和英文信息，变量名必须是合法名称。

如图 4-19 所示给出了 Raptor 程序中"输入语句"的示例。

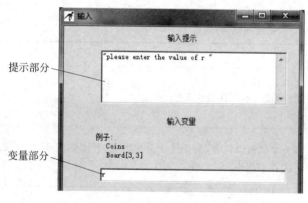

图 4-18 "输入"对话框

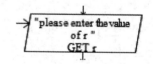

图 4-19 流程图中的"输入语句"

"输入语句"在运行时对话框如图 4-20 所示。

5. 赋值语句

赋值语句用于使用各类运算来设置或更改变量的值。

在 Raptor 窗口中双击"赋值"符号，则弹出 Assignment 对话框，如图 4-21 所示。其中，Set 部分为接收赋值的变量，to 部分为表达式。图 4-22 给出了 Raptor 流程图中生成的"赋值语句"。

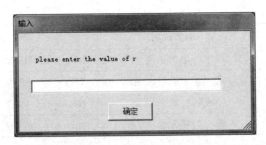

图 4-20　输入语句在运行时的"输入"对话框

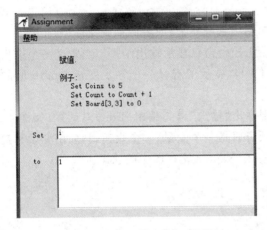

图 4-21　赋值语句的编辑对话框

图 4-22　流程图中的赋值语句

赋值语句中的表达式可以是常量、变量与一些运算符和函数的组合,完成特定的运算。下面简单介绍 Raptor 运算符、内置函数。

(1) 算术运算符:＋、－、＊、/、^ 或 ＊＊、rem 或 mod,分别表示加、减(负号)、乘、除、幂、求余运算。

(2) 关系运算符:＝或＝＝、!＝(或/＝)、＜、＜＝、＞、＞＝,分别表示相等、不等、小于、小于等于、大于、大于等于 6 种关系运算。进行关系运算时必须针对两个相同数据类型的值比较,例如,3 ＝ 4 或 "Wayne" ＝ "Sam" 是有效的比较,但 3 ＝ "Mike" 则是无效的比较。

(3) 逻辑运算符:and、or、not,分别表示与、或、非。例如,表达式 n ＞＝ 1 and n ＜＝ 10,当 n 大于等于 1 并且小于等于 10 时为真;逻辑表达式 n ＜ 1 or n ＞ 10,当 n 小于 1 或者大于 10 时为真;逻辑表达式 not(n ＜ 1),当 n 大于等于 1 时为真。

(4) 内置的函数:常用的内置函数说明如表 4-4 所示。

表 4-4　常用内置函数说明

内置函数名	功能说明	范　　例
abs(x)	求 x 的绝对值	abs(－2)值为 2
ceiling(x)	对 x 向上取整	ceiling(12.3)值为 13
floor(x)	对 x 向下取整	floor(12.3)值为 12

续表

内置函数名	功能说明	范 例
length_of(string)	求字符串的长度	length_of("hello")为 5
max(x,y)	求 x,y 中的最大值	若 x=2,y=100,则 max(x,y)值为 100
random()	生成随机数	生成一个[0,1)之间的随机数
sqrt(x)	求 x 的平方根	sqrt(4)的值为 2

6. 输出语句

程序处理的结果数据要使用输出语句输出到屏幕上,或者保存到文件中。

在 Raptor 环境中,执行输出语句将在主控台窗口显示输出结果。当定义一个输出语句时,需要使用"输出"对话框进行编辑。图 4-23 显示了定义一个输出变量 length 值的输出语句。

双击 Raptor 窗口中的"输出"符号,则弹出"输出"语句编辑(Edit)对话框,如图 4-23 所示,在对话框中填入要输出的内容,输出项可以是一个变量、一个表达式,或由变量和提示信息组成的内容。图 4-24 给出了"输出语句"在 Raptor 流程图中的状态。

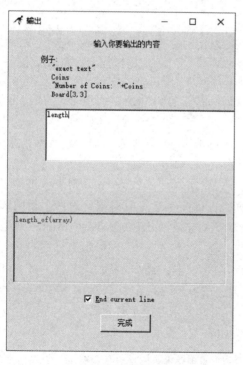

图 4-23 输出语句的编辑对话框

图 4-24 流程图中的输出语句

为了使输出界面友好,在"输出"语句编辑对话框的"输入你要输出的内容"文本框中,除了写入变量名外,还可以输入一些文字符号,这些符号要用英文双引号引起来,用加号与变量连接,如图 4-25 所示。图 4-26 是带有附加提示信息的输出语句。

特别注意,如果选中对话框中的 End current line 复选框,则输出结果可以换行。

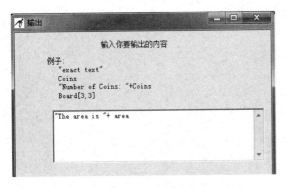
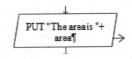

图 4-25 界面友好的输出语句的编辑对话框　　　图 4-26 界面友好的输出语句

执行输出语句将在"主控台"(Master Console)窗口显示输出结果,如图 4-27 所示。

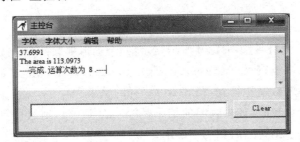

图 4-27 "主控台"窗口

4.4.3 Raptor 控制结构

在程序设计时,需要有明确的语句执行过程,因此需要合理地利用程序的控制结构和控制语句。控制结构和控制语句用于确定程序语句的执行顺序。这些控制结构可以做三件事:①按照顺序执行某些语句;②根据条件判断结果,跳过某些语句而执行其他语句;③条件为真时重复执行一条或多条语句。

1. 顺序控制结构

顺序控制逻辑最简单,本质上,就是把每个语句按顺序排列,程序执行时,从开始(Start)语句顺序执行到结束(End)语句。

例 4-11 温度表示存在两种格式:华氏温度和摄氏温度,编程实现将华氏温度值转换为对应的摄氏温度值。温度转换公式为:摄氏温度值=5/9(华氏温度值-32)。

分析:用变量 c 表示摄氏温度,变量 f 表示华氏温度。若已知变量 f 的值,则变量 c 的值按下式计算:$c=5/9\times(f-32)$。

该例的流程图如图 4-28 所示。运行结果如图 4-29 所示。

2. 选择控制结构

在实际问题中,经常需要根据某个条件执行某些操作。例如,如果变量 a 除以 2 不为零,则 a 的值为奇数;一元二次方程 $ax^2+bx+c=0$,当 $b^2-4ac=0$ 时只有一个实根 $x=$

$-b/(2*a)$,等等。这就需要使用选择结构解决问题。

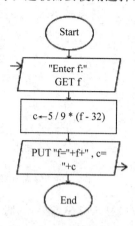

图 4-28　例 4-11 的流程图　　　图 4-29　例 4-11 的运行结果

Raptor 的选择控制符号如图 4-30 所示,包含一个菱形框和两个分支。

在菱形框中填入决策表达式(Decision Expressions),决策表达式是一组值(常量或变量)和关系运算符的结合,期望得到 YES/NO 这样的结果。

当程序执行选择语句时,如果判断的结果是"Yes"(True),则执行左侧的 Yes 分支;如果结果是"No"(False),则执行右侧的 No 分支。

图 4-31 显示了一个包含选择结构的流程图模板。

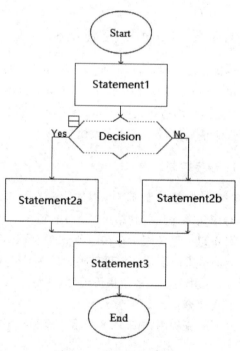

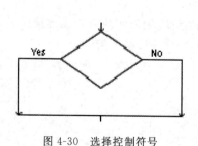

图 4-30　选择控制符号　　　　　　图 4-31　选择结构流程图

图 4-31 中流程图的执行过程如下。

(1) 执行语句 Statement1;

(2) 判断决策表达式 Decision 的值。如果其值为真,则进入 Yes 分支,执行语句 Statement2a;如果其值为假,则进入 No 分支,执行语句 Statement2b;

(3) 执行语句 Statement3。

在选择结构流程图中,允许某个分支为空,即该分支没有需要执行的语句,这属于 if-then 情况。如果两个分支都有操作,则属于 if-then-else 情况。

例 4-12 键盘输入一个整数,判断该数是否是奇数,并输出判断结果信息。

分析:用变量 x 表示被判断的数,如果表达式 x mod 2 的值为 1,则 x 为奇数,否则 x 为偶数。变量 x 的值通过输入语句获取,用于判断的决策表达式为 x mod 2 ==1,输出信息或为"is odd(该数是奇数)",或为"is not odd(不是奇数)"。

判断一个数的奇偶性,通常是某个问题中的一个环节,本例主要是通过这个简单问题让读者学习选择结构的执行原理。

该例的流程图如图 4-32 所示。为了流程图的输出界面友好,本例中在编辑输出语句时写入的输出内容为 x+" is odd!"和 x+" is not odd!",使用连接符"+"将变量值和字符串形式的提示信息合在一起输出,这样就可以得到如图 4-33 所示的输出界面。

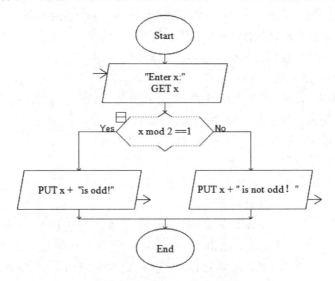

图 4-32 例 4-12 的流程图

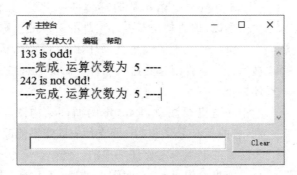

图 4-33 例 4-12 的流程图输出结果

3. 循环控制结构

循环控制结构可引导计算机循环执行一条或多条语句,直至满足一定的条件。这种机制是计算机真正的价值所在,因为计算机可以重复很多次相同的步骤而不会厌烦。

循环控制结构中被重复执行的语句或语句组称为循环体。

Raptor 的循环控制语句如图 4-34 所示。椭圆符号 loop 标志循环的开始,菱形符号中的决策表达式表示循环条件。

在执行循环语句时,如果菱形符号中的决策表达式结果如果为真,则执行 Yes 分支,这会使循环结束。菱形符号中的决策表达式结果如果为假,则执行 No 分支,这会使循环继续。因此,需要重复执行的语句可以插入到菱形符号的上方或下方。

在循环语句中,有时需要先计算后测试,有时需要先测试后计算,这要根据实际需要来设计循环语句。

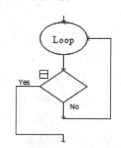

图 4-34　循环控制符号

图 4-35 给出了循环语句的一个完整模板,图中的 Statement1、Statement2、Statement3 代表三个语句或语句组(后文中使用"语句"一词),Decision 代表决策条件。

如图 4-35 所示的循环语句的执行过程如下。

(1) Statement1 语句执行后,则开始进入循环;

(2) 执行 Statement2 语句;

(3) 判断决策表达式的值是真还是假,如果其值为真,则进入 Yes 分支,循环结束;否则(即其值为假),进入 No 分支,转去执行第(4)步;

(4) 执行 Statement3 语句(该语句有可能一次也不执行);

(5) 自动转到循环开始 Loop 处,进入下一次循环。

循环结构有三个关键点:循环变量初始值;循环体条件;循环体。设计循环结构时需要从这三点出发。

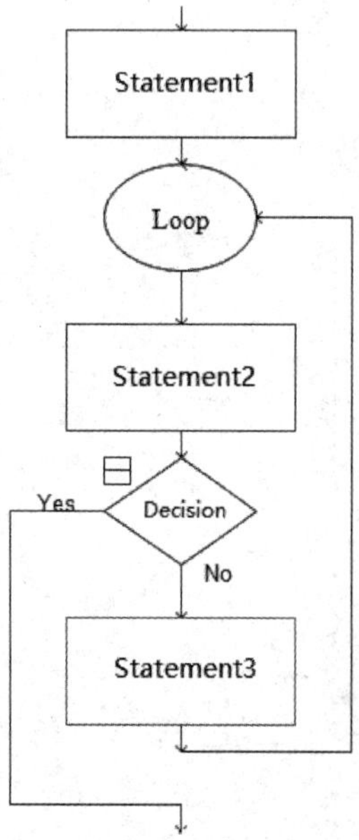

在如图 4-35 所示的循环控制结构样例模板中,循环外的 Statement1 语句,通常用于设置循环中变量的初始值。例如,将用于表示累加和的变量的值初始化为 0,将控制循环次数的变量初始化为某个值,等等。

Statement2 语句是循环体的一部分,该语句至少被执行一次。所以,该语句会对循环条件 Decision 有影响。

Statement3 语句也是循环体的一部分,该语句可能一次也不被执行。也许第一次进入循环时 Decision 的结果就是真,导致循环终止。

在这里要注意,Raptor 的循环结构图与标准的流程图有区别,它的 Yes 分支和 No 分支预先固定不能改变,菱形框中的决策表达式的书写一定要仔细斟酌。例如,如果希望当 n>0 时继续循环,就不能直接把 n>0 作为决策表达式,而应该把 n<=0 作为决策表达式。

图 4-35　完整的循环结构

例 4-13 实现例 4-3 中求两个整数的最大公约数的算法。

分析：例 4-3 中已经对该算法的步骤做了详细说明。这里给出该算法的 Raptor 程序，如图 4-36 所示。程序运行结果如图 4-37 所示。

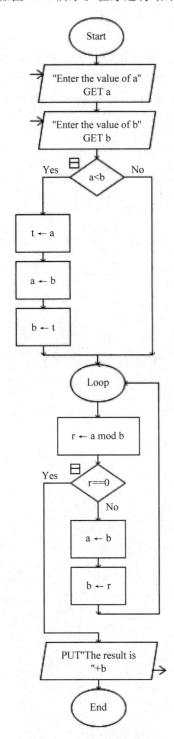

图 4-36　求最大公约数程序　　　图 4-37　例 4-13 的输出结果（输入 a 和 b 的值为 24、16）

例 4-14 实现用递推法求出斐波那契数列前 20 项的算法。

分析：根据斐波那契数列的递推规律：第 1 项、第 2 项为 1、1，其后每项等于前两项之和，因此，数列为 1,1,2,3,5,8,13,21,34,55,…

该算法需要使用循环结构实现。

用一个变量 n 表示项数，用三个变量保存参与运算的三个项的值，f1,f2,f3。其中，f1 和 f2 的初始值均为 1，赋值语句 f3＝f1＋f2，需要重复执行，从而陆续计算出从第 3 项开始的数列中的值。但是，每计算出一个 f3 并输出后，需要更新变量 f1 和 f2 的值，从而得到 f3 的新值。因此，设计如图 4-38 所示的 Raptor 程序。程序运行结果如图 4-39 所示。

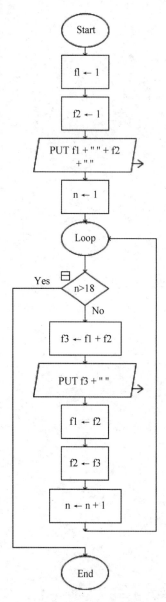

图 4-38 打印斐波那契数列的程序

1 1 2 3 5 8 13 21 34 55 89 144 233 377 610 987 1597 2584 4181 6765
----完成，运算次数为 134 ----|

图 4-39 例 4-14 的输出结果

例 4-15 从键盘输入一个整数,判断该整数是否是素数。

分析:什么是素数呢?如果一个整数只能被 1 和它自身除尽,则这个数就是素数(也称为质数)。素数有一些独特的性质,它与一些有趣和复杂的数学规律有关,而且利用大素数进行加密是常用的加密方法。

如何判断一个整数是不是素数呢?最基本的方法是基于素数定义进行判断(此方法简单但低效,读者可以自行查阅资料了解更高效的判断方法)。例如 11,经过依次试探 11/1,11/2,11/3,11/4,…,11/10,11/11,发现只有 11/1 和 11/11 才能除尽,其余都不能除尽,那么,11 就是一个素数。也就是说,对于一个整数 n,只需要试探 n/2,n/3,…,n/(n-1)中是否存在能除尽的式子就行了。如果都不能除尽,则 n 是素数;如果存在能除尽的情况,则 n 不是素数。

图 4-40 给出了素数判断算法的流程图。变量 m 依次取值为 2,3,4,…,n−1,试探 n/m 是否除尽,使用了决策表达式 n mod m ==0,其中 n mod m 表示计算 n/m 的余数,余数如果为 0,表明 n/m 能除尽。只有试探了变量 m 的所有取值,都没有出现被除尽的情况后,才能说 n 是素数。所以,流程图中设置了一个变量 flag,在程序开始设置它的初始值为 1,如果某次试探时出现了能除尽的情况,就把 flag 的值改为 0。这样,在试探结束后,只要判断 flag 的值有没有被重置为 0,就可以判定 n 是不是素数了。

思考:

(1) 在本例中为什么循环条件写为关系表达式 m==n?

(2) 将循环条件改为 m==n or flag!=1,程序的效率会提高吗?为什么?

4. 子程序的定义与调用

在计算机科学中,将实际问题抽象化是解决问题的关键要素之一。研究表明,人类的大脑平均只能同时积极关注约 4 件事情。为了解决复杂的问题,必须能够研究解决问题的主要方面,而不是同时关注所有细节。在计算机程序设计中,通过组合一系列相关指令,组成分立的过程,就可以抽象所有的细节。这就是使用子程序的原因。

对于复杂问题,采用如下原则来设计算法。

(1) 自顶向下:指从问题的全局下手,把一个复杂的任务分解成许多易于控制和处理的子任务,子任务还可能做进一步分解,如此重复,直到每个子任务都容易解决为止。

(2) 逐步求精:每一层不断将功能细化。

(3) 模块化:指解决一个复杂问题是自顶向下逐层把软件系统划分成一个个较小的、相对独立但又相互关联的模块的过程。

下面以求解 100~200 间的所有素数的问题为例,讲解 Raptor 中子程序的定义和调用。

例 4-16 求出 100~200 间的所有素数。

分析:求 100~200 间的所有素数,需要对 100~200 间的每个数,都进行例 4-15 中那样的处理过程。但是,为了使程序更加简练及有更广泛的用途,可以将图 4-40 中的程序改造成一个子程序,其功能就是"判断一个整数是否是素数"。而对于 100~200 间的每个数,调用这个子程序进行判断即可。这样主程序中只包含主要处理流程,判断素数的细节隐藏在了子程序中,整个算法的流程图层次清晰。

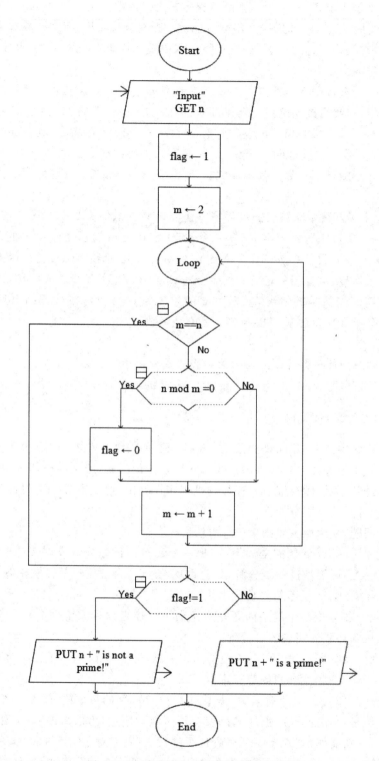

图 4-40 判断整数 n 是否为素数的流程图

主程序和子程序之间的参数传递是设计程序的重要环节。

(1) 首先,在 Raptor 中创建子程序。

① 在 Raptor 的"模式"菜单中选择"中级"模式,才能创建子程序,如图 4-41 所示。

② 右击内容窗格中的"main"字样,则弹出一个快捷菜单,如图 4-42 所示,选择其中的"增加一个子程序"命令,则弹出如图 4-43 所示的"创建子程序"对话框。

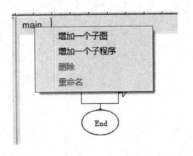

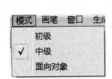

图 4-41 设置"中级"模式　　　图 4-42 选择"增加一个子程序"命令

③ 在图 4-43 的"创建子程序"对话框中输入子程序名 prime,在"参数 1"文本框中输入参数"n",并设置参数类型为"输入",在"参数 2"文本框中输入参数"flag",并设置参数类型为"输出"。

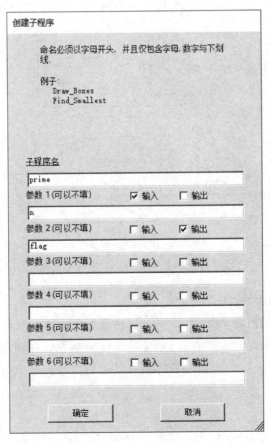

图 4-43 "创建子程序"对话框

④ 在 prime 子程序的流程图中添加内容，最后得到如图 4-44 所示的子程序内容。

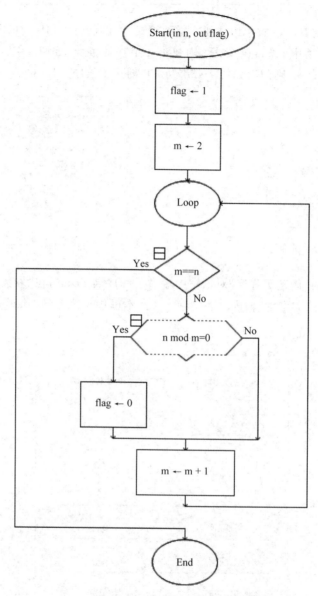

图 4-44 创建一个名为 prime 的子程序

(2) 在主程序中调用子程序。

设计 main 主程序的内容，如图 4-45 所示。注意观察流程图中调用子程序的语句 prime(i, f)。在调用语句中出现的参数变量 i 和 f 称为实际参数。在调用子程序时，实际参数 i 的值被传递给子程序的入口参数 n，子程序执行结束后出口参数 flag 的值被传递给主程序的实际参数 f。

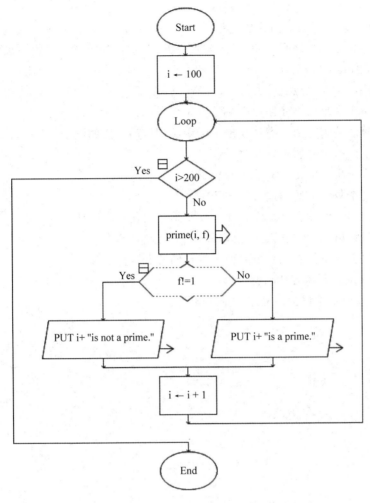

图 4-45 找出 100~200 之间所有素数的主程序

习题

1. 算法的特性有哪些？算法和程序有什么区别？
2. 什么是算法？本章中提到了哪几种算法描述方法？
3. 举例说明算法与计算思维的关系。
4. 在描述算法的流程图中有几种基本结构？
5. 二分查找需要什么条件？二分查找为什么比顺序查找效率高？
6. 使用穷举法，从 1~100 中找出所有是 3 倍数的数。用流程图描述解决此数学问题的算法。
7. 从 1~100 中找出所有能被 7 或 9 整除的数。用流程图描述解决此数学问题的算法。
8. 输出由 1、2、…、8、9 这 9 个数字组成的所有可能的两位数。用流程图描述解决此问题的算法。

9. 求水仙花数问题。水仙花数是指一个 n 位数（$n \geqslant 3$），它的每个数位上的数字的 n 次幂之和等于它本身，如 $1^3 + 5^3 + 3^3 = 153$。用穷举法设计求解三位数的水仙花数问题的算法，并用流程图表示此算法。
10. 递归法的主要思想是什么？
11. 找出一个在生活中使用贪心法的例子。
12. 排序算法分为哪两大类？找出生活中应用排序算法的例子。
13. 如何确定一个算法是好算法？
14. 找出一个生活中使用分治法的例子。
15. 举出一个数学上使用递归法的例子。
16. 什么是程序？什么是程序设计？什么是结构化程序设计？
17. 程序设计语言一般分为几类？每一类的特点是什么？
18. 高级语言的执行方式有哪两种？各自的特点是什么？
19. Raptor 编程环境有什么特点？
20. 使用 Raptor 编程实现上述第 6、7、8、9 题。

第 5 章 操作系统

计算机发展到今天,从微型计算机到巨型计算机,无一例外都配置了一种或多种操作系统,操作系统已经成为现代计算机系统不可分割的重要组成部分,它为人们建立各种各样的应用环境奠定了重要基础。操作系统担负着管理计算机系统的硬件和软件资源、控制计算机程序的执行,以及为用户使用计算机提供操作界面的重任。本章将讲述操作系统的基础知识和概念,并对目前常用的操作系统 Windows 7 的主要功能和操作方法做较为详细的介绍。

5.1 操作系统基础知识

5.1.1 软件概述

计算机软件(Software)是指计算机系统中的程序及其文档,程序是对计算任务的处理对象和处理规则的描述,文档是为了便于了解程序所需的阐明性资料。程序必须装入机器内部才能工作,文档一般是给人看的,不一定装入机器。

软件是用户与硬件之间的接口界面。用户主要是通过软件与计算机进行交流。软件是计算机系统设计的重要依据。为了方便用户,使计算机系统具有较高的总体效用,在设计计算机系统时,必须通盘考虑软件与硬件的结合以及用户的要求和软件的要求。

1. 计算机软件分类

计算机软件总体分为系统软件和应用软件两大类:

系统软件是各类操作系统,如 Windows、Linux、UNIX 等,还包括操作系统的补丁程序及硬件驱动程序类。

应用软件可以细分的种类就更多了,如工具软件、游戏软件、管理软件等都属于应用软件类。

2. 系统软件

系统软件负责管理计算机系统中各种独立的硬件,使得它们可以协调工作。系统软件使得计算机使用者和其他软件将计算机当作一个整体而不需要顾及底层每个硬件是如何工作的。

一般来讲，系统软件包括操作系统和一系列基本的工具（比如编译器，数据库管理，存储器格式化，文件系统管理，用户身份验证，驱动管理，网络连接等方面的工具）。

具体包括以下 4 类。

(1) 各种服务性程序，如诊断程序、排错程序、练习程序等；

(2) 语言程序，如汇编程序、编译程序、解释程序；

(3) 操作系统；

(4) 数据库管理系统。

3. 应用软件

应用软件是为了某种特定的用途而被开发的软件。它可以是一个特定的程序，比如一个图像浏览器，也可以是一组功能联系紧密，可以互相协作的程序的集合，比如微软的 Office 软件。也可以是一个由众多独立程序组成的庞大的软件系统，比如数据库管理系统。

较常见的有：文字处理软件如 WPS、Word 等，信息管理软件，辅助设计软件如 AutoCAD，实时控制软件如极域电子教室等，教育与娱乐软件等。

软件开发是根据用户要求建造出软件系统或者系统中的软件部分的过程。软件开发是一项包括需求捕捉、需求分析、设计、实现和测试的系统工程。

软件一般是用某种程序设计语言来实现的。通常采用软件开发工具可以进行开发。

4. 软件许可

不同的软件一般都有对应的软件许可，软件的使用者必须在同意所使用软件的许可证的情况下才能够合法地使用软件。从另一方面来讲，某种特定软件的许可条款也不能够与法律相抵触。

未经软件版权所有者许可的软件拷贝将会引发法律问题，一般来讲，购买和使用这些盗版软件也是违法的。

5.1.2 操作系统的组件

操作系统是计算机系统中的一个系统软件，它直接运行在裸机（即没有安装任何软件的计算机）之上，其他软件则是建立在操作系统之上的。因此，操作系统在计算机系统中占据着一个非常重要的地位。没有操作系统，任何应用软件都无法运行。

操作系统是一组程序，它们能有效地组织和管理计算机系统中的硬件及软件资源，合理地组织计算机工作流程，控制程序的执行，并向用户提供各种服务功能，使得用户能够灵活、方便和有效地使用计算机，使整个计算机系统能高效地运行。图 5-1 描绘了计算机系统中的硬件、软件、操作系统以及用户之间的层次关系。

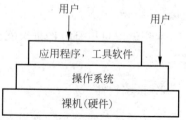

图 5-1 计算机系统的层次关系

操作系统主要有以下两方面重要的作用。

(1) 操作系统要管理系统中的各种资源，包括硬件及软件资源。

在计算机系统中,所有硬件部件(如 CPU、存储器和输入/输出设备等)均称作硬件资源;而程序和数据等信息称作软件资源。操作系统就是资源的管理者和仲裁者,由它负责在各个程序之间调度和分配资源,保证系统中的各种资源得以有效地利用。

具体来讲,操作系统具有处理器管理、存储管理、文件管理和设备管理等功能。

(2) 操作系统要为用户提供良好的界面。

一般来说,使用操作系统的用户有两类:一类是最终用户,另一类是系统用户。最终用户只关心自己的应用需求是否被满足,而不在意其他情况。至于操作系统的效率是否高,所有的计算机设备是否正常,只要不影响他们的使用,他们则一律不去关心,而后面这些问题则是系统用户所关心的。操作系统,必须为最终用户和系统用户这两类用户的各种工作提供良好的界面,以方便用户的工作。典型的操作系统界面有两类:一类是命令行界面,如 UNIX 和 DOS;另一类则是图形化的操作系统界面,典型的图形化的操作系统界面是 Windows。

1. 处理器管理

处理器即 CPU,它是计算机系统中最宝贵的硬件资源。处理器管理的主要功能是把 CPU 时间合理、有效地分给每一个正在运行的程序,最大限度地提高 CPU 的利用率。

在早期的计算机系统中,一个程序执行完后才允许另一个程序执行。在一个程序的整个执行过程中该程序执行占用所有系统资源,不会中途暂停。这就是单道批处理系统的执行方式。由于在程序执行过程中,会执行一些输入/输出指令,这些指令要完成内存与外部设备间的数据交换,其执行速度远低于 CPU 的处理速度,因此在单道批处理系统中,CPU 常处于闲置状态。

如果在一个程序执行过程中,出现 CPU 空闲,此时可以将另一个程序加载到内存中执行,就可以提高 CPU 的利用率。这种允许多个程序并发执行的操作系统被称为多道程序系统。

并发执行是指多个程序在一个处理器上的交替执行,这种交替执行在宏观上表现为同时执行。

在多道程序系统中,由于有多个程序同时运行,而且共享系统资源,操作系统必须解决系统资源的分配和回收、处理器的调度等问题。为了实现处理器管理的功能,描述多道程序的并发执行,操作系统引入了进程(Process)的概念,处理器的分配和执行都是以进程为基本单位。对处理器的管理和调度最终归结为对进程的管理和调度。

1) 进程的概念

进程是程序的一次执行过程,是系统进行资源分配和调度的一个独立单位。进程具有动态性、独立性、并发性和异步性等特征。

动态性是指进程是程序的一次执行过程,进程要经历创建、执行、撤销这样一个生命周期。而程序是一组有序指令的集合,存放在某种介质上,是静态的。

独立性是指进程是一个能够独立运行、独立分配资源和独立接受调度的基本单位。除非采用进程间通信手段,否则不能相互影响。

并发性是指多个进程同时存在于内存中,在一段时间内同时运行。并发性是进程的重要特征,是操作系统提高资源利用率的手段。

异步性是指进程按各自独立的、不可预知的速度向前推进,或者说进程是按异步方式运行的。

进程和程序是两个不同的概念,它们之间有如下不同之处。

(1) 进程是动态的,程序是静态的。程序是有序代码的集合;进程是程序的执行。进程通常不可以在计算机之间迁移;而程序以文件形式存放在可永久存储的介质上,可以复制。

(2) 进程是暂时的,程序是永久的。进程是一个状态变化的过程;程序可长久保存。

(3) 进程与程序的组成不同:操作系统在创建进程时,为每个进程配置了一个进程控制块(Process Control Block,PCB),用于维护一个记录进程相关信息的数据结构。PCB记录了该进程的标识符、处理器状态、进程状态等信息。因此进程是由程序执行代码、数据和进程控制块组成的。而程序只是有序代码的集合。

进程与程序是密切相关的。通过多次执行,一个程序可对应多个进程;通过调用关系,一个进程可包括多个程序。大多数操作系统都为用户提供了查看当前执行的程序和进程的操作界面。图 5-2 和图 5-3 是 Windows 7 的任务管理器界面。从图 5-2 中可以看到,共有 5 个用户任务正在执行,其中有两个"画图"应用程序在运行。从图 5-3 中可以看到,当前共有 65 个 Windows 进程正在执行,其中有两个名为 mspaint.exe 的画图进程。

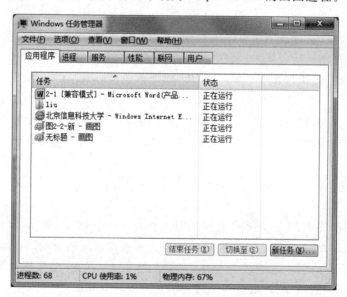

图 5-2　正运行的应用程序

2) 进程的状态及其转换

由于多个进程并发运行,一个进程在其运行期间,对包括处理器在内的系统资源的占有是间断的,进程的运行一直处于一个不断变化的过程。操作系统把进程的运行过程分成就绪、执行和阻塞三种状态,如图 5-4 所示。

(1) 就绪状态:进程已获得除 CPU 外的所需资源,等待分配 CPU 资源;只要分配了 CPU 进程就可执行。

(2) 执行状态:进程占用 CPU 资源;处于此状态的进程的数目小于等于 CPU 的数目。在没有其他进程可以执行时(如所有进程都在阻塞状态),通常会自动执行系统的空闲进程。

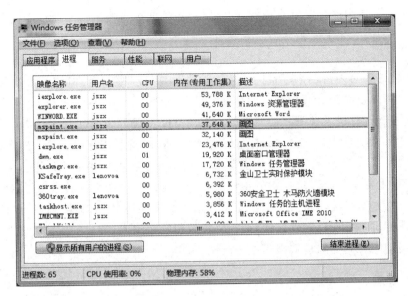

图 5-3　正运行的进程

（3）阻塞状态：当进程由于等待 I/O 操作或进程同步等条件而暂停运行时，它处于阻塞状态。在条件满足之前，即使把 CPU 分配给该进程，它也是无法继续执行的。

处于就绪状态的进程，在调度程序为它分配了 CPU 后，该进程便可执行，因此，它便由就绪状态转变为执行状态。正在执行的进程，如果因为分配给它的时

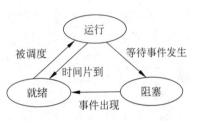

图 5-4　进程状态模型及其转换

间片已完而被暂停执行，它便由执行状态转变为就绪状态；如果因为某个事件发生而使进程执行受阻（如进程请求的系统服务或资源、通信、I/O 操作不被满足），无法继续执行，则该进程就由执行状态转为阻塞状态。

3）线程

在操作系统中，进程的引入提高了计算机资源的利用效率。再引入线程（Thread），则是为了减少程序并发执行时在 CPU 时间、内存空间方面的开销，使操作系统具有更好的并发性。

在只有进程概念的操作系统中，进程是存储器、外设等资源的分配单位，同时也是处理器调度的对象。为了提高进程内的并发性，在引入线程的操作系统中，把线程作为处理器调度的对象，而把进程作为资源分配单位，一个进程内可同时有多个并发执行的线程。

线程是一个动态的对象，它是处理器调度的基本单位，表示进程中的一个控制点，执行一系列的指令。同一进程内各线程都可访问整个进程的所有资源。我们可以把原来的进程概念理解为只有一个主线程的进程。

线程的优点具体体现在以下几方面：

① 线程的创建时间比进程短；

② 线程的终止时间比进程短；

③ 同一进程内的线程切换时间比进程短；

④ 由于同进程内线程间共享内存和文件资源，因此可直接进行不通过内核的通信。

2．内存管理

由于任何程序必须占用内存空间后才能被执行，因此，存储管理的优劣，直接影响存储空间的利用率，以及整个计算机系统的性能。

内存储器是计算机系统的重要资源。内存储空间一般分为两部分：

① 系统区，存放操作系统核心程序以及标准子程序，例行程序等；

② 用户区，存放用户的程序和数据等，供当前正在执行的应用程序使用。

内存管理主要是对内存储器中的用户区域进行管理。虚拟存储技术用硬盘空间模拟内存，从逻辑上扩充了内存容量。虚拟存储技术基于程序执行的局部性原理。局部性原理指出，程序在执行时将呈现局部性规律，即在一段较短的时间内，程序的执行仅限于某个部分；相应地，它访问的存储空间也局限于某个区域。

3．设备管理

设备管理是操作系统中最庞杂和琐碎的部分，普遍使用 I/O 中断、缓冲器管理、通道、设备驱动调度等多种技术，这些措施较好地克服了由于外部设备和 CPU 速度的不匹配所引起的问题，使主机和外设并行工作，提高了使用效率。

为了方便用户使用各种外部设备，设备管理要达到提供统一界面、方便使用、发挥系统并行性，提高 I/O 设备使用效率等目标。为此，设备管理通常应具有以下功能：外部设备中断处理，缓冲区管理，分配和去配，外部设备驱动调度，实现虚拟设备。其中，前 4 项是设备管理的基本功能，最后一项是为了进一步提高系统效率而设置的。

图 5-5 显示了 Windows 操作系统的设备管理器界面（在 Windows 7 操作系统的"开始"菜单中右击"计算机"，在弹出的菜单中选择"属性"命令，打开"系统"窗口，然后，单击左侧的"设备管理器"按钮）。在设备管理器界面，用户可以方便地管理计算机的硬件设备。

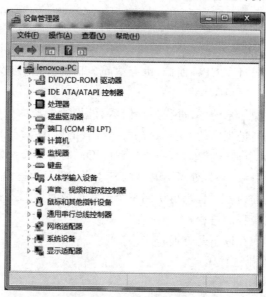

图 5-5　Windows 的设备管理器界面

1) 设备控制器

设备控制器是计算机中的一个实体,也称为设备适配器(或适配卡)。在个人计算机中,它常常是一块可以插入主板扩充槽的印刷电路板(如显示器适配器,简称显卡)。其主要职责是控制一个或多个外部设备,以实现外部设备与计算机之间的数据交换。

它是 CPU 与外部设备之间的接口,它接收从 CPU 发来的命令,并控制外部设备去工作,从而使处理器从设备控制事务中解脱出来。

控制器上一般都有一个接线器,它可以把与设备相连的电缆线接进来。控制器和设备之间的接口越来越多地采用国际标准,如 ANSI、IEEE、ISO 或者事实上的工业标准。

2) 设备驱动程序

每个设备驱动程序只处理一种或一类紧密相关的设备。如打印机驱动程序处理同一类型的打印机设备,磁盘驱动程序处理磁盘设备。

设备驱动程序的功能是实现 I/O 进程与设备控制器之间的通信。

4. 文件管理

文件管理是针对系统中的信息资源的管理。在现代计算机中,通常把程序和数据以文件形式存储在外存储器(又叫辅助存储器)上,供用户使用,这样,外存储器上保存了大量文件,对这些文件如不能采取良好的管理方式,就会导致混乱或破坏,造成严重后果。为此,在操作系统中配置了文件管理,它的主要任务是对用户文件和系统文件进行有效管理,实现按名存取;实现文件的共享、保护和保密,保证文件的安全性;并提供给用户一整套能方便使用文件的操作和命令。

1) 文件

(1) 文件的概念

文件是一组信息的集合。组成文件的信息可以是各式各样的,如源程序、一批数据、可执行的程序数据、多媒体数据信息等。每个文件由文件名来标识。操作系统将根据文件名对文件进行控制和管理。

把一组信息组织成文件,通常采用文件编辑软件(如 Windows 自带的"记事本""写字板""画图"程序等)来实现。创建不同类型的文件,需要相应的编辑软件。如生成图像文件可以使用绘图软件 Photoshop,生成文本信息的文件可以使用"记事本"程序。

把数据组织成文件形式加以管理和控制,有很多好处。

首先,用户使用方便,使用者无须记住信息存放在外存储器中的物理位置,也无须考虑如何将信息存放在存储介质上,只要知道文件名,使用操作系统提供的文件操作命令便可存取信息,即实现了"按名存取"。

其次,文件安全可靠,由于用户通过文件系统才能实现对文件的访问,而文件系统能够提供各种安全、保密和保护措施,故可防止对文件信息的有意或无意的破坏或窃用。

最后,文件系统还能提供文件的共享功能,如不同的用户可以使用同一文件。这样,既节省了文件存放空间,又减少了传递文件的交换时间,进一步提高了文件和文件空间的利用率。

(2) 文件的命名

文件名是由字母、数字、下画线组成的符号串。不同的操作系统对文件的命名方式略有不同,但一般来说,文件名字由文件名和扩展名两部分组成,中间用"."分隔开来,例如 my_file1.txt、mspaint.exe。

(3) 文件的属性

关于文件的说明信息和属性信息,常称为文件的属性,如文件的存放位置、文件长度、创建日期、修改日期、文件权限等,这些信息主要被文件系统用来管理文件。

(4) 文件的类型

为了有效、方便地组织和管理文件,通常根据文件的用途和属性,对文件进行分类。

按文件的用途可分成:系统文件、库文件和用户文件。

① 系统文件:包括操作系统内核、系统应用程序等,它们通常为可执行的二进制文件,但有的也可能是文本文件,如系统配置文件。这些文件对于系统正常运行是必不可少的。

② 库文件:主要由各种标准子程序库组成,如 C 语言程序库。这些文件允许用户读取、执行,但不允许对其进行修改。

③ 用户文件:用户自己的文件,如用户的源程序、目标程序和文档等。

按文件的保护级别可分成:只读文件、读写文件、可执行文件和不保护文件。

- 只读文件:允许授权用户读,不能写。
- 读写文件:允许授权用户读写。
- 可执行文件:允许授权用户执行,但不能读写。
- 不保护文件:所有用户对该文件拥有一切权限,即可读、可写、可执行。

按文件内容可分为 ASCII 文件、二进制文件。

① ASCII 文件:也称文本文件,由多行正文组成,每一行以回车换行结束,整个文件以按 Ctrl+Z 键结束。ASCII 文件的最大优点是可以原样显示和打印,也可以用通常的文本编辑器进行编辑。

② 二进制文件:它往往有一定的内部结构,组织成字节流。例如可执行文件是指令和数据的流。

按文件内容数据的形式可分成:源文件、目标文件、可执行文件。

- 源文件:由源代码和数据组成的文件。
- 目标文件:源文件经过编译后生成的文件。
- 可执行文件:编译得到的目标代码由连接程序连接后形成的可以运行的文件。

文件的类型通常用文件扩展名来标识。例如,*.exe 为可执行文件,*.html 和 *.htm 为网页文件,*.jpg 为图像文件,*.doc 为 Word 文档,*.txt 为文本文件。

2) 文件的目录管理

目录是有效地管理存放在外存储器上的大量文件的重要手段。文件系统的基本功能之一就是负责文件目录的建立、维护和检索。要求编排的目录便于查找、防止冲突,目录的检索方便迅速。由于文件目录也需要永久保存,所以,把文件目录也组织成文件存放在磁盘上称目录文件。

每一个文件在文件目录中登记一项,所以,实质上文件目录是文件系统建立和维护的它所包含的文件的清单,每个文件的文件目录项又称文件控制块(File Control Block,FCB)。

目前常用的目录管理方式为树形目录结构。图 5-6 为某个安装了 Windows 操作系统的 PC 中 C 盘的树形目录结构,图中的方框代表目录,未加框者代表文件。

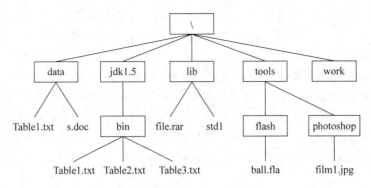

图 5-6　树形目录结构

在树形目录结构中,每一级目录不仅包含文件,还可以包含下一级子目录。它像一棵倒向的有根树,树根是根目录;从根向下,每一个树枝是一个子目录;而树叶是文件。

在树形目录结构中,一个文件的绝对路径名包括从根目录开始到文件为止,通路上遇到的所有子目录名之间用反斜线\(UNIX 系统中为正斜线/)隔开。例如,文件 ball.fla 的绝对路径名为\tools\flash\ball.fla。

为了节省目录查找时间,可以使用相对路径名。此时,访问文件时不从根目录开始,而从当前目录开始查找。假设当前目录为"\tools",则文件 ball.fla 的相对路径为"flash\ball.fla"。

每个目录在创建时都自动含有两个特殊的目录项:"."表示当前目录,".."表示其父目录。Windows 操作系统中根目录是在对磁盘进行格式化时创建的。

3) 文件操作

文件常用的操作有创建文件、打开文件、读文件、写文件、修改文件属性、删除文件、复制文件等操作。

5. 操作系统的分类

随着计算机技术和软件技术的发展,人们开发了许多适用于不同机型、不同用户群的操作系统。这些操作系统从用户使用界面到功能都有较大的差别。根据支持的用户数可分为单用户操作系统、多用户操作系统;根据操作系统在用户界面的使用环境和功能特征的不同,操作系统一般可分为批处理系统、分时系统、实时系统、嵌入式操作系统、微机操作系统、网络操作系统。

1) 批处理操作系统

在批处理(Batch Processing,BP)操作系统中,用户将作业交给系统操作员,系统操作员将许多用户的作业组成一批后输入到计算机中,在系统中形成一个自动转接的连续的作业流,然后启动操作系统,系统自动、依次执行每个作业。最后由操作员将作业结果交给用户。由于用户自己不能干预自己作业的运行,一旦发现错误不能及时改正,从而延长了软件开发时间,所以这种操作系统只适用于成熟的程序。

2) 分时操作系统

分时(Time-Sharing,TS)操作系统将主机的 CPU 的时间划分成若干个片段,称为时间片。操作系统以时间片为单位,轮流接收和处理每个用户从与主机相连的终端上发来的命令。每个用户轮流使用一个时间片而使每个用户并不感到有别的用户存在。由于计算机运行速度很快,用户作业轮转得也很快,每个联机用户就会感觉仿佛整个系统为它自己所独占。它的优点是可交互地控制自己作业的运行。UNIX 为典型的分时操作系统。

3) 实时操作系统

实时操作系统(Real-Time Operating System,RTOS)常见于过程控制系统。它是使计算机能及时响应外部事件的请求,在规定的时间内完成对该事件的处理,并控制所有实时任务协调一致地运行的操作系统。实时操作系统主要追求的目标是:对外部请求在严格时间范围内做出反应,有高可靠性和完整性。

目前大型计算机上的操作系统都兼有分时、批处理和实时的功能,因此可称为通用操作系统。

4) 嵌入式操作系统

嵌入式操作系统(Embedded Operating System,EOS)是运行在嵌入式系统环境中(如智能手机、平板电脑等),对整个嵌入式系统以及它所操作、控制的各种部件装置等资源进行统一协调、调度、指挥和控制的系统软件。常见的嵌入式操作系统如 Windows CE、安卓、iPhone OS(苹果公司为 iPhone 开发的操作系统)等。

5) 微机操作系统

微机操作系统主要供个人使用,功能强、价格便宜,安装、使用都很方便。微机操作系统可分为单用户单任务(如早期的 DOS)、单用户多任务(如 Windows 95)和多用户多任务操作系统(如 Windows XP/ Windows 7)。目前常用的微机操作系统如 Windows 7、Windows 10 和 Mac OS X 等。

6) 网络操作系统

网络操作系统是基于计算机网络的,是在各种计算机操作系统上按网络体系结构协议标准开发的软件,包括网络管理、通信、安全、资源共享和各种网络应用。其目标是相互通信及资源共享。常见的网络操作系统如 NetWare Novell、Windows NT、Windows 7、Windows 10 等。

5.1.3 系统启动

操作系统存储在外部存储设备上,通常存储在硬盘上(首次或重装系统时一般使用存储在光盘、优盘上的系统)。操作系统只有被装入内存后才能工作。然而,操作系统程序非常大,在系统启动时,只有操作系统内核程序被装入到内存中,其余大部分程序只有在需要时才被装入内存。

内核提供操作系统中非常重要的服务(如处理器管理、内存管理和文件访问等)。在计算机运行时,内核程序会一直驻留在内存中。

操作系统是如何从外存上被装入内存中的呢?包含如下几个步骤。

1. 加电

打开计算机开关,可以看到主机面板指示灯变亮。

2. 启动主板上的引导程序

CPU 开始执行存储在主板上 ROM 芯片上的引导程序。该程序用于对计算机的关键硬件进行诊断测试。

3. 自检

ROM 芯片上的引导程序运行,对计算机的关键硬件(内存、CPU、硬盘、键盘等)进行自检,并在屏幕上显示内存容量和这些设备的状态。如果某个硬件不能正常工作,如硬盘故障,则系统启动过程停止。

4. 操作系统引导程序加载

诊断程序运行结束后,会读取硬盘上的操作系统引导程序(一般放在硬盘的 0 扇区),并将该程序装入内存指定位置。然后,该引导程序自动执行。

5. 加载操作系统内核并初始化

操作系统引导程序开始执行,它指引 CPU 把操作系统内核装入内存中,随后,内核程序开始运行,并进行一些必要的初始化工作,主要包括加载系统程序、初始化系统环境、加载很多底层的硬件驱动程序、启动相关服务、初始化显示设备和显示用户界面等。

至此,操作系统引导完成,用户可以在操作系统提供的界面上工作了。

5.2 典型桌面操作系统 Windows

5.2.1 Windows 7 概述

Windows 操作系统是美国 Microsoft 公司开发的一系列操作系统,自诞生以来,发展非常迅速,已经形成了一个庞大的操作系统家族。它以直观形象的图形化操作界面、方便快捷的操作方式等特点,受到了全世界广大用户的喜爱,占据了操作系统的统治地位。

1. Windows 7 简介

Windows 7 吸收了 XP 和 Vista 的优点,也借鉴了其他操作系统的特色,具有实用、美观、高速、安全性高和兼容性强等特点,系统运行相当稳定,为用户创造了更加良好的使用体验。Windows 7 系统内置了许多类型设备的驱动程序,大部分常见设备无须安装驱动即可直接使用,给用户提供了很大的方便。

Windows 7 根据不同的使用对象和应用领域,有多个版本,主要有简易版(Windows 7 Starter)、家庭基础版(Windows 7 Home Basic)、家庭高级版(Windows 7 Home Premium)、专业版(Windows 7 Professional)、企业版(Windows 7 Enterprise)、旗舰版(Windows 7 Ultimate)等。在这些版本中,旗舰版的功能最强,拥有 Windows 7 的所有功能,其他版本是在旗舰版基础上对功能和组件做的精简。除了简易版之外,所有版本都支持 32 位或 64 位的计算机。64 位计算机处理数据的速度更快,对内存寻址的能力更强。32 位计算机最多可使用 4GB 内存,而后三个版本在 64 位计算机上最多可使用 128GB 的内存,同时还可支持多个 CPU。

Windows 7 继承融合了 Windows XP 的易用性和 Vista 的安全性,更注重于系统的性能,使系统响应更为迅速,对 XP 时代的显得脆弱的易遭病毒、木马软件、钓鱼软件等侵袭的问题进行了严格设计和改进。与 Vista 相比,提高了对应用程序和设备的兼容性,使用户可以很快从 XP 转入到 Windows 7 系统中来。个性化的界面和更安全的用户隐私保护策略，使用户的个人体验和数据安全性得到极大的提升和保护。许多易用的设计使日常生活工作更为方便。Windows 7 不但使用更加成熟的技术，而且外观设计也焕然一新，半透明风格的窗口、三维堆叠视图窗口、活动任务栏缩略图等，给用户以良好的视觉享受和直观体验。另外，Windows 7 系统大大增强了多媒体性能，对 Internet 的支持也更加全面，使用户可以方便地通过系统在互联网上遨游。Windows 7 在其他各方面也都进行了很大的改进，是一款非常成功的图形化操作系统。

2. Windows 7 的安装

首先来看看 Windows 7 的安装。安装 Windows 7 对计算机的基本要求如表 5-1 所示。

表 5-1 Windows 7 对硬件配置的基本要求

设 备	基 本 要 求
处理器	1GHz
内存	1GB(32 位)或 2GB(64 位)
显卡	128MB 显存，支持 DirectX 9
硬盘	16GB(32 位)或 20GB(64 位)
显示器	1024×768 以上的分辨率

Windows 7 支持光盘安装、硬盘安装和 USB 存储器的安装等，使用 USB 存储器安装的前提是计算机支持 USB 设备启动。如果使用非光盘方式安装，需要先用虚拟光驱软件或其他解压软件把下载到的 ISO 光盘映像文件解压到硬盘或 USB 存储器上。如果计算机上已有操作系统，可以选择执行升级安装或自定义安装两种安装方式。如果选择升级安装，则在安装的过程中用户设置和应用程序设置会被保留。如果选择自定义安装，则需要用户指定一个磁盘来进行全新安装，全新安装会覆盖原磁盘上的操作系统，原系统中的用户和应用程序设置都将丢失。不过全新安装也可以避免原系统中的病毒、木马等遗留问题，安装一个纯净的系统。

安装时，运行 setup.exe 文件或用光盘自动引导，进入安装界面，选择"现在安装"，然后按照提示一步步安装即可。需要提醒的是，安装过程中计算机可能需要重启。

5.2.2 文件管理

1. 文件和文件夹

计算机系统使用文件名和扩展名来对文件进行标识。在 Windows 7 中，文件名可以是 255 个字符以内的一个字符串。一般每个文件名应该准确描述文件的内容，以便让用户通过文件名了解文件中组织的信息。扩展名可以是 1~4 个合法的字符，如 c、exe、html 等。扩展名用来标明该文件的类型，它位于文件名的后面，和文件名之间用"."隔开，所以也称为后缀名。Windows 7 中常见的文件扩展名如下。

EXE　　可执行文件　　　MPG　　MPG 格式压缩的视频文件
SYS　　系统文件　　　　WMA　　WMA 格式压缩的音频文件

HTM(L)	网页文件	MP3	MP3 格式压缩的音频文件
ZIP	ZIP 格式压缩文件	PDF	Adobe Acrobat 电子书文件
BMP	位图文件	SWF	Flash 动画文件
TXT	文本文件	C	C 语言源程序文件
DOC	Word 文档文件	LIB	动态链接库文件
PPT	演示文稿文件	JAVA	Java 语言源程序文件
XLS	电子表格文件	MDF	SQL Server 数据库文件

Windows 7 系统为了让用户更方便地使用和区分各种类型的文件，为每个文件都分配了一个图标。同种类型的文件图标相同，不同的扩展名的文件可以很方便地通过不同的图标区分开来。

2．文件和文件夹的基本操作

1）文件和文件夹的新建、打开和重命名

新建文件的方法有很多种。一种是在应用程序中新建，例如在 Word 程序中，新建一个文档并保存到相应的文件夹中；另一种是直接在文件夹下新建；还有些程序直接打开后就会已经有一个默认文件名的文件建好了。第二种新建文件的过程和新建文件夹类似，只不过在菜单的"新建"子菜单中，选择所需的文件类型即可。

Windows 7 为所能识别的文件类型，都关联了一个默认打开方式的应用程序。一般说来，要打开文件，只需用鼠标双击该文件图标，系统会自动启动关联该文件的应用程序并在应用程序中打开它。对于系统未识别的文件类型，系统使用如图 5-7 所示的图标。双击该图标后，系统会弹出"打开方式"对话框让用户选择打开此文件的程序。或者用鼠标右击图标，在弹出的快捷菜单中选择"打开方式"命令，也可以弹出"打开方式"对话框，如图 5-8 所示。用户可以在列表框中选择合适的程序来打开该文件。

图 5-7　系统未识别的文件类型图标

图 5-8　"打开方式"对话框

对于已经建好的文件和文件夹，可以对它进行重命名。要重命名文件或文件夹，只需用鼠标单击该文件和文件夹，选中该文件或文件夹，选中后的文件或文件夹图标高亮显示，然后选择"文件"|"重命名"命令，或用鼠标右键在该文件或文件夹上单击，在弹出的快捷菜单中选择"重命名"命令。或用鼠标在名称文本框上单击两次（注意是两次单击，不是双击，两次单击中间应稍有停顿）。待文件或文件夹的名称文本框处于编辑状态，输入新的名称，按回车键或用鼠标在其他地方单击即可。

2) 选中文件和文件夹

在资源管理器中要选定单个文件或文件夹，只需用鼠标在图标上单击即可。如果要选择多个文件和文件夹，可以和键盘按键结合起来。

要选择多个连续的文件或文件夹，可以先单击第一个文件或文件夹，然后按住 Shift 键，再用鼠标单击最后一个文件或文件夹，这样，两次选定的文件或文件夹之间的所有内容就会都被选中。

要选择多个不连续的文件或文件夹，可以按住 Ctrl 键，然后单击要选中的所有文件或文件夹，选择完毕放开 Ctrl 键即可。如图 5-9 为选中多个文件夹的例子。

如果是要对当前文件夹下的内容全部选定，可以按 Ctrl+A 组合键；或者在工具栏中选择"组织"菜单下的"全选"命令；或者在菜单栏中选择"编辑"|"全部选定"命令。

"编辑"菜单中的"反向选定"命令，可以把当前已选内容之外的所有内容选中（原选中内容不再选中）。

图 5-9 同时选中多个文件夹

3) 文件和文件夹的复制、移动、删除

在实际使用中，往往会需要对文件或文件夹进行重新组织，或需要一个文件、文件夹的多个副本，这就需要对现有的文件或文件夹进行复制、移动等操作。复制或移动文件、文件夹有两种方法，一种是用鼠标拖动来操作，一种是通过剪贴板操作。

用鼠标拖动操作非常方便，首先用鼠标选中要操作的文件或文件夹，然后按住鼠标左键，把文件或文件夹拖动到目标位置，松开鼠标左键即可。用鼠标拖动操作时，往往和键盘的按键结合起来使用。在同一磁盘上用鼠标拖动操作时，执行的是移动操作，即原位置处的文件或文件夹将不再存在。如果在拖动的同时按住 Ctrl 键，则执行的将会是复制操作。在不同磁盘上用鼠标拖动时，执行的是复制操作。如果在拖动时按住 Shift 键，则执行的将会是移动操作。

通过剪贴板操作时，可按以下步骤进行。

(1) 用鼠标在要操作的文件或文件夹上右击，如果是要进行复制操作，则在弹出的快捷菜单中选择"复制"（或者用快捷键 Ctrl+C），如果是要进行移动操作，则在弹出的快捷菜单中选择"剪切"（或者用快捷键 Ctrl+X）。

(2) 打开目标位置的磁盘或文件夹窗口，在空白处右击，在弹出的快捷菜单中选择"粘贴"（或者用快捷键 Ctrl+V）命令，文件或文件夹即出现在目标窗口中。

要删除文件或文件夹非常简单。只要选中要操作的文件或文件夹，然后在窗口菜单栏中选择"编辑"|"删除"命令，或者用鼠标右击文件或文件夹，在弹出的快捷菜单中选择"删除"命令，或者在键盘上按下 Delete 键，都可以将文件或文件夹删除。

要注意的是，上述方法的删除并不是真正从计算机上删除，而是被放到了"回收站"中，如果想要彻底从计算机上删除，可以在"回收站"中再清除该文件或文件夹。

如果用户觉得这样太麻烦，也可以不经过"回收站"，直接删除，方法是在进行删除操作的同时，按住 Shift 键。这样文件或文件夹即可直接从计算机上删除。

4）设置文件和文件夹属性

Windows 7 为每个文件或文件夹都设有属性。这个属性一般有两种：只读、隐藏。每个文件或文件夹可以不设置属性，也可以设置这三种属性的任意组合。

（1）只读：具有只读属性的文件，其内容不能随意修改。另外，不论对文件还是文件夹，在删除或重命名的时候，会有特殊的提示。所以具有只读属性的文件一般不容易误操作。

（2）隐藏：具有隐藏属性的文件或文件夹，在常规显示的时候可以隐藏起来，除非知道文件或文件夹名，否则不能看到和使用它们。很多重要的系统文件都具有隐藏属性，防止用户无意中修改。

若要查看或设置文件、文件夹的属性，可以用鼠标右键单击文件或文件夹，在弹出的快捷菜单中选择"属性"命令。系统弹出属性对话框，如图 5-10 所示，显示出文件或文件夹的属性。可以根据需要在此对话框中对属性进行设置或更改。

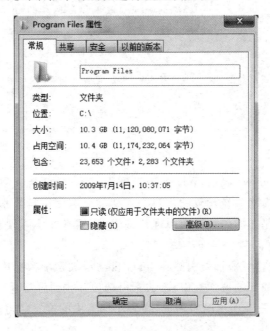

图 5-10　文件夹属性对话框

5）搜索文件和文件夹

一台计算机中的文件可能成千上万，它们都是以树形目录被组织在一起的。如果事先不知道一个文件或文件夹的路径，想要靠人力在一台计算机中找到它，会相当困难。基于此，Windows 7 提供了文件和文件夹搜索功能。

前面已经提到，资源管理器的右上角就是搜索框。用户要搜索文件或文件夹时直接在搜索框中输入文本，系统会在当前目录下搜索所有与输入文本相关的文件和文件夹，并以黄色高亮显示出来。例如，图 5-11 是在 Windows 目录下在搜索框中搜索 log 得到的搜索结果。在搜索时也可以用空格将两个关键词隔开，例如输入 windows txt，则系统会把文件名称中含有 windows 和 txt 的内容都显示出来。如果基于属性搜索文件，可以在输入文本前先单击搜索框，则搜索框下方会弹出搜索筛选器，让用户根据"修改日期""大小"等条件限制搜索范围。

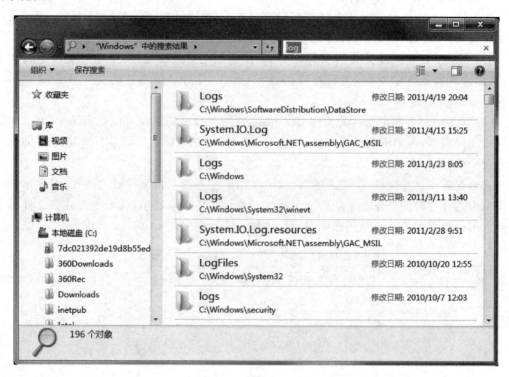

图 5-11　搜索结果显示

相比于以前的 Windows 版本，Windows 7 增强了搜索的功能，为搜索增加了索引机制。默认情况下，Windows 7 对系统预置的用户个人文件夹和库进行了索引。在有索引的位置进行搜索时，实际上只是在索引数据库中进行搜索，而不是在实际硬盘位置上搜索，这可以大幅度提高搜索的速度。

如果用户要为其他位置添加索引路径，可以自己添加索引数据库来提高搜索效率。打开"开始"菜单，在菜单底部的搜索框中输入"索引选项"，找到后打开，如图 5-12 所示。单击"修改"按钮，弹出如图 5-13 所示的对话框，在要添加索引的位置前勾选相应目录，就可以为新位置创建索引了。

6）设置文件夹选项

Windows 7 系统中的文件夹显示、浏览方式等方面的属性，都是可以设置的。设置这些属性是在"文件夹选项"对话框中。

要打开"文件夹选项"对话框，可以有三种方法，可以通过控制面板来打开，也可以通过资源管理器打开，还可以通过菜单打开。

通过控制面板打开的方法如下。

(1) 在"开始"菜单中选择"控制面板"命令，打开控制面板。

图 5-12 "索引选项"对话框

图 5-13 修改索引位置

(2) 在控制面板的"外观和个性化"类别中选择"文件夹选项"图标，双击打开。

通过资源管理器打开的方法如下。

(1) 在资源管理器窗口中，按 Alt 键，显示菜单项。

(2) 在"工具"菜单下选择"文件夹选项"菜单。

或者，打开资源管理器窗口，在工具栏中选择"组织"|"文件夹和搜索选项"命令，即可打开"文件夹选项"对话框。

打开的"文件夹选项"对话框如图 5-14 所示。该对话框中有三个选项卡，分别是"常规""查看"和"搜索"。

"文件夹选项"对话框的"查看"选项卡用来设置和显示有关的一些属性，如图 5-15 所示。在"高级设置"列表框中，可以设置多种文件夹显示的属性，用户可以根据自己的需要进行设置。例如，"隐藏文件和文件夹"选项，"隐藏已知文件类型的扩展名"选项，"在地址栏显示完整的路径"选项。

第三个选项卡是"搜索"选项卡，在此可以对搜索方式、搜索内容是在文件名中还是在文件内容中，以及涉及索引时如何操作等进行设置，如图 5-16 所示。

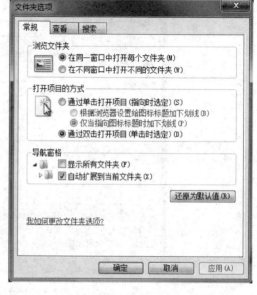

图 5-14 "文件夹选项"对话框的"常规"选项卡

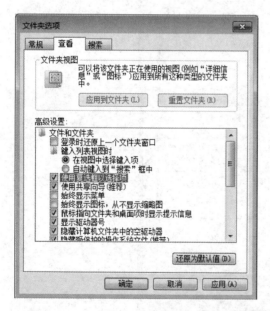

图 5-15 "文件夹选项"对话框的"查看"选项卡

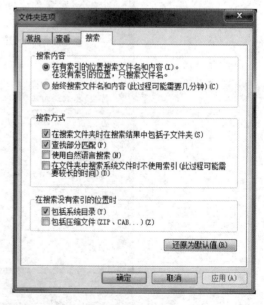

图 5-16 "文件夹选项"对话框的"搜索"选项卡

5.2.3 程序管理

Windows 7 系统是一个操作平台,在这个平台上可以运行许多的应用程序。每一个应用程序都有自己的功能和任务。掌握使用和管理这些应用程序,是学习 Windows 7 的基础。

1. 程序的安装和卸载

使用 Windows 7 的时候,经常会遇到需要安装或更新程序的情况。对于一些已经确定不再使用的程序,应该从系统中卸载。这样不但可以收回程序所占的磁盘空间,而且可以让系统运行更高效。Windows 7 中安装和卸载程序需要用户是管理员身份,如果以其他非管理员用户登录时会弹出对话框要求用户输入管理员密码。

1)安装新程序

安装新的程序时,一般是从 CD、DVD 等光盘中来安装,也可使用从网络上下载的安装程序安装。如果是从光盘安装,先把光盘插入到光驱中,一般情况下,将显示"自动播放"对话框,然后用户可以根据安装向导的提示来进行安装。如果程序没有自动开始安装,可以检查程序附带的信息。该信息可能会提供让用户手动安装该程序的说明。如果无法访问该信息,也可以浏览整张光盘,然后打开程序的安装文件。常见的程序安装文件名称如 setup.exe、install.exe 等。直接执行安装文件,然后根据安装向导的指示来进行安装。如果新程序是一个打包的压缩文件,则应该先解压到一个文件夹下,然后再执行安装文件进行安装。

2)打开或关闭 Windows 功能

Windows 7 中,Windows 功能是指 Microsoft 公司开发的和操作系统捆绑在一起的应用程序,如 IE、Windows Media Player、IIS(Internet 信息服务)等。用户可以根据自己的需要来打开或者关闭其中的某些程序。如果用户想要更改 Windows 功能,可以在"Windows 功能"对话框中选择相应的 Windows 功能,在其前的复选框中选中或取消选中就可以了,如图 5-17 所示。

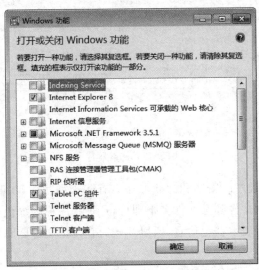

图 5-17 "Windows 功能"对话框

3）卸载程序

卸载程序和删除程序文件是不一样的。一个程序安装成功后，不仅在程序的文件夹中复制了很多文件，而且会在 Windows 系统的注册表中添加很多信息。这些注册表信息相当于为程序在系统中进行了登记一样。如果要对程序进行卸载，那么系统不仅把程序文件从计算机中删除，还要把系统注册表中的信息清除掉。如果是手工删除程序文件，那么系统注册表中的信息就会留存下来，成为注册表垃圾，影响系统的运行效率。因此建议在删除程序的时候，要按照正常的方式进行，不要只靠手工来删除程序文件。

卸载程序也有以下两种常见方法。

一种是在"开始"菜单中程序组里用卸载程序的快捷方式打开卸载程序。常见的卸载程序名称如 uninstall.exe 等。当然，也可以直接在程序文件夹下找到卸载程序，根据卸载程序提示卸载程序。

第二种是通过控制面板卸载程序。在"开始"菜单中选择"控制面板"命令，打开控制面板。然后在"程序"组中选择"卸载程序"，弹出如图 5-18 所示的窗口。在当前安装的程序列表框中，选择要删除的程序项。用鼠标右键在该项上单击，执行快捷菜单中的"卸载/更改"命令，打开卸载程序，根据提示进行卸载。

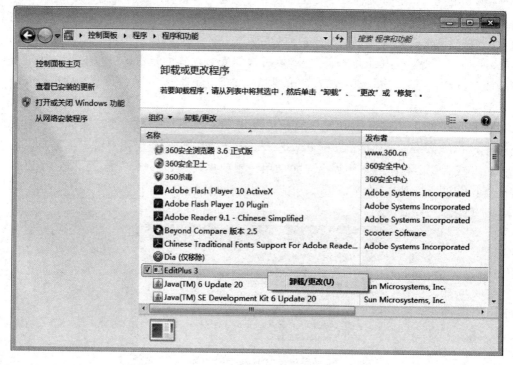

图 5-18 卸载程序

上面所述的是一般程序的安装和卸载方法。有些小型程序，本身不需要在注册表中登记信息，安装时只要复制文件到某文件夹下即可，这种程序称为绿色软件。它的卸载也很简便，因为没有在系统注册表中登记信息，所以卸载时直接把文件删除就可以了。

4）为程序创建快捷方式

通常用户在 Windows 7 的桌面上、"开始"菜单里或快捷启动任务栏中会看到一些图标,双击这些图标就会打开相应的应用程序或文件夹。这些图标被称为快捷方式。快捷方式是一些很小的文件,一般只有几 KB 大小。它本身不是应用程序,但是却包含应用程序所在位置等信息。它就像一个路标,当被打开时就会找到它所指向的应用程序的位置并启动该程序。

使用快捷方式,可以方便地访问分布于计算机中不同位置文件夹下的程序或文件。大部分程序在安装时都会在桌面或"开始"菜单中创建快捷方式。用户也可以自己为程序或文件、文件夹创建快捷方式。创建快捷方式的方法如下。

(1) 找到用创建快捷方式的程序或文件,用鼠标右键单击,在弹出的快捷菜单中选择"创建快捷方式"命令。系统会在当前文件夹中创建一个快捷方式,把这个快捷方式复制或用鼠标拖放到桌面、"开始"菜单等需要的地方即可。

(2) 用鼠标右键在要创建快捷方式的程序或文件上单击,在弹出的快捷菜单中选择"发送到"|"桌面快捷方式"命令,则系统就会在桌面上创建一个指向该程序或文件的快捷方式。

可以像对普通文件一样对快捷方式进行复制、移动、删除等操作。在做这些操作时,只是对快捷方式进行的,不会影响到它所指向的程序或文件。

如果要查看一个快捷方式是指向哪个程序的,可以用鼠标右键在该快捷方式上单击,在弹出的快捷菜单中选择"属性"命令,则弹出该快捷方式的"属性"对话框,选择对话框的"快捷方式"选项卡,如图 5-19 所示。用户可以查看和设置快捷方式的名称、目标和快捷键等信息。

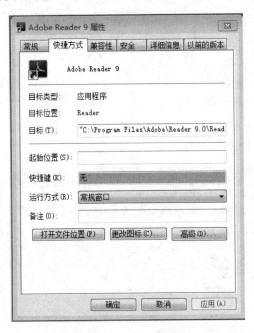

图 5-19　快捷方式属性

2. 任务管理器

任务管理器是一个非常实用的管理工具,可以查看当前运行的应用程序、进程、服务等信息,也可以查看 CPU 和内存的使用情况等信息,如果计算机是联网的,还可以查看网络状态。

要调出任务管理器,有两种方法:一种是按 Ctrl+Alt+Delete 键,然后选择"启动任务管理器"命令；另一种方法是用鼠标在任务栏的空白处右键单击，在弹出的快捷菜单中选择"启动任务管理器"。

Windows 7 的任务管理器窗口如图 5-20 所示。从图中可以看出，任务管理器一共有 6 个选项卡，分别是应用程序、进程、服务、性能、联网和用户。每一个选项卡对应任务管理器管理功能的一个方面。

图 5-20　任务管理器

"应用程序"选项卡，如图 5-20 所示。在"任务"列表框中显示当前正在运行的所有应用程序。单击"结束任务"按钮可强行结束一个应用程序。

"进程"选项卡显示当前用户运行的所有进程信息，如图 5-21 所示。单击"结束进程"按钮可以结束当前选中的进程。

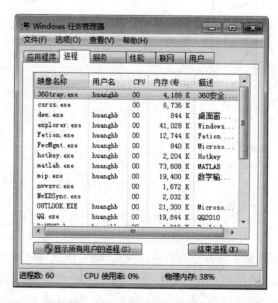

图 5-21　任务管理器显示的进程信息

"服务"选项卡显示系统当前各个服务程序的状态。Windows 的服务是一种在系统后台运行的程序,可以通过本地或网络为用户提供某些特定功能。例如,即插即用服务、远程登录服务、自动更新服务等。Windows 服务是系统级的程序,一般来说,除非用户非常了解,不建议随意修改服务运行的状态,因为这可能导致系统的某些功能无法使用。Windows 7 把服务信息在任务管理器中显示出来,让用户可以更方便地查看系统服务的运行状态。任何一个服务都有"已启动""未启动"两种状态。在任务管理器的"服务"选项卡中,用户可以在服务项上右击,然后在弹出的快捷菜单中选择"启动服务"或"停止服务"命令来启动和关闭服务。

图 5-22 任务管理器显示的服务信息

在如图 5-22 所示的对话框下部的"服务"按钮上单击,系统会弹出 Windows"服务"窗口,如图 5-23 所示,在此列出 Windows 的所有服务。用户可以对服务进行启动、停止、重新启动等操作。每一个服务都有自动、手动和禁用三种启动类型。自动是指在计算机启动的时候自动启动服务,手动是指在需要的时候手工调用激活,禁用是指系统中该服务不可用,在更改启动方式前该服务不允许启动。可以在如图 5-23 所示"服务"窗口中选择服务项,用鼠标右键单击,在弹出的快捷菜单中选择"属性"命令,调出服务属性的对话框来查看服务的属性和状态,并可以更改服务的启动类型。

3. 使用 DOS 程序

Windows 系统是从 DOS 发展来的。虽然现在 DOS 程序很少遇到,但是由于它的安全稳定性好,有时也会使用。Windows 7 为了提供兼容性,附带了一个"命令提示符"程序,以模拟 DOS 系统。

要打开"命令提示符"窗口,可以在"开始"菜单中选择"所有程序"|"附件"|"命令提示符",即可启动 DOS 界面,如图 5-24 所示。

在"命令提示符"窗口中可以输入 DOS 命令来执行,如 dir、cd 等。如果要运行 DOS 程序,输入路径和文件名即可。要退出"命令提示符",可以单击"关闭"按钮,或者在命令窗口

图 5-23　Windows 服务

中输入 exit 命令。

在"命令提示符"窗口中用鼠标右击,在弹出的快捷菜单中有"复制""全选""粘贴""查找"等命令,用户可以据此进行编辑等操作。

如果要设置"命令提示符"的属性,如窗口大小、字体、显示颜色等,可以调出属性对话框。单击"控制"按钮,或在标题栏上右击,在弹出的快捷菜单中选择"属性"命令,就会弹出"'命令提示符'属性"对话框,如图 5-25 所示。用户可以在此对话框中对属性进行设置。

图 5-24　"命令提示符"窗口

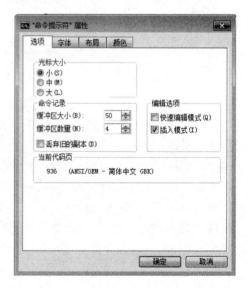

图 5-25　设置"命令提示符"的属性

5.2.4　磁盘管理

计算机硬盘上存储了用户使用的程序或创建的数据文件,长时间使用后,硬盘空间会渐渐变满,而且出现很多称为磁盘碎片的零碎空间,影响硬盘的使用,这就需要对磁盘进行管理。

磁盘管理是指对计算机中的硬盘进行管理的操作，包括查看磁盘信息、磁盘分区和调整、格式化磁盘、清理磁盘垃圾、磁盘碎片整理等。善用磁盘管理可以使系统运行更为高效快速，提升系统性能，达到更好的使用效果。

1．查看磁盘信息

最基本的磁盘操作是查看磁盘信息，包括磁盘类型、容量、文件系统、卷标等。有两种方式可以查看磁盘信息，一种是通过管理控制台，一种是通过资源管理器。后者操作简单，前者则可以查看到更详细的信息。

使用管理控制台查看磁盘信息，可按如下步骤操作。

（1）打开"控制面板"，选择"管理工具"|"计算机管理"命令，打开"计算机管理"窗口，另一种打开"计算机管理"窗口的方式是在"开始"菜单等处找到"计算机"，右击，在弹出的快捷菜单中选择"管理"命令，也可打开"计算机管理"窗口。

（2）在窗口的左侧窗格内打开"存储"|"磁盘管理"，如图 5-26 所示。在右边窗格的上方列出所有磁盘的基本信息，包括类型、文件系统、状态、容量、占用率等信息。在窗格的下方按照磁盘的物理位置显示简略的示意图，并以不同的颜色表示不同类型的磁盘。

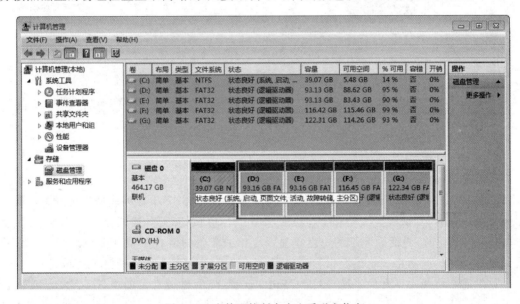

图 5-26　在管理控制台中查看磁盘信息

使用"资源管理器"查看磁盘信息比较简便：打开"资源管理器"，右击要查看信息的磁盘，在弹出的快捷菜单中选择"属性"命令，弹出如图 5-27 所示的对话框。在"常规"选项卡中可以查看磁盘的卷标、类型、文件系统、容量、容量的已用和可用大小等信息，并以一个饼形图来形象地显示磁盘已用和可用的比率。在对话框上部的文本框中，可以输入或更改磁盘的卷标。

2．磁盘格式化

格式化是指把磁盘初始化为系统能够存取的记录格式，标注磁盘上有缺陷的扇区，把磁盘的磁道和扇区等信息写入文件分配表。磁盘在使用之前应该进行格式化,否则系统将不能使用此磁盘。磁盘在使用起来后一般较少格式化,大多都是在新安装系统时进行。磁盘格式化时磁盘原来的数据将会丢失,因此操作时要谨慎。

进行磁盘格式化时,操作方法如下。

(1) 在"资源管理器"中,用鼠标右击要格式化的磁盘,在弹出的快捷菜单中选择"格式化"命令,弹出如图 5-28 所示的对话框。

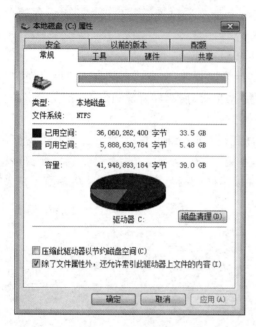 

图 5-27　磁盘属性　　　　　　　　　　图 5-28　磁盘格式化

(2) 在"容量"下拉列表框中选择合适的容量;在"文件系统"下拉列表框中可以选择 NTFS、FAT32 或 FAT 等文件系统的格式;在"分配单元大小"下拉列表框中选择磁盘最小单元大小,可选用默认配置大小;输入卷标,单击"开始"按钮,开始格式化。

(3) 格式化时,对话框底部的进度条显示了格式化的过程。格式化完成时,弹出"格式化结果"对话框,显示格式化摘要报告。单击"关闭"按钮关闭对话框,格式化完成。

这里需要解释一下文件系统。目前 Windows 系统中比较常见的文件系统有 FAT(也称 FAT16)、FAT32、NTFS 等三种。FAT 以文件分配表的方式管理磁盘并因此而得名,是早期 Windows 版本支持的文件系统,随着硬盘或分区容量的增大,这种格式管理磁盘效率下降,因此在 Windows 7 中已经不再支持。FAT32 格式是 FAT16 的增强版本,最大可支持到 2TB(2048GB)的分区,FAT32 使用的簇比 FAT16 小,从而可以有效地节约硬盘空间。NTFS 格式是 Windows NT 内核的系列操作系统支持的文件系统。这种格式的安全性和稳定性更好,具有权限访问管理、文件加密等管理安全特性,还减少了产生磁盘碎片的可能,降低了磁盘空间的浪费,为用户提供更高层次的安全保证和更好的使用效率。

移动存储器的格式化与硬盘格式化类似。因为格式化会清除掉所有原有信息,可能造成数据的丢失,所以格式化前一定要确认磁盘上没有存储重要信息。

3. 磁盘清理

系统使用一段时间之后,有可能存在各种各样无用的文件,如临时文件、回收站里的文件、长时间不用的压缩文件等,它们往往占据了部分磁盘空间。为释放更多的磁盘空间、提高计算机的性能,应该定期对磁盘进行清理。

Windows 7 附带有磁盘清理的工具,可以完成磁盘清理功能。要进行磁盘清理,可按以下步骤操作。

(1)在如图 5-27 所示的"磁盘属性"对话框中,单击"磁盘清理"按钮,启动磁盘清理程序。

(2)磁盘清理程序启动后,计算机会计算磁盘上有多少文件可以清理,并弹出如图 5-29 所示的对话框,在列表框中选择要删除的文件,单击"确定"按钮开始磁盘清理。

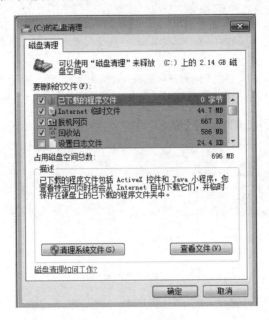

图 5-29　磁盘清理

4. 磁盘碎片整理

长期使用后的计算机,运行速度会渐渐变慢。这一方面是因为系统越来越庞大的原因,另一方面,磁盘中产生了一些碎片,也是影响系统运行速度的一个因素。

在介绍如何进行磁盘碎片整理之前,先来看一下磁盘碎片是如何产生的。理论上讲,磁盘里的文件都是按存储时间先后来排列的,这些文件之间应该是紧凑排列而没有空隙的。但是,用户往往会对文件进行修改、删除,或者程序的安装、卸载等操作,系统会给新文件分配新的空间。原文件所占用的不连续空间就会空着,并不会被自动填满,这些空着的磁盘空间,就被称为"磁盘碎片"。

磁盘中有太多碎片会降低磁盘的效率,还会增加数据丢失和数据损坏的可能性。因此有必要对磁盘的碎片进行整理。磁盘的碎片整理是指通过文件的移动,把磁盘中小的不连续的磁盘空间集中起来,形成连续的大的空间。

Windows 7 附带了磁盘碎片整理的程序。若要进行磁盘碎片整理,可按如下步骤进行。

(1) 在"开始"菜单中,执行"所有程序"|"附件"|"系统工具"|"磁盘碎片整理程序"命令,运行磁盘碎片整理程序。也可以在"资源管理器"中选择要进行整理的磁盘,用鼠标右击,在弹出的快捷菜单中选择"属性"命令,弹出磁盘属性对话框。在对话框的"工具"选项卡的"碎片整理"分组框中单击"开始整理"按钮,来启动磁盘碎片整理程序,如图 5-30 所示。

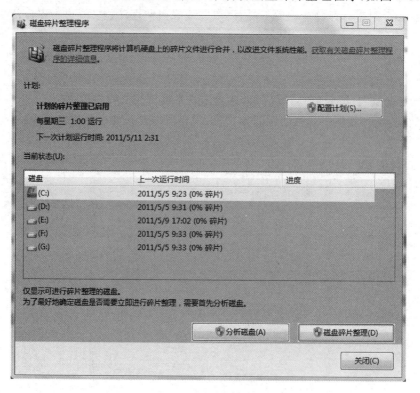

图 5-30　磁盘碎片整理程序

(2) 选择要进行操作的磁盘,单击"分析磁盘"按钮,启动磁盘分析。待分析任务完成之后,系统会给出一份包含卷信息和文件信息两方面的详细报告,依此可以判断该磁盘是否需要进行碎片整理。

(3) 若需要进行碎片整理,可单击"磁盘碎片整理"按钮。在进行碎片整理前,系统还会进行一次磁盘分析,然后再进行碎片的整理。系统会在窗口中用不同的颜色显示碎片和连续文件。碎片整理过程很慢,可能会需要几个小时。用户在系统进行碎片整理的时候,不应该再进行其他操作。磁盘碎片整理程序运行时的界面如图 5-31 所示。

(4) 磁盘碎片整理过程中可以看到文件分布的变化和进度。完成后,可以通过整理前后的磁盘文件分布示意图查看效果。

5.2.5　计算机管理

为了使计算机系统稳定高效地运行,需要对计算机资源进行合理的组织和有效的维护管理。Windows 7 提供了许多功能强大的计算机管理工具。使用这些工具,可以对计算机软硬件资源进行合理调配和管理,也可以及时解决系统运行中可能出现的问题。

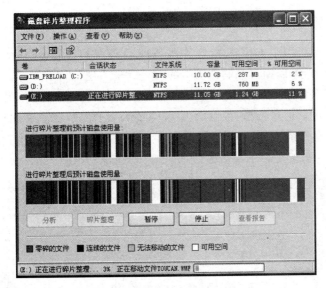

图 5-31 磁盘碎片整理运行界面

对计算机的管理,大多都可以通过控制面板来进行。控制面板是 Windows 7 的一个系统文件夹,里面包含许多计算机设置和管理的工具程序。使用这些程序,可以查看系统信息、管理硬件设备、设置系统参数和属性、安装新的程序和设备等。

在"开始"菜单中选择"控制面板"命令,可以打开控制面板。打开后的控制面板窗口如图 5-32 所示。下面对一些常用的管理设置程序进行介绍。

图 5-32 控制面板

1. 查看计算机基本信息

如果要了解计算机的基本信息，如计算机名、域和工作组设置、操作系统版本、处理器等主要硬件的信息摘要，可以通过控制面板中的"系统"来实现。

要打开"系统"窗口的方法很多。可以在"计算机"图标上右击，在弹出的快捷菜单中选择"属性"命令。也可以通过选择"控制面板"|"系统和安全"|"系统"来打开。弹出的窗口如图 5-33 所示，显示操作系统的版本、计算机型号、处理器型号和主频、内存的大小、计算机名和工作组、Windows 系统是否已激活等信息。

图 5-33　查看计算机的基本信息

2. 查看设备和打印机

如果用户希望查看连接到计算机的所有设备，或者添加设备（如添加打印机），或对未正常工作的设备进行故障排除时，可以打开"设备和打印机"。

打开"开始"菜单，选择"设备和打印机"命令，或者通过"控制面板"|"硬件和声音"|"查看设备和打印机"来打开，如图 5-34 所示。

"设备和打印机"中显示的设备通常是外部设备，一般可以通过端口或网络连接到计算机或从计算机断开。常见的设备有移动电话、音乐播放器和数码相机等便携设备，通过 USB 端口连接的所有设备，如 USB 硬盘、闪存、摄像机、键盘和鼠标等，还有连接到计算机的所有打印机，包括本地打印机或通过网络连接的打印机，也可能有一些其他的设备。

如果要添加新的设备和打印机，先把设备和打印机与计算机连接好，然后在"设备和打印机"窗口中的空白处右击，在弹出的快捷菜单中选择"添加设备"或者"添加打印机"命令，然后根据提示一步步安装就可以了。

图 5-34 设备和打印机

一、选择题

1. 在 Windows 7 中,在各种中文输入法之间切换的按键是_____。
   A. Shift+Ctrl   B. Ctrl+空格键   C. Alt+F4   D. Shift+空格键
2. 在 Windows 7 中,表示将打开一个对话框的菜单项标记为_____。
   A. 命令名后跟省略号(…)   B. 暗淡的或不可见的菜单
   C. 命令旁有三角形(▶)   D. 命令旁的组合键
3. 虚拟内存技术的理论基础是_____。
   A. 内存的页式管理   B. 指令格式的一致性
   C. 程序的局部性原理   D. 交换覆盖原理
4. 下列不属于操作系统功能的是_____。
   A. 资源管理   B. 数据库管理   C. 文件管理   D. 设备管理
5. 关于快捷方式,叙述正确的是_____。
   A. 创建了一个程序的快捷方式,就是复制了它的副本
   B. 删除快捷方式同时也删除了它所指向的程序
   C. 打开快捷方式就是打开了它所指向的程序
   D. 一个程序只能有一个快捷方式

6. 下列不属于 Windows 7 窗口标准元素的是_____。
   A. 图标　　　　　B. 标题栏　　　　　C. 菜单栏　　　　　D. 控制按钮
7. 下列不合法的文件扩展名是_____。
   A. c　　　　　　B. jc!　　　　　　C. html　　　　　　D. t*t
8. 下列说法正确的是_____。
   A. 设置了"只读"属性的文件就无法从计算机中删除
   B. 同一个文件,它的属性不能既是"只读"的,又是"隐藏"的
   C. 设置了"隐藏"属性的文件也可以在计算机中显示出来
   D. 具有"存档"属性的文件表明已经进行了该文件的备份
9. 用"m*.m??"在文件夹中进行搜索,可能搜到的文件是_____。
   A. music.wma　　B. mydoc.smc　　C. my.mv　　　　D. msoffice.msi
10. 关闭应用程序的快捷键是_____。
    A. Ctrl+Enter　　B. Alt+F4　　　C. Ctrl+Esc　　　D. Shift+Delete
11. Windows 7 中可以结束进程的工具程序是_____。
    A. 任务管理器　　B. 资源管理器　　C. 管理控制台　　D. 控制面板
12. 在"命令提示符"窗口下,输入_____命令可以退出该程序的运行。
    A. quit　　　　　B. back　　　　　C. exit　　　　　　D. close
13. 对任务栏进行了_____设置后,就无法再进行随意的拖动。
    A. 自动隐藏任务栏　　　　　　　　B. 总在最前端显示
    C. 锁定任务栏　　　　　　　　　　D. 显示快速启动

二、填空题

1. 计算机软件分为_____和_____两大类。
2. 在资源管理器窗口中,使用"查看"菜单可以按名称、_____、_____、修改时间排列右窗格的图标。
3. _____是程序的一次执行过程,是操作系统进行资源分配和调度的一个独立单位。
4. Windows 7 把本系统中的所有文件和文件夹组织成一个_____形目录结构。
5. 文件夹窗口的显示、浏览方式等属性,可以在_____对话框中进行设置。
6. 要在文件夹窗口中选择多个不连续的对象,可以在按住_____键的同时,用鼠标单击要选中的各个对象。
7. 安装新程序和卸载原有程序,都可以通过控制面板,打开_____来进行。
8. _____程序帮助用户通过删除磁盘中的临时或旧压缩文件等来释放磁盘空间。
9. 屏幕显示时水平和垂直方向上像素的点数,称为屏幕的_____。
10. Windows 7 安装完成后,默认的管理员账户是_____。

三、简答题

1. 请简述操作系统的主要功能。
2. 什么是进程?什么是线程?进程与线程有什么区别?

3. 如何设置虚拟内存？虚拟内存的作用是什么？
4. 操作系统的文件管理功能有哪些？
5. 目前广泛采用的是哪种目录结构？它有什么优点？
6. 什么是绝对路径？什么是相对路径？二者有什么区别？
7. 请列举常用的计算机外部设备。
8. 简述回收站的作用。

四、操作题

1. 在 C 盘下新建一个文件夹，命名为 MyPics；打开"画图"程序，新建一个图形文档，在其中绘制一幅图片，以"我的自绘图.bmp"为文件名，保存到刚才创建的 MyPics 文件夹下；把该图片文件复制一次，命名为"我的自绘图(2).bmp"，移动到 Windows 7 系统的"我的图片"文件夹下。

2. 练习如何设置计算机的屏幕保护程序，并更改屏幕保护程序的相关设置，观察效果。

3. 运行系统的磁盘碎片整理程序，通过磁盘碎片分析观察磁盘中的碎片情况，尝试进行磁盘的碎片整理。

4. 打开"命令提示符"程序，练习 dir、copy、rename、cd 等 DOS 命令的使用。

第6章 数据处理与数据管理

在高度信息化的社会中,信息和数据已经成为人们生活、工作和学习的必需品,而且随着需要处理的各类数据越来越多,能够有效地处理数据、管理数据已成为每个现代人必须掌握的技能。本章首先阐述了数据处理和数据管理的基本概念,然后介绍了几种常用的数据处理软件,最后通过案例讲述了运用数据库技术管理数据的方法。

6.1 数据与数据处理

1. 数据与信息

数据是对事实、概念或指令的一种表达形式,包括数字、文字、符号、图形、图像等形式,可由人工或自动化装置进行处理。数据经过解释并赋予一定的意义之后,便成为信息。

数据和信息之间是相互联系的。数据是反映客观事物属性的记录,是信息的具体表现形式。数据经过加工处理之后,就成为信息;而信息需要经过数字化后转变成编码数据才能被计算机存储、处理和传输。信息和数据的关系可用图6-1表示。

图 6-1 从数据到信息

2. 数据处理

(1) 定义

数据处理是指从大量的、可能是杂乱无章的、难以理解的数据中抽取并推导出对于某些特定的人们来说是有价值、有意义的信息的过程,即数据转换成信息的过程。主要对所输入的各种形式的数据进行加工整理,其过程包含对数据的收集、存储、加工、分类、归并、计算、排序、转换、检索和传播的演变与推导全过程。

数据处理贯穿于社会生产和社会生活的各个领域。数据处理技术的发展及其应用的广度和深度,极大地影响着人类社会发展的进程。

(2) 数据处理对象

数据处理的对象包括数值的和非数值的数据。随着计算机的日益普及,在计算机应用领域中,数值计算所占比重很小,通过计算机数据处理进行信息管理已成为主要的应用,如测绘制图管理、仓库管理、财会管理、交通运输管理、地理信息管理、技术情报管理、办公室自动化等。

数据处理技术是指用计算机收集、记录数据,经加工产生新的信息形式的技术。计算机中的数据指数字、符号、字母和各种文字的集合。

(3) 数据处理系统

数据处理系统(Data Processing System)是指运用计算机处理信息而构成的系统。通过数据处理系统对数据信息进行加工、整理,计算得到各种分析指标,将其转变为易于被人们接受的信息形式,并将处理后的信息有序存储起来,随时通过外部设备输出给信息使用者。

(4) 数据处理的流程

数据处理的流程包括 5 个阶段:数据准备、数据建模、数据处理、数据分析、数据输出。

① 数据准备

数据采集:是指从传感器和其他待测设备等模拟和数字被测单元中自动采集信息的过程。

数据采集系统是数据采集结合基于计算机的测量软硬件产品来实现灵活的、用户自定义的测量系统。

② 数据建模

数据建模指的是对现实世界各类数据的抽象组织,确定数据库需管辖的范围、数据的组织形式等直至转化成现实的数据库。数据建模大致分为三个阶段:概念建模、逻辑建模和物理建模。

在概念建模阶段,经过系统分析后抽象出来的概念模型用"实体-联系图"来表示(详见 6.4.1 中的 E-R 图)。E-R 图可以使用 Visio 或 ERWin 等建模工具绘制。

逻辑建模阶段,将概念模型转化为逻辑模型。逻辑模型在实际的数据处理软件上实现后,就得到了面向某个系统平台的物理模型。

③ 数据处理

计算机数据处理是用计算机收集、记录数据,经加工产生新的信息形式的技术。

主要包括 8 个方面:

数据录入:录入所需的信息。

数据转换:把信息转换成机器能够接收的形式。

数据分组:指定编码,按有关信息进行有效的分组。

数据组织:整理数据或用某些方法安排数据,以便进行处理。

数据计算:进行各种算术和逻辑运算,以便得到进一步的信息。

数据存储:将原始数据或计算的结果保存起来,供以后使用。

数据检索:按用户的要求找出有用的信息。

数据排序:把数据按一定要求排成次序。

④ 数据分析

数据分析是指用适当的统计分析方法对收集来的大量数据进行分析,提取有用信息和形成结论而对数据加以详细研究和概括总结的过程。这一过程也是质量管理体系的支持过程。数据分析可帮助人们作出判断和预测,以便采取适当行动。

数据分析的数学基础在 20 世纪早期就已确立,但直到计算机的出现才使得实际操作成为可能,数据分析也得以迅速推广。数据分析是数学与计算机科学相结合的产物。数据分析的目的是最大化地开发数据的功能。

数据分析的广泛应用，为人们的生活带来便利，也为企业的产品销售赢得了高额利润。最著名、最经典的案例是沃尔玛超市经典营销案例——"啤酒与尿布"的故事。

"啤酒与尿布"的故事产生于 20 世纪 90 年代的美国沃尔玛超市中，沃尔玛的超市管理人员分析销售数据时发现了一个令人难以理解的现象：在某些特定的情况下，"啤酒"与"尿布"两件看上去毫无关系的商品会经常出现在同一个购物篮中，这种独特的销售现象引起了管理人员的注意。经过后续调查发现，这种现象出现在年轻的父亲身上。这是因为美国有婴儿的家庭中一般是年轻的父亲前去超市购买尿布。父亲在购买尿布的同时，往往会顺便为自己购买啤酒，这样就会出现啤酒与尿布这两件看上去不相干的商品经常会出现在同一个购物篮的现象。如果这个年轻的父亲在卖场只能买到两件商品之一，则他很有可能会放弃购物而到另一家商店，直到可以一次同时买到啤酒与尿布为止。沃尔玛发现了这一独特的现象，开始在卖场尝试将啤酒与尿布摆放在相同的区域，让年轻的父亲可以同时找到这两件商品，并很快地完成购物；而沃尔玛超市也可以让这些客户一次购买两件商品、而不是一件，从而获得了很好的商品销售收入，这就是"啤酒与尿布"故事的由来。

当然"啤酒与尿布"的故事必须具有技术方面的支持。1993 年美国学者 Agrawal 提出通过分析购物篮中的商品集合，从而找出商品之间关联关系的关联算法，并根据商品之间的关系，找出客户的购买行为。艾格拉沃从数学及计算机算法角度提出了商品关联关系的计算方法——Aprior 算法。沃尔玛从 20 世纪 90 年代尝试将 Aprior 算法引入到 POS 机数据分析中，并获得了成功，于是产生了"啤酒与尿布"的故事。

数据分析有极广泛的应用范围。典型的数据分析可能包含以下三个步骤。

a. 探索性数据分析：当数据刚取得时，可能杂乱无章，看不出规律，通过制作图表、用各种形式的方程拟合，计算某些特征量等手段探索规律性的可能形式，即往哪个方向和用何种方式去寻找和揭示隐含在数据中的规律性。

b. 模型选定分析：在探索性分析的基础上提出一类或几类可能的模型，然后通过进一步的分析从中挑选一定的模型。

c. 推断分析：通常使用数理统计方法对所定模型或估计的可靠程度和精确程度作出推断。

Excel 作为常用的分析工具，可以实现基本的分析工作，而在商业智能领域则采用 Cognos、Style Intelligence、Microstrategy、Brio、BO 和 Oracle 以及国内产品如 Yonghong Z-Suite BI 套件等工具。

常用的分析方法有列表法、作图法。

- 列表法。将实验数据按一定规律用列表方式表达出来，这是记录和处理实验数据最常用的方法。表格的设计要求对应关系清楚、简单明了、有利于发现相关量之间的物理关系；此外还要求在标题栏中注明物理量名称、符号、数量级和单位等；根据需要还可以列出除原始数据以外的计算栏目和统计栏目等。最后还要求写明表格名称、主要测量仪器的型号、量程和准确度等级、有关环境条件参数如温度、湿度等。
- 作图法。作图法可以最醒目地表达物理量间的变化关系。从图线上还可以简便求出实验需要的某些结果（如直线的斜率和截距值等），读出没有进行观测的对应点（内插法）或在一定条件下从图线的延伸部分读到测量范围以外的对应点（外推法）。此外，还可以把某些复杂的函数关系，通过一定的变换用直线图表示出来。

数据分析也有简单和复杂之分。简单数据分析只需进行简单数学运算和统计处理就可完成,而进行复杂的数据分析则需要较深的数学理论基础。简单数据分析知识是每个人都应该掌握的,而复杂数据分析知识是专业数据分析人员必备的。

⑤ 数据输出阶段

计算机对各类输入数据进行加工处理后,将结果以用户所要求的形式输出。

(5) 数据处理的结果呈现

一般情况下,数据分析的结果都是通过图、表的方式来呈现。俗话说:字不如表,表不如图,借助数据展现手段,能更直观地让数据分析师表述想要呈现的信息、观点和建议。常用的图表包括饼图、折线图、柱形图/条形图、散点图、雷达图等。

通常,还需要撰写数据分析报告,这是对整个数据分析成果的一个呈现。通过分析报告,把数据分析的目的、过程、结果及方案完整呈现出来,以为商业目的提供参考。

(6) 数据处理工具

数据处理的不同阶段,有不同的专业工具来对数据进行不同的处理。按照数据处理的不同层面,数据处理工具可分为数据存储工具、数据分析工具、数据报表工具和数据展示工具。

- 数据存储工具:用于存储数据。典型的软件有文字处理软件(如 Microsoft Word)、电子表格软件(如金山 WPS 表格,Microsoft Excel),数据库软件(Microsoft Access,MySQL,Microsoft SQL Server,Oracle,DB2 等)和数据仓库软件(例如 Hive,Microsoft SQL Server,Sybase IQ 等)。
- 数据分析工具:用于对数据进行挖掘、分析和展现等功能。常用的数据分析工具有 Excel、Clementine、SPSS、SAS、R 语言、MATLAB、Epidata 等。
- 数据报表工具:用于将客户输入的数据或数据库中的数据,以客户想要的报表方式展现出来。报表就是用表格、图表等格式来动态显示数据。常见的报表工具有易客报表、ActiveReports、Crystal Report 水晶报表和 Tableau 等。
- 数据展示工具:通常数据分析工具都可将数据分析结果以图表的形式展示出来。除此之外,PowerPoint、Excel 和数据库软件也可以创建逻辑清晰的分析框架、图文并茂的页面,能够让读者一目了然。

前面提到了多种数据处理软件,既有办公软件那样的通用软件,也有功能强大的专业数据处理软件,还有面向特定领域的数据处理软件。本章中只讲解常用的数据处理软件,其他软件的详细内容不在这里一一讲述,感兴趣的读者可上网查阅相关资料。

Excel、PPT、Word 合称为办公套件(即一组程序),它们可以完成日常大部分数据处理和管理工作,不管对个人还是企业而言都是很常用的,这些办公软件能提供真正有助于用户完成工作的功能。本章重点讲述办公套件中的各个数据处理软件,即文字处理软件、演示文稿制作软件、电子表格软件、MATLAB 和 Access 等。

3. 数据管理

数据管理是指数据的收集整理、组织、存储、维护、检索、传送等操作,它是数据处理过程中的基本环节,而且是所有数据处理过程中必有的共同部分。

数据处理中,通常计算比较简单,且数据处理业务中的加工计算因业务的不同而不同,需要根据业务的需要来编写应用程序加以解决。而数据管理则比较复杂，由于可利用的数据呈爆炸性增长，且数据的种类繁杂，从数据管理角度而言，不仅要使用数据，而且要有效地管理数据。因此通常需要通用的、使用方便且高效的管理软件，把数据有效地管理起来。而且，数据管理技术的优劣将对数据处理的效率产生直接影响。

日常使用较多的数据管理软件有电子表格软件、数据库软件。例如，电子表格软件Excel 和 WPS 表格，数据库软件有 Access、SQL Server、Oracle 等。

Excel 和 Access 有些功能很类似，但它们的用途、使用方式却有很大不同。Access 在处理大量数据方面比 Excel 具有更强的能力。但是使用 Access 数据处理，要比 Excel 复杂很多。

6.2 常用数据处理软件

6.2.1 常用办公软件

1. 文字处理

利用计算机处理文档，可以提高工作效率。目前，基于各种平台用于文档处理的软件种类繁多，例如金山 WPS 文字、Microsoft Word、Apple Pages、Google Docs、Open Office Writer 等。文字处理软件的典型界面如图 6-2 所示。

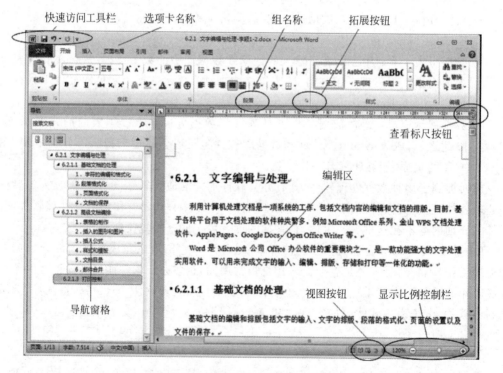

图 6-2 文字处理软件常见界面

文字处理软件能做什么？主要包括如下几点。

(1) 创建文档。

用户使用文字处理软件可以制作自己的内容，例如信件、报告、论文、课程作业等。

(2) 使用"查找和替换"操作，快速修改写作中的错误。

例如把文档中的多个"open"改为"Open"。

(3) 语法错误检查

自动检查用户输入的语法错误，还可以自动更正用户的输入错误。

(4) 用多种字体、艺术字、背景设置等美化文档的页面。

文档的"外观"取决于如下排版因素：页面布局、段落样式、字体。页面布局是指页面上各元素的实际位置，包括页面大小、页面边界、页眉页脚等。段落样式包括文本对齐方式、每行文本的间距。字体是指经过统一设置的一套字符。用户通过应用某种已定义的"样式"，就能应用包含字体和段落样式的多种特性。

(5) 插入表格

表格可以清晰地存放文字和数值内容，表格的外观可以修饰，表格的内容可以排序和计算。

(6) 插入图形、图片

在文档中插入图形、图片、文本框和艺术字，使文档页面生动，富有表现力。

(7) 文档的加密

用户可以保护自己的文档不被非法编辑，为文档设置多种权限。

(8) 文档打印

将编辑好的文档打印出来，供阅读、浏览、存档。文字处理软件具备打印预览、打印设置等功能。

2. 电子表格处理

生活中常常见到各种用二维表格组织的数据，例如产品价格表、商品销售表、学生成绩表等，如何用计算机处理这些表格数据呢？常用的电子表格软件有 Microsoft Excel、金山 WPS 表格、Apple Numbers、Google Docs Spreadsheets 等。电子表格软件的界面一般如图 6-3 所示。

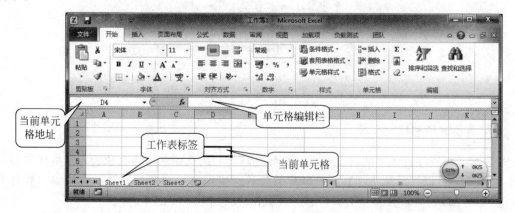

图 6-3 电子表格工作界面

电子表格软件中的三个基础概念：

工作簿：电子表格保存在一个称为工作簿（Book）文件中，每个工作簿又由若干张工作表（Sheet）组成。

工作表：它是完成一项工作的基本单位。每个工作表又由若干个单元格组成，单元格为工作表中的行列交叉点，它可以存放字符或数据，每个单元格的长度、宽度及存放数据的类型都可以不同。

单元格的地址：行用数字 1,2,3,…来编号，列则用 A,B,C,…字母组合来编号。每个单元格都用它所在的列号和行号来作为它所在的位置标识，称为单元格的地址，如 B5,F8 等等。

电子表格软件能为我们做什么呢？主要包括如下几点。

(1) 数据输入与编辑

用户可以在空白表格中输入数据，复制、移动、删除单元格的内容，修饰表格的外观。

(2) 公式与计算

如果某个单元格（例如 D2 单元格）的内容可通过对其他单元格所含的数据计算而得到，就在 D2 单元格中输入计算公式。公式中可以包含运算符、单元格地址和函数。公式在后台工作，当工作表中任何一个单元格的内容被改变时，所有的公式都会被重新计算。这种自动计算的功能保证了在工作表中输入当前信息后，每个单元格的内容仍是准确的。

(3) 数据处理和分析

对表格中的数据进行如筛选、排序、分类汇总等各种处理。

(4) 制作图表

将表格中的数据制作成各种类型的图表，如柱形图、饼图、直方图等，使表格化的数据变得更加形象。图 6-4 所示展示了一个 Excel 软件生成的数据图表。

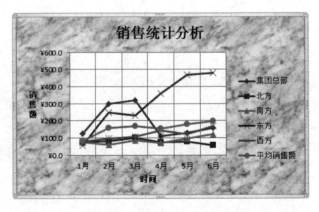

图 6-4　Excel 软件生成的数据图表

3．演示文稿制作

演示文稿软件提供了能将文本、图像、剪贴画、图片、动画和声音合成为一组电子幻灯片的工具，用户可以在计算机屏幕或投影幕上展示这些幻灯片。常见的演示文稿编辑软件有金山 WPS 演示、Microsoft PowerPoint、Google Docs Presentations 等。

演示文稿一般用于产品展示、教学课件及家庭生活（如制作个人影集）。演示文稿软件的下列特性能协助我们制作内容丰富、页面生动的演示文稿。

(1) 带项目符号的列表,用于清晰显示演示文稿的内容要点。

(2) 幻灯片中添加图形、图像、声音和视频,用于增强演示文稿的播放效果。

(3) 幻灯片间的过渡效果,用于吸引观众的注意力。

(4) 主题和模板,使普通用户可以制作具有专业效果的幻灯片。

(5) 备注,协助用户记住要讲的内容。

6.2.2 图形可视化与数据分析软件

1. MATLAB

MATLAB 是美国 MathWorks 公司出品的商业数学软件,用于算法开发、数据可视化、数据分析以及数值计算的高级技术计算语言和交互式环境,主要包括 MATLAB 和 Simulink 两大部分。

MATLAB 是 matrix&laboratory 两个词的组合,意为矩阵工厂(矩阵实验室)。是由美国 MathWorks 公司发布的主要面对科学计算、可视化以及交互式程序设计的高科技计算环境。它将数值分析、矩阵计算、科学数据可视化以及非线性动态系统的建模和仿真等诸多强大功能集成在一个易于使用的视窗环境中,为科学研究、工程设计以及必须进行有效数值计算的众多科学领域提供了一种全面的解决方案,并在很大程度上摆脱了传统非交互式程序设计语言(如 C、Fortran)的编辑模式,代表了当今国际科学计算软件的先进水平。

MATLAB 和 Mathematica、Maple 并称为三大数学软件。它在数学类科技应用软件中在数值计算方面首屈一指。MATLAB 可以进行矩阵运算、绘制函数和数据、实现算法、创建用户界面、连接其他编程语言的程序等,主要应用于工程计算、控制设计、信号处理与通讯、图像处理、信号检测、金融建模设计与分析等领域。

MATLAB 的基本数据单位是矩阵,它的指令表达式与数学、工程中常用的形式十分相似,故用 MATLAB 来解算问题要比用 C、FORTRAN 等语言完成相同的事情简捷得多,并且 MATLAB 也吸收了像 Maple 等软件的优点,使 MATLAB 成为一个强大的数学软件。在新的版本中也加入了对 C,FORTRAN,C++,JAVA 的支持。

2. SPSS

SPSS(Statistical Product and Service Solutions,统计产品与服务解决方案)软件,是 IBM 公司推出的一系列用于统计学分析运算、数据挖掘、预测分析和决策支持任务的软件产品及相关服务的总称。它是目前世界上流行的三大统计分析软件之一(SAS、SPSS 及 SYSTAT)。

SPSS 是世界上最早采用图形菜单驱动界面的统计软件,它最突出的特点就是操作界面极为友好,输出结果美观漂亮。它将几乎所有的功能都以统一、规范的界面展现出来,使用 Windows 的窗口方式展示各种管理和分析数据方法的功能,对话框展示出各种功能选项。用户只要掌握一定的 Windows 操作技能,精通统计分析原理,就可以使用该软件为特定的科研工作服务。SPSS 采用类似 Excel 表格的方式输入与管理数据,数据接口较为通用,能方便地从其他数据库中读入数据。其统计过程包括了常用的、较为成熟的统计过程,完全可以满足非统计专业人士的工作需要。输出结果十分美观,存储时则是专用的 SPO 格式,可以转存为 HTML 格式和文本格式。

SPSS 是一个组合式软件包,它集数据录入、整理、分析功能于一身。用户可以根据实际需要和计算机的功能选择模块,以降低对系统硬盘容量的要求,有利于该软件的推广应用。SPSS 的基本功能包括数据管理、统计分析、图表分析、输出管理等等。SPSS 统计分析过程包括描述性统计、均值比较、一般线性模型、相关分析、回归分析、对数线性模型、聚类分析、数据简化、生存分析、时间序列分析、多重响应等几大类,每类中又分多个统计过程,比如回归分析中又分线性回归分析、曲线估计、Logistic 回归、Probit 回归、加权估计、两阶段最小二乘法、非线性回归等多个统计过程,而且每个过程中又允许用户选择不同的方法及参数。SPSS 也有专门的绘图系统,可以根据数据绘制各种图形。

SPSS 的分析结果清晰、直观、易学易用,而且可以直接读取 EXCEL 及 DBF 数据文件,现已推广到多种操作系统的计算机上。在国际学术界有条不成文的规定,即在国际学术交流中,凡是用 SPSS 软件完成的计算和统计分析,可以不必说明算法,由此可见其影响之大和信誉之高。

SPSS 由于其操作简单,已经在我国的社会科学、自然科学的各个领域发挥了巨大作用。该软件还可以应用于经济学、数学、统计学、物流管理、生物学、心理学、地理学、医疗卫生、体育、农业、林业、商业等各个领域。

6.3 数据库管理基础

在当今的信息化社会,人们对信息和数据的利用和处理已进入自动化、网络化、社会化阶段,数据库技术起着越来越重要的作用,其应用已深入到社会生活的各个领域,例如从企业管理、经济预测、车票预订、成绩查询到电子商务等。

数据库技术是计算机科学技术的一个重要分支,是计算机数据处理与信息管理系统的核心。数据库技术研究和解决了计算机信息处理过程中大量数据有效地组织和存储的问题,在数据库系统中可减少数据存储冗余、实现数据共享、保障数据安全以及高效地检索数据和处理数据。数据库技术的根本目标是要解决数据的共享问题。

本节将主要介绍数据库的基本概念,并以关系型数据库管理系统 Access 2010 为例,介绍使用数据库管理系统组织数据、管理数据、查询数据的方法。

6.3.1 数据库基础知识

1. 数据库与数据库系统

数据库(Database,DB)是指长期存储在计算机中有组织、可共享、相互联系的数据集合。数据库中的数据按照一定的数据模型组织、描述和存储,具有较小的冗余、较高的数据独立性和易扩充性、较高的数据共享性。

数据库管理系统(Database Management System,DBMS)是一种操纵和管理数据库的软件,用于建立、使用和维护数据库。它对数据库进行统一的管理和控制,以保证数据库的安全性和完整性。用户通过 DBMS 访问数据库中的数据,数据库管理员也通过 DBMS 进行数据库的维护工作。

数据库管理系统的特点如下。

(1) 数据独立性好。处理数据时,用户不必关心数据的物理存储结构,只需要面对简单的逻辑结构。

(2) 数据结构化。在数据库中,数据是按照一定的数据模型组织的,以最大限度地减少数据冗余。

(3) 数据共享性高、冗余度低。

(4) 对数据进行统一管理,实现对数据的各项控制。

数据库系统(Database System,DBS)是指在计算机系统中引入数据库后的系统构成,一般由数据库、数据库管理系统(及其开发工具)、应用程序、数据库管理员(DBA)和用户组成。典型的数据库系统构成如图6-5所示。

对于较大规模的数据库系统来说,必须有人全面负责建立、维护和管理,承担这种任务的人员称为数据库管理员,其职责是负责管理数据库资源,收集和确定有关用户的需求,设计数据库,实现数据库,按需要修改和转换数据,为用户提供资料和培训方面的帮助等。

从图6-5中可知,应用程序并不直接操纵数据库,数据库是由数据库管理系统(DBMS)实际操纵的。应用程序不必考虑实际数据存在路径和存储结构等细节,只需面向DBMS提供的逻辑数据结构即可。这就实现了数据独立性,大大简化了应用程序的设计。

图 6-5　数据库系统构成

2. 数据库系统的三级模式

为避免潜在的敏感数据被未经授权的人访问,让不同用户访问数据库中的不同数据,数据库系统采用了"内模式/模式/子模式"三级模式技术,如图6-6所示。其中,模式是对数据库中全部数据的逻辑结构和特征的总体描述,是所有用户的公共数据视图(全局视图)。子

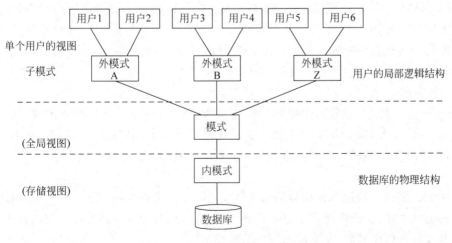

图 6-6　数据库系统的三级模式

模式(也称外模式)是某个或某几个用户所看到的数据库的数据视图,是与某一应用有关的数据的逻辑表示。子模式是从模式导出的一个子集,包含模式中允许特定用户使用的那部分数据。例如,一个学生选课系统中,学生选某门课程学习,结课时教师录入学生成绩。每个学生的信息除了学号、所选课程号、成绩之外,还有出生日期、籍贯、家庭住址等信息,在面向教师录入学生成绩的子模式中,教师不能访问学生的其他信息。

内模式是数据库系统中全体数据的内部表示,它描述了数据在存储介质上的存储方式和物理结构,对应着实际存储在外存储介质上的数据库。

数据库系统三级模式结构的优点如下。

- 保证了数据的独立性:将模式和内模式分开,保证了数据的物理独立性,将外模式和模式分开,保证了数据的逻辑独立性。
- 简化了用户接口:按照外模式编写应用程序或敲入命令,而不需要了解数据库内部的存储结构,方便用户使用系统。
- 有利于数据共享:在不同外模式下可有多个用户共享系统中数据,减少数据冗余。
- 利于数据的安全保密:在外模式下根据要求进行操作,不能对限定的数据操作,保证了其他数据的安全。

3. 常用的数据库管理系统

目前流行的 DBMS 软件一般都具有数据的管理和系统开发两大功能,流行的软件包括 Oracle、MySQL、Microsoft Access、DB2、Sybase、Informix、SQL Server 等。下面简单介绍几个具有代表性的数据库管理系统。

1) Oracle

Oracle Database 是 Oracle(甲骨文公司)的一款关系数据库管理系统。目前 Oracle 产品覆盖了大、中、小型机等几十种机型,Oracle 数据库成为世界上使用最广泛的关系数据库系统之一。

Oracle 主要的特点为:①兼容性:Oracle 产品采用标准 SQL,与其他 DBMS 的兼容性好。②可移植性:Oracle 的产品可运行于很宽范围的硬件与操作系统平台上。可以安装在 70 种以上不同的大、中、小型机上;③可联结性:Oracle 能与多种通信网络相连,支持各种协议(TCP/IP、DECnet、LU6.2 等)。④高生产率:Oracle 产品提供了多种开发工具,能极大地方便用户进行进一步的开发。⑤开放性:Oracle 良好的兼容性、可移植性、可连接性和高生产率使 Oracle RDBMS 具有良好的开放性。

2) MySQL

MySQL 是一款关系型数据库管理系统,它由 MySQL AB 公司开发、发布和支持。MySQL 简单易学,支持标准 SQL 语言,而且由于其软件系统体积小、速度快、总体拥有成本低,以及开放源码,一般中小型网站的开发都选择 MySQL 作为网站数据库。

3) MS SQL Server

MS SQL Server 数据库是由美国微软开发的数据库管理系统,是 Web 上最流行的用于存储数据的数据库,它已广泛用于电子商务、银行、保险、电力等与数据库有关的行业。易操作性及其友好的操作界面,深受广大用户的喜爱。

SQL Server 数据库的特点主要有:①真正的客户服务器体系结构;②图形化界面,更加直观、简单;③丰富的编程接口工具,为用户进行程序设计提供选择余地;④具有很好的伸缩性,可跨界运行。从膝上型电脑到大型处理器可多台使用;⑤支持 Web 技术,使用户能够容易地将数据库中的数据发布到 Web 上。

4)Access

Access 是 Microsoft 公司发布的一款桌面型数据库管理系统,它是 Microsoft Office 的组件之一,主要适用于小型办公数据的组织与管理。Access 界面友好,支持可视化操作。用户无须编写任何代码,只需通过直观界面的可视化操作就可以完成大部分数据管理任务。

4. 数据模型

每个 DBMS 都是基于某种数据模型设计的。数据模型是对现实世界数据特征的模拟和抽象。现实世界中客观存在并可相互区分的事物称为实体,相关实体之间存在着一定的联系。数据模型就是用某种结构表示实体及实体间的联系。常见的数据模型有层次模型、网状模型、关系模型和面向对象模型。数据库通常按照所支持的数据模型来分类,如有层次型数据库、网状型数据库、关系型数据库、面向对象型数据库等。

1)层次模型

用层次结构(即树型结构)表示实体以及实体间的联系的模型称为层次模型。它是由若干个基本层次联系组成的一棵倒放的树,树的每个节点代表一个记录型(实体集)。如图 6-7 所示的层次模型表示某学校系的组织结构。

层次模型有以下两个特点。

(1) 有且仅有一个节点无父节点,称为树的根节点。

(2) 其他节点有且仅有一个父节点。

这样,对于具有 $1:n$ 的联系,用层次模型表示非常直观,但层次模型无法直接表示 $m:n$ 的联系。对于 $m:n$ 的联系,必须设法转换成 $1:n$ 的联系才能表示。

2)网状模型

用网状结构表示实体及实体之间联系的模型称为网状模型。如图 6-8 所示的网状模型表示学校系的组织结构。

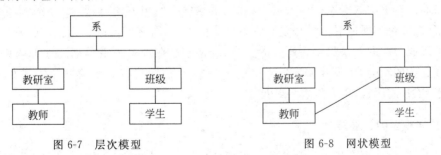

图 6-7 层次模型　　　　图 6-8 网状模型

在网状模型中,允许节点有多于一个的父节点,可以有一个以上的节点无父节点。

网状模型可以描述包括多对多在内的联系,但它对计算机的软、硬件环境要求较高,操作较复杂。

3)关系模型

用二维表格形式表示实体及实体间联系的模型称为关系模型。关系模型是一个二维表,每一列称为属性,每一行称为元组,行和列构成的二维表称为关系,即二维表中既存放着实体本身的数据,又存放着实体之间联系的数据。如图 6-9 所示是表示学生借阅图书情况的关系模型。

学生表

学号	姓名	性别	年龄
1	李英	女	18
2	王明	男	19

图书表

书号	书名	作者
001	C程序设计	高亮
002	高等数学	徐敏

图书借阅表

学号	书号	借书日期	还书日期
1	001	2005.3.4	2005.5.8
2	002	2005.4.21	2005.5.12

图 6-9 学生借阅图书的关系模型

关系模型具有以下三个特点。

(1) 数据结构简单。关系模型中实体及实体间的联系都用关系-表来表示,可以直接处理两实体之间的三种联系:一对一、一对多、多对多。

(2) 关系规范化。构成关系的基本规范要求关系中每个属性不可再分。

(3) 概念简单,操作方便。用户容易理解和掌握。对数据的操作得到的结果都是二维表,其数据操作属于集合操作,即操作对象和结果都是由元组构成。

4) 面向对象模型

随着计算机技术的迅速发展,数据库的应用领域不断扩大,对数据处理技术提出了新的要求。如在计算机辅助设计中的图形数据,多媒体应用中的图像、声音、文档等数据形式,为了能够处理这样的数据,就产生了面向对象数据模型。

面向对象模型中最基本的概念是对象和类。每一个对象都有唯一的标识符,把对象的数据和操作封装在一起,共享同一属性集合和方法集合的所有对象组合在一起构成一个类。类具有封装性、继承性、多态性。

面向对象是一种认识方法学,也是一种新的程序设计方法学。把面向对象的方法和数据库技术结合起来可以使数据库系统的分析、设计最大限度地与人们对客观世界的认识相一致。面向对象数据库系统是为了满足新的数据库应用需要而产生的新一代数据库系统。

虽然面向对象的数据库比层次、网状和关系数据库使用方便,但其模型复杂,系统实现的难度较大。目前,面向对象模型是正在发展中的模型,具有广阔的前途。对关系模型的面向对象扩展成为面向对象数据库研究的一个方向,它是在现有关系数据库中加入许多纯面向对象数据库的功能,如 Versant、UNISQL、O2 等,它们均具有关系数据库的基本功能,采用类似于 SQL 的语言,用户很容易掌握。

5. 数据模型的三要素

一般而言,数据模型是一组严格定义的概念的集合。这些概念精确地描述了系统的静态特征(数据结构)、动态特征(数据操作)和完整性约束条件,这就是数据模型的三要素。

(1) 数据结构

数据结构是所研究的对象类型的集合。这些对象是数据库的组成部分,数据结构指对象和对象间联系的表达和实现,是系统静态特征的描述,包括两个方面:

① 数据本身:类型、内容、性质。例如关系模型中的域、属性、关系等。

② 数据之间的联系：数据之间是如何相互联系的，例如关系模型中的主码、外码等联系。

（2）数据操作

对数据库中对象的实例允许执行的操作集合，主要指检索和更新（插入、删除、修改）两类操作。数据模型必须定义这些操作的确切含义、操作符号、操作规则（如优先级）以及实现操作的语言。数据操作是对系统动态特征的描述。

（3）完整性约束条件

数据完整性约束是一组完整性规则的集合，规定数据库状态及状态变化所应满足的条件，以保证数据的正确性、有效性和相容性。

6.3.2 关系数据库

1. 何谓关系数据库

关系数据库是指采用了关系数据模型来组织数据的数据库。关系模型是在 1970 年由 IBM 的研究员 Codd E. F. 博士首先提出，在之后的几十年中，关系模型的概念得到了充分的发展并逐渐成为数据库架构的主流模型。

简单来说，关系模型指的就是二维表格模型，而一个关系型数据库就是由二维表及其之间的联系组成的一个数据组织。

关系数据库分为两类：一类是桌面数据库，例如 Access、FoxPro 等；另一类是客户/服务器数据库，例如 SQL Server、Oracle 和 Sybase 等。一般而言，桌面数据库用于小型的、单机的应用程序，它不需要网络和服务器，实现起来比较方便，但它只提供数据的存取功能。客户/服务器数据库主要适用于大型的、多用户的数据库管理系统，应用程序包括两部分：一部分驻留在客户机上，用于向用户显示信息及实现与用户的交互；另一部分驻留在服务器中，主要用来实现对数据库的操作和对数据的计算处理。

2. 关系模型中的常用概念

（1）关系（Relation）：由若干数据项构成的一个二维表就是一个关系，每个关系有一个唯一的关系名。在 Access 2010 中，一个关系就是一个数据库文件的表。例如，学生借阅图书关系模型中有三个关系，在 Access 2010 中，学生借阅图书数据库有三个表：学生表、图书表、图书借阅表。

（2）元组（Tuple）：表中的行称为元组，也称为记录，一行是一个元组，对应 Access 2010 表中的一条记录。一个关系由若干元组构成。例如，学生表中的 | 1 | 李英 | 女 | 18 | 是一个元组，在 Access 2010 中，是学生表的一条记录。

（3）属性（Attribute）：表中的列称为属性，也称为字段，列标题就是属性名，也称为字段名。对应 Access 2010 表中的一个字段，例如学号、姓名、性别等。

（4）域（Domain）：属性的取值范围，是属性值的集合，其类型和范围由属性的性质及所表示的意义确定。同一属性只能在相同域中取值。例如，"姓名"字段的取值范围是限定个数的文字字符。

（5）主关键字（Primary Key）：也称为主键，一个表中只能有一个主关键字，用来唯一标识该表中存储的每条记录。这个主键可以是单个字段也可以是多个字段的组合。例如,在"图书表"中可以定义"图书编号"为主键,而不能定义"图书名称",因为可能出现重名的图书。

(6) 外部关键字(Foreign Key):也称为外键。一个表可以有一个或多个外键,外键的值对应于其他表的主键的值。主键与外键之间的对应关系体现了表与表之间的关系,使用表间关系可以综合查询相关表中的数据,可将外键理解为连接不同表的公共属性。

(7) 关系模式:表的结构称为关系模式,是对关系的描述。由表名和属性名构成。

关系模式的格式是:关系名(属性1,属性2,…,属性N)。

学生借阅图书关系模型中有三个关系模式:学生表(学号,姓名,性别,年龄);图书表(书号,书名,作者);图书借阅表(学号,书号,借书日期,还书日期)。

3. 关系数据库的数据完整性

数据的完整性是指数据的正确性和一致性。一个关系数据库中可以包含多个关系。一般来讲,关系模式是稳定的,但关系中的数据是经常变化的。如何保证数据库中的数据是正确的呢?数据库系统通过多种方式保证数据的完整性。

关系模型提供了丰富的完整性控制机制,允许定义四类完整性规则:实体完整性、参照完整性、域完整性和用户定义的完整性规则。

(1) 实体完整性规则(Entity Integrity)

实体完整性是保证表中每条记录都是可识别和唯一的。它要求表中的主键字段的数据不能为空,同时也不允许主键字段的数据相同。如学生表中的学号字段,输入数据时既不能是空值,也不能输入学号相同的学生的记录。

(2) 参照完整性(Referential Integrity)

参照完整性是描述实体之间的联系的。在 Access 中,参照完整性是用外键实现的。它要求:①不能在相关表中的外键字段中输入不存在于主表中的主键中的值。如学生选课表中的学号字段中的数据,必须在学生表的学号字段数据范围内。②如果在相关表中存在匹配记录,则不能在主表中删除这个记录或更改其主键值。如学生选课表中存在某学号学生选课的记录,则不能从学生表中删除该学号学生的记录,同样在学生表中也不能修改该学生的学号。

实现参照完整性时,可以选择是否级联更新和级联删除相关记录。

若级联更新,则更新主表字段数据的时候,系统会自动更新相关表中对应的数据。若级联删除,则删除主表字段数据的时候,系统会自动删除相关表中对应的数据。

(3) 域完整性规则(Referential Integrity)

域完整性是针对某一具体关系数据库的约束条件,它保证表中某些列不能输入无效的值。域完整性指列的值域的完整性,如数据类型、格式、值域范围、是否允许空值等。

域完整性限制了某些属性中出现的值,把属性限制在一个有限的集合中。例如,如果属性类型是整数,那么它就不能是任何非整数的数据。

(4) 用户定义的完整性(User-defined Integrity)

用户定义的完整性是针对某一具体关系数据库的约束条件,由系统检验实施。如在字段的有效性规则属性中,对字段输入值的限制。

6.3.3 结构化查询语言 SQL

1. 什么是 SQL 语言

SQL 是 Structured Query Language(即结构化查询语句)的缩写。SQL 是专为数据库建立的查询命令集,是一种功能强大的数据库语言。

在关系数据库中,通过 SQL 语言实现对数据库中数据的运算与操作。SQL 语言的使用方式有两种:在 DBMS 界面独立运行 SQL 语句(也称命令);把 SQL 语句嵌入到高级语言程序中,作为程序的一部分来使用。

后一种方式是常用的方式,因为 SQL 仅是数据处理语言,缺少创建应用系统用户界面的能力,而这正是高级语言的强项。例如,目前常见的网站注册程序就是这样,用户在网页表单中输入信息并提交后,在 Web 服务器端会自动执行相应的 SQL 命令(insert into 命令),注册信息就被存入数据库服务器中。

SQL 是一种非过程化的语言,即用户只需要说明"做什么",不必指明"怎么做",SQL 语句的操作过程由系统自动完成。这不但大大减轻了用户负担,而且有利于提高数据独立性。而且,SQL 语句结构简洁,易学易用。这就为数据库应用系统的开发提供了良好的环境。特别是用户在数据库系统投入运行后,还可根据需要随时地、逐步地修改模式,并不影响数据库的运行,从而使系统具有良好的可扩展性。

SQL 可以实现数据库的全部操作,包括数据定义、数据查询、数据操纵、数据控制 4 个部分。表 6-1 列出了常用的 SQL 语句。

表 6-1 常用 SQL 命令

命令	描述	举例
CREATE	创建数据库、表、索引	CREATE TABLE 学生表;
INSERT	添加记录	INSERT INTO 学生表(学号,姓名) Values ('2017001','王军');
DELETE	删除一条记录	DELETE FROM 学生表 WHERE 学号='2017001';
UPDATE	更新字段中的数据	UPDATE 学生选课表 SET 考试成绩=考试成绩+20;
SELECT	查找记录	SELECT * FROM 学生表 WHERE 性别="女";

数据查询是 SQL 的核心功能,SQL 提供了 SELECT 语句用于检索和显示数据库中的表的信息,该语句功能强大,使用方式灵活,可用一个语句实现多种方式的查询。下一节通过实例说明 SQL 的使用方法。

2. SQL 语言应用实例

例 6-1 假设关系数据库中有一个学生表,如图 6-10 所示,请写出 SQL 语句,实现对所有学生学号、姓名、班级信息的查询。

使用的 SQL 语句如下:

SELECT 学号,姓名,班级姓名
FROM 学生表;

查询结果如图 6-11 所示。

图 6-10 学生表的内容

图 6-11 查询全部学生的学号、姓名、班级信息

从例 6-1 可以看出,每条 SQL 查询命令必须至少包含两个子句,即 SELECT 子句和 FROM 子句。本例中 SELECT 语句的含义是:从 FROM 子句指定的表中找出需要显示的记录,再按 SELECT 子句中列出的字段名,选出记录中的字段形成如图 6-11 所示的结果表。

例 6-2 假设关系数据库中有一个学生表,如图 6-10 所示,请写出 SQL 语句,实现对出生在 1998 年的学生的姓名和出生日期信息的查询。

使用的 SQL 语句如下:

SELECT 姓名,出生日期
FROM 学生表
WHERE 出生日期 Between ♯1/1/1998♯ And ♯12/31/1998♯;

查询结果如图 6-12 所示。

图 6-12 查询出 1998 年出生的学生的姓名和出生日期

从例 6-2 可以看出,每条 SQL 查询命令可包含三个子句,即 SELECT 子句,FROM 子句、WHERE 子句等。

本例中 SELECT 语句的含义是:根据 WHERE 子句中的条件表达式,从 FROM 子句指定的表或查询中找出满足条件的记录,再按 SELECT 子句中列出的字段名,选出记录中的字段形成结果表。

这里的条件表达式是"出生日期 Between ♯1/1/1998♯ And ♯12/31/1998♯",使用了运算符" Between x1 And x2"(注:x1 表示起始值,x2 表示终止值),表明学生表中只有"出生日期"字段的值在♯1/1/1998♯ 与♯12/31/1998♯ 之间的记录才符合条件。这里用♯号把日期常量括起来。

例 6-3 数据库中有如图 6-10 所示的学生表,请写出 SQL 语句,实现对学生表中所有男生信息的查询。

使用的 SQL 语句如下:

SELECT *
FROM 学生表
WHERE 性别 = "男";

查询结果如图 6-13 所示。

例 6-3 的 SELECT 语句中,跟在 SELECT 后的字段名用了星号(*),表示将在查询结果中显示记录的所有字段名。跟在 WHERE 后面的条件表达式是"性别="男"",使用了运算符"=",表明学生表中"性别"字段的值是"男"的记录才符合条件。这里用英文双引号把

学号	姓名	性别	出生日期	班级	是否住宿	电话号码
20170001	孔兴宇	男	1999/5/8	信息1701	☑	60003487
20170004	王伟	男	1999/1/1	金融1702	☑	60003209
20170005	王中斌	男	1999/10/25	金融1702	☐	60003112
20170006	李志雄	男	1998/2/20	金融1702	☑	60003593
20170007	陈星	男	1999/1/7	土木1703	☐	60003245
20170009	安文	男	1998/5/8	土木1703	☑	60003670

图 6-13　查询出所有男生的信息

文本符号括起来。

例 6-4　数据库中有如图 6-10 所示的学生表，请写出 SQL 语句，实现对学生表中男生女生的人数的查询。

```
SELECT 性别, COUNT(学号) AS 人数
FROM 学生表
GROUP BY 性别;
```

从例 6-4 可以看出，在 SQL 查询命令中还可包含 GROUP BY 子句。

本例中的 SELECT 语句的含义是：从 FROM 子句指定的表中，将查询结果按"性别"字段的值进行分组，字段值相等的记录为一个组，因为"性别"字段中只有两种值"男"和"女"，所以会得到两个组；再使用 COUNT()函数计算每一组中记录的个数，因为同一组的各条记录中学号都不同，所以按"学号"字段值的个数统计人数，即函数写为 COUNT(学号)。

由于 SELECT 语句中列出的函数的值是计算得到的，因此此字段称为计算字段，计算字段没有名字，通常使用 AS 关键字，为计算字段指定一个名字，如"人数"。

此例的 SQL 语句的执行结果如图 6-14 所示。

例 6-5　统计图 6-10 所示的学生表中男生女生的人数，并按人数的升序排列显示查询结果，如图 6-15 所示。

```
SELECT 性别, Count(学号) AS 人数
FROM 学生表
GROUP BY 性别
ORDER BY COUNT(学号);
```

性别	人数
男	6
女	3

性别	人数
女	3
男	6

图 6-14　男生女生人数统计　　　　　图 6-15　按"性别"字段的升序显示查询结果

从例 6-5 可以看出，在 SQL 查询命令中还可包含 ORDER BY 子句。

本例中，整个 SELECT 语句的含义是：从 FROM 子句指定的表中，将查询结果按"性别"字段的值进行分组，得到两个组；再使用 COUNT(学号)函数计算每一组中记录的个数；使用 ORDER BY 子句对查询结果进行排序，排序时按 COUNT(学号)值的升序（ASC 可以省略）排列。若要按降序排列，则 ORDER BY 子句写为 ORDER BY COUNT(学号) DESC。

从上述实例中可以看到，SQL 语句结构简洁，功能强大，使用方式灵活，易学易用。下

面给出 SQL 查询语句的常用形式,其中中括号([])表示内容是可选的,尖括号表示用实际的项替换。

```
SELECT <目标列表达式1>[,<目标列表达式2>…]
FROM <表名或查询名>
[INNER JOIN <数据源表或查询> ON <条件表达式>]
[WHERE <条件表达式>]
[GROUP BY <分组字段名>[HAVING <条件表达式>]]
[ORDER BY <排序选项>[ASC | DESC]]
```

上式中,<目标表达式>可以是字段名、统计函数、常量、表达式。

此格式中还有前面几个实例中未出现的语法成分。如果 GROUP 子句带 HAVING 短语,则只有满足指定条件的组才予以显示、输出。如果有 INNER JOIN 子句,则表示只在被连接的表中有匹配的记录时,记录才会出现在查询结果中。

6.4 数据库应用系统设计案例

数据库设计是指根据用户的需求,在某一具体的数据库管理系统上,设计数据库的结构、建立数据库及其应用程序的过程。在数据库领域内,常常把使用数据库的各类系统统称为数据库应用系统。

Access 是一种关系型数据库管理系统。它简单易用,非常适合创建小型数据库应用系统,适合初学者学习数据库设计。本节以创建名为"学生选课系统"的数据库应用系统为例,讲述基于 Access 创建数据库应用系统的过程。

6.4.1 数据库应用系统的设计

数据库应用系统的设计与开发一般可分为以下几个阶段:①需求分析;②概念模型设计;③逻辑模型设计;④物理结构设计;⑤行为设计;⑥实施与测试;⑦运行维护。

在数据库应用系统的开发过程中,每个阶段的工作成果都需要写出相应的文档。每个阶段都是在上一阶段工作成果的基础上进行的,整个开发过程有依据、有组织、有计划,有条不紊地展开工作。

1. 需求分析

需求分析是数据库应用系统设计的起点,是整个设计工作最重要的一步,也是整个设计过程中最困难、最耗时的一个阶段。需求分析的主要任务是对客观世界要处理的对象进行详细调查,了解系统的概况,明确系统功能,获得用户的需求。用户需求主要包括信息的需求、功能需求和数据安全性与完整性的需求。

本节的案例是开发一个简化的"学生选课系统"数据库应用系统,需要存储学生信息、课程信息和学生选课信息。学生和教师可以进行课程信息、学生所选课程的成绩等的查询操作。

学生信息包括:学号,姓名,性别,出生日期,班级,是否团员,电话号码,专业,民族等。

课程信息包括:课程号,课程名称,学分,学时。

学生选课情况包括：学号，课程号，平时成绩，期末成绩。

在学生选课系统中，学生可以根据自己的学分情况选修课程，而且，所选课程结课时进行考试，学生会得到一个考试成绩和平时成绩。

2．概念模型设计

现实世界中的事物及其联系由人们的感官感知，经过人们头脑的分析、归纳、抽象，形成信息。这些信息经过整理、归类和格式化后，就构成了信息世界。

概念模型设计主要根据用户的需求，从纷繁的现实世界中抽取出能反映现实本质的概念和基本关系，这样就对所研究的信息世界建立一个抽象的数据模型，称之为概念模型。

概念模型是按用户的观点对数据和信息建模，它只描述信息特性和强调语义，而不涉及信息在计算机中的表示，是现实世界到计算机世界的第一层抽象。概念模型中包含如下元素。

① **实体**：客观存在并可相互区分的事物叫实体。

实体是一个范围极广的概念，一个职工、一个学生、一个部门，一门课程，一本书等都是一个实体。

② **属性**：实体所具有的特性，称为属性。

一个实体可有若干属性。如学生实体有学号、姓名、性别、年龄等属性。

③ **实体集**：同一类实体的集合，称为实体集。

例如，全体学生是一个实体集，所有部门也是一个实体集。

在数据库设计中，我们常常不关心每一个具体的实体，而是关心实体集，如职工、学生、部门，课程等，以后我们也常把实体集说成实体。

④ **联系**：实体集之间的依赖关系称为联系。

联系有属性，联系还有类型，联系的类型有三种：1∶1,1∶n,m∶n，具体如下。

1∶1（一对一联系）：若对于实体集 A 中的每一个实体，实体集 B 中至多有一个（也可以没有）实体与之联系，反之亦然，则称实体集 A 与实体集 B 具有一对一联系，记为 1∶1。例如，一个班级有一个班长。

1∶n（一对多联系）：若对于实体集 A 中的每一个实体，实体集 B 中有 n 个实体（n≥0）与之联系，反之，对于实体集 B 中的每一个实体，实体集 A 中至多只有一个实体与之联系，则称实体集 A 与实体集 B 具有一对多联系，记为 1:n。例如，一个班级有多个班干部。

m∶n（多对多联系）：若对于实体集 A 中的每一个实体，实体集 B 中有 n 个实体（n≥0）与之联系，反之，若对于实体集 B 中的每一个实体，实体集 A 中有 m 个实体（m≥0）与之联系，则称实体集 A 与实体集 B 具有多对多联系，记为 m:n。例如，一个学生可以选修多门课，一门课可以有多个学生选修。

通常采用实体-联系方法（Entity-Relationship Approach）的 E-R 图描述概念模型。实体（Entity）用矩形框表示，矩形框内写明实体名；属性（Attribute）用椭圆形框表示，椭圆形框内写明属性名，并用直线将其与相应的实体连接起来；联系（Relationship）用菱形框表示，菱形框内写明联系名，并用直线分别与有关的实体连接起来，同时在直线端标上联系的类型。这样画出的反映现实世界的模型，称为 E-R 模型。

如果要实现的应用系统比较复杂，可以先设计各个局部 E-R 图，然后，将各局部的 E-R

图集成在一起,合成总的 E-R 模型。合并时,有可能出现属性域冲突(数据类型或取值范围不同)、命名冲突(同名异义或异名同义),要通过讨论、协商等方法解决。

例 6-6 画出本案例中反映学生选课情况的 E-R 图。

在学生选课这一场景中,学生、课程是实体,二者之间有选课联系,两者间的联系类型是多对多(m:n),反映学生选课情况的 E-R 图如图 6-16 所示。

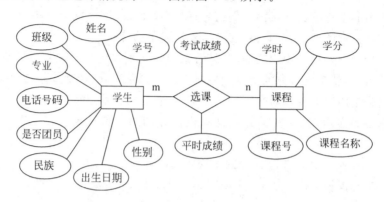

图 6-16 学生选课 E-R 图

3. 逻辑模型设计

逻辑模型设计的任务是把概念模型转换为某个 DBMS 所支持的数据模型,但该模型并不依赖于特定的 DBMS。目前数据库一般使用关系模型。

把 E-R 模型转换为关系模型时,遵循如下转换原则。

① 一个实体转换为一个关系模式,实体的属性即为关系的属性。实体的标识性属性为关系的主键。

② 一个一对一的联系可以转换为一个独立的关系模式,也可以与任意一端的关系模式合并。如果转化为一个独立的关系模式,则与该联系相连的各实体的标识性属性以及联系本身的属性作为此关系模式的属性,标识性属性可作为此关系模式的候选键,同时也是外键。若与任意一端的关系模式合并,需加入另一个实体的标识性属性和联系的属性作为此关系模式的属性,标识性属性为此关系模式的外键。

③ 一个一对多的联系可以转换为一个独立的关系模式,也可以与多端的关系模式合并。如果转化为一个独立的关系模式,则与该联系相连的各实体的标识性属性以及联系本身的属性作为此关系模式的属性,且关系模式的主键包括多端实体的标识性属性。若与多端的关系模式合并,需加入一端实体的标识性属性和联系的属性作为此关系模式的属性,一端实体的标识性属性为此关系模式的外键。

④ 一个多对多的联系必须转换为一个独立的关系模式。与联系相连的各实体的标识性属性和联系的属性作为此关系模式的属性,且关系模式的主键包括各实体的标识性属性,外键为各实体的标识性属性。

例 6-7 将图 6-16 中的 E-R 模型转化为关系模型。

将"学生""课程"实体和"选课"联系分别转化为如下三个关系模式:

学生表(学号,姓名,性别,出生日期,班级,专业,是否团员,电话号码,民族),主键为学号。

课程表(课程号,课程名称,学分,学时),主键为课程号。

学生选课表(学号,课程号,平时成绩,期末成绩),主键为学号、课程号,学号、课程号同时也是外键。

上述三个关系模式组成了"学生选课系统"的关系模型。

在第 6.4.2 节创建的数据库中,上述三个关系模式就可以作为"学生选课"数据库系统的三个表,表中的字段即为各关系模式的属性。

关系模式确定之后,为了减少数据冗余,一般还需要对关系模式做规范化处理。

4. 物理结构设计

选择合适的 DBMS,将逻辑模型设计的数据模型与所选的 DBMS 结合,定义数据库、表及字段,根据所选的 DBMS 系统选择合适的字段类型(效率,功能,需求)。

5. 行为设计

行为设计的任务是完成人机界面和业务逻辑的设计。行为设计分为概要设计、详细设计两个阶段。概要设计阶段要建立软件系统的总体结构和模块间的关系,定义各功能模块的接口,设计全局数据库或数据结构,规定设计约束,制订测试计划。详细设计阶段主要设计每个模块的实现算法及人机界面。图 6-17 是学生选课系统的模块图示例。

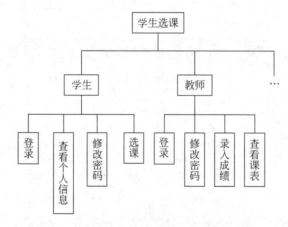

图 6-17　学生选课模块图

6. 实施与测试

数据库的实施和测试主要是在 DBMS 上建立物理数据库,编制和调试应用程序,录入数据,并测试运行整个系统。在试运行阶段,要对数据库系统的性能指标进行测试,分析其是否达到设计目标。未达到目标时,要对设计过程中的各个阶段进行修改和调整。

在 Access 中利用查询、窗体、报表、宏、模块等对象,可以采用可视化的方式便捷地开发应用程序。

7. 运行维护

对数据库的日常运行进行管理维护,以保障数据库系统的正常运转。

6.4.2 创建数据库

1. Access 数据库对象简介

Access 数据库对象包括表、查询、窗体、报表、宏、模块。在一个数据库中,对象都存放在一个扩展名为.accdb 的数据库文件中。下面对这 6 种对象做简单介绍。

1) 表

表是数据库文件中最基本的对象,用来存储数据库的基本信息,是数据库的核心和基础,是其他对象操作的数据源。

只要在一个表中保存一次数据,就可以从多个角度查看数据,如从表中查看、从查询中查看、从窗体中查看、从报表中查看、从页中查看等。更新数据时,所有出现该数据的位置均会自动更新。如图 6-18、图 6-19、图 6-20 为"学生选课系统"中的课程表、学生表、学生选课表。

课程表				
课程号	课程名称	学时	学分	课程性质
001	美学基础	40	2	选修
002	高数	120	4	必修
003	大学物理	60	3	必修
004	计算机网络	50	2	选修
005	数据库技术	48	2	必修

图 6-18 课程表

学生表								
学号	姓名	性别	出生日期	班级	专业	是否团员	电话号码	民族
20170001	孔兴宇	男	1999/5/8	工商1701	工商管理	Yes	60003487	汉族
20170002	刘子慧	女	1999/2/20	工商1701	工商管理	Yes	60003488	汉族
20170003	袁淑梅	女	1999/6/12	电技1701	理学院	Yes	60003489	汉族
20170004	王伟	男	1999/1/1	电技1702	理学院	Yes	60003490	蒙古族
20170005	王中斌	男	1999/10/25	英语1702	英语	No	60003491	回族
20170006	李志雄	男	1998/2/20	英语1702	英语	Yes	60003492	汉族
20170007	陈星	男	1999/1/7	会计1701	会计	No	60003493	维吾尔族
20170008	王萍	女	1999/3/2	会计1702	会计	Yes	60003494	汉族
20170009	安文	男	1998/5/8	国贸1701	国贸	Yes	60003495	汉族

图 6-19 学生表

学生选课表				
学号	课程号	平时成绩	考试成绩	总成绩
20170001	001	85	80	81
20170001	003	80	74	75.2
20170003	001	90	65	70
20170003	002	100	82	85.6
20170006	003	95	90	91
20170007	001	85	60	65
20170007	002	65	72	70.6
20170007	005	70	40	46

图 6-20 学生选课表

2) 查询

建立数据库系统的目的不只是简单的存储数据,而是要在存储数据的基础上对数据进行分析和研究。在 Access 中,使用查询可以按照不同的方式查看、更改数据,也可以对数据进行统计运算、排序或产生新的字段,还可以将查询作为查询、窗体、报表的数据源。查询的功能非常强大,也非常灵活。在一个数据库管理系统中,查询功能的强弱直接影响该系统的性能。

3)窗体

窗体是数据库和用户之间的主要接口。使用窗体,可以进行数据输入、数据显示,还可以运行宏和模块。窗体是通过各种控件来显示数据的,窗体中的显示内容来自表、查询或 SQL 语句。

4)报表

报表是以格式化的形式显示或打印数据。利用报表可以对数据进行排序、分组,也可以对数据进行统计计算,如求和、求平均值等。

5)宏

宏由一系列操作组成,其中每个操作实现特定的功能。利用宏可以自动完成一些重复性操作,从而简化数据库中的各种操作,使数据库的维护和管理更为轻松。

6)模块

模块是用 VBA 语言编写的程序段。模块可以与窗体、报表等对象结合使用,完成宏无法实现的复杂功能,开发高性能、高质量的数据库应用系统。

2. Access 用户界面

Access 2010 用户界面有三个主要组件,分别为 Backstage 视图、功能区和导航窗格。

(1)Backstage 视图。它包含应用于整个数据库的命令和信息,以及早期版本中"文件"菜单的命令。Access 启动后,系统显示的界面即为 Backstage 视图,它是"文件"选项卡上显示的命令集合。在 Backstage 视图中,可以创建新数据库,打开现有数据库,通过 SharePoint Server 将数据库发布到网上,以及执行很多文件和数据库维护任务,如图 6-21 所示。

图 6-21　Access 2010 窗口

（2）功能区。功能区替代了 Access 2007 之前版本中的菜单和工具栏的主要功能，由多个选项卡组成，每个选项卡上有多个按钮组。功能区显示在 Access 主窗口的顶部，如图 6-22 所示。

功能区包含的选项卡有"文件""开始""创建""外部数据""数据库工具"，另外还有一个上下文选项卡，它是根据编辑不同的对象而出现的，如图 6-23 所示是编辑表时出现的上下文选项卡。功能区可以最小化，双击活动的命令选项卡，或单击功能区最小化按钮 。

图 6-22　功能区　　　　　　　　　　　　　图 6-23　编辑表时的上
　　　　　　　　　　　　　　　　　　　　　　　　　　　下文选项卡

（3）导航窗格。导航窗格位于数据库窗口的左侧，它包含 Access 的所有对象，即表、查询、窗体、报表、宏和模块，通过它可以访问和操作这些对象，如图 6-24 所示。

（4）快速访问工具栏。快速访问工具栏位于数据库窗口的左上角，包括"保存""撤销"和"恢复"几个常用的命令 ，这些命令单击一次即可访问。用户可自定义该工具栏。

（5）数据库对象工作区。对数据库对象的访问和操作主要在这里实现，在 Access 中，采用了选项卡式文档取代之前的重叠窗口来显示数据库对象，如图 6-25 所示。

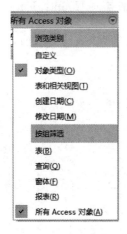

图 6-24　导航窗格　　　　　　图 6-25　选项卡式文档

（6）状态栏。状态栏位于数据库窗口的最下端，显示各个对象或操作的状态。

3．创建数据库

Access 提供了多种创建数据库的方法，一种是先建立一个空数据库，然后向数据库添加表、查询等对象，一种是使用 Office.com 模板来创建一个完整的数据库。无论哪一种方法，在数据库创建之后，都可以在任何时候修改或扩展数据库。

例 6-8 建立名为"学生选课系统"的空数据库。操作步骤如下。

(1) 启动 Access 2010。

(2) 如图 6-21 所示,在 Access 2010 的启动窗口,选择"文件"菜单中的"新建",在"新建"窗格的右侧窗格,在"文件名"下方的文本框中输入文件名称"学生管理系统",单击文本框右侧的"路径"按钮,打开"文件新建数据库"窗口,选择存放新建数据库的路径。

(3) 单击"创建",打开空数据库任务窗格,如图 6-26 所示,这样,就建立了一个扩展名为 .accdb 的"学生管理系统"空数据库。

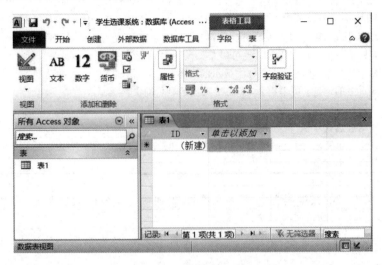

图 6-26 学生选课系统空数据库

4. 创建数据表

表是最基本的 Access 数据库对象,数据库中的数据都存储在表中,它是查询、窗体、报表等 Access 数据库对象的数据源。

在 Access 中,表就是一个满足关系模型的二维表,由表名、若干字段以及记录构成。通常,把表名、表中字段、字段的数据类型、字段的属性、表的关键字的定义视为表结构的定义,把对表中记录的操作视为对表中数据的操作。

1) 确定字段的数据类型

根据字段中存储的数据,确定字段的数据类型。Access 提供了 11 种数据类型,如表 6-2 所示。

表 6-2 Access 提供的数据类型

数据类型	说　明
文本	(默认值) 文本或文本和数字的组合,以及不需要计算的数字,例如电话号码。最多为 255 个字符或长度小于 FieldSize 属性的设置值
备注	长文本或文本和数字的组合。最多为 63 999 个字符
数字	用于数学计算的数值数据。1、2、4 或 8 个字节(如果将 FieldSize 属性设置为 Replication ID,则为 16 个字节)
日期/时间	从 100 到 9999 年的日期与时间值。8 个字节

续表

数据类型	说　明
货币	货币值或用于数学计算的数值数据,这里的数学计算的对象是带有 1~4 位小数的数据。精确到小数点左边 15 位和小数点右边 4 位。8 个字节
自动编号	每当向表中添加一条新记录时,由 Microsoft Access 指定的一个唯一的顺序号(每次递增 1)或随机数。自动编号字段不能更新。4 个字节(如果将 FieldSize 属性设置为 Replication ID 则为 16 个字节)
是/否	"是"和"否"值,以及只包含两者之一的字段(Yes/No、True/False 或 On/Off)。1 位
OLE 对象	Microsoft Access 表中链接或嵌入的对象(例如 Microsoft Excel 电子表格、Microsoft Word 文档、图形、声音或其他二进制数据)。最多为 1GB(受可用磁盘空间限制)
超链接	超链接地址可以是 URL,也可以是 UNC 网络路径。超链接地址最多包含 4 部分:显示的文本,在字段或控件中显示的文本;地址,指向文件或页的路径;子地址,位于文件或页中的地址;屏幕提示,作为工具提示显示的文本
附件	任何支持的文件类型
计算	根据表达式求值
查阅向导	创建一个字段,通过该字段可以使用列表框或组合框从另一个表或值列表中选择值。通常为 4 个字节

为字段定义恰当的数据类型是非常重要的,如何确定字段的数据类型,可从以下几方面考虑。

(1) 在字段中允许什么类型的值。例如,不能在"数字"型字段中保存汉字、字母等"文本"型数据。

(2) 要用多少存储空间来保存字段的值。

(3) 要对字段中的值执行什么类型的运算。例如,Access 能对"数字"或"货币"字段中的值求和,但不能对"文本""备注""OLE 对象"字段中的值求和。

(4) 是否要对字段进行排序和索引。Access 不能对"OLE 对象""超级链接"字段进行排序和索引。

(5) 是否需要在查询或报表中使用字段对记录进行分组。"备注""OLE 对象""超级链接"字段不能用于分组记录。

(6) 如何排序字段中的值。在"文本"字段中,数字以字符串的形式排序,而不是按其值排序。

(7) 如果字段的值是引用表中其他字段的值进行计算得出的,则把该字段类型设置为"计算"。"计算"型字段的值不占存储空间,又方便使用。例如,例 6-9 中"学生选课表"的"总成绩"字段,其值可由表达式"[平时成绩]*0.2+[考试成绩]*0.8"计算得到。

例 6-9　为"学生选课系统"的"学生表""学生选课表""课程表"中的字段确定数据类型,如表 6-3 所示。

2) 确定表的主关键字

例 6-10　确定"学生选课系统"中"学生表""学生选课表""课程表"的主关键字。找出"学生选课系统"数据库中表的外关键字。

"学生选课系统"中各数据表的主关键字、外关键字如表 6-4 所示。

表 6-3　学生表、学生选课表、课程表中字段的数据类型

学生信息表		学生选课及成绩表		课程表	
字段	数据类型	字段	数据类型	字段	数据类型
学号	文本	学号	文本	课程号	文本
班级	文本	课程号	文本	课程名称	文本
姓名	文本	平时成绩	数字	学时	数字
性别	文本	考试成绩	数字	学分	数字
出生日期	日期/时间	总成绩	计算	课程性质	文本
民族	文本				
是否团员	文本				
电话号码	文本				

表 6-4　"学生选课系统"中表的关键字和外关键字

表名	学生表	学生选课表	课程表
主关键字	学号	学号,课程号	课程号
外关键字		学号或课程号	

例 6-11　使用表设计视图创建"学生选课系统"数据库中的"学生表"。表中的字段名及其数据类型如表 6-3 所示。操作步骤如下。

（1）打开数据库"学生选课系统",在"创建"选项卡上的"表格"组中,单击"表设计"按钮,打开表的"设计视图",如图 6-27 所示。

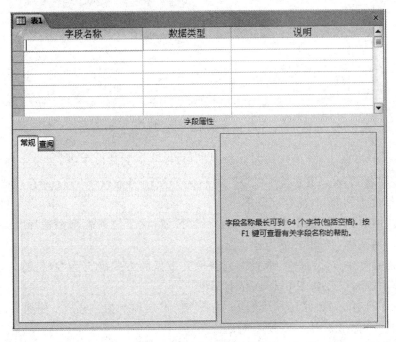

图 6-27　数据表的"设计视图"

"设计视图"是表结构的设计窗口。该窗口分为上、下两部分：上面是"字段编辑区"，每一行定义一个字段，第一列是行选定器，第二列是字段名称，第三列是数据类型，第四列是说明；下面是"字段属性"窗格(包括"常规"和"查阅"两个选项卡)，用于设置字段的属性，如大小、格式、输入掩码、有效性规则等。

"说明"列的内容是可选的，它的作用是注释，帮助用户了解该字段的用途。在"数据表视图"中或在窗体中，当光标移到该字段时，其说明的内容将显示在窗口底部的状态栏中。

这里仅使用字段的默认属性。

(2) 在"字段编辑区"第一行的"字段名称"中输入"学号"，在"数据类型"列中单击下拉按钮，从下拉列表框中选择"文本"，如图 6-28 所示。因为默认的"数据类型"是"文本"，则可以不选择"数据类型"，直接定义下一个字段。

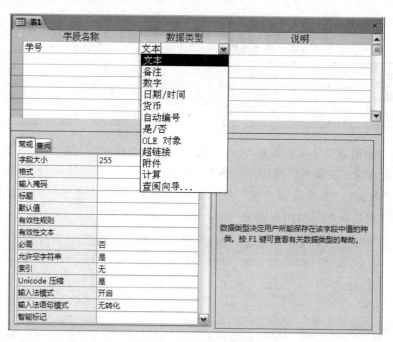

图 6-28　选择数据类型

根据表 6-3 中"学生表"的字段及其数据类型，逐一定义其他字段，如图 6-29 所示。

(3) 因"性别"字段只有两个值"男""女"，为方便用户输入该字段的值，为"学生表"的"性别"字段创建查阅向导，操作步骤如下。

① 单击"性别"字段"数据类型"列中的下拉按钮，在下拉列表框中选择"查阅向导"，出现"查阅向导"对话框，如图 6-30 所示。

② 在"查阅向导"对话框中，将查阅列获取其数据的方式确定为"自行键入所需的值"，单击"下一步"按钮，出现如图 6-31 所示对话框。

③ 在图 6-31 中，列数使用默认值 1；输入"性别"字段的值：男，女，如图 6-32 所示。单击"下一步"按钮，弹出如图 6-33 所示对话框。

④ 在图 6-33 中为查阅列指定标签，这里使用默认值"性别"，单击"完成"按钮。

图 6-29　数据表的"设计视图"

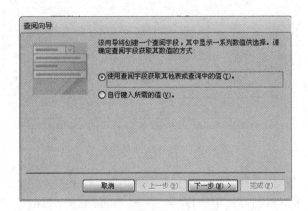

图 6-30　"查阅向导"对话框(一)

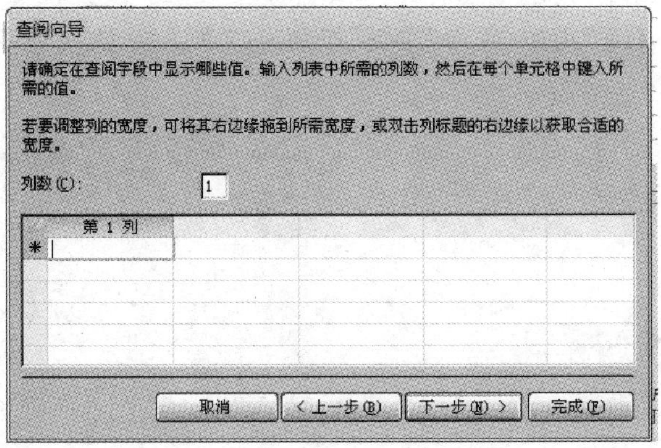

图 6-31　"查阅向导"对话框(二)

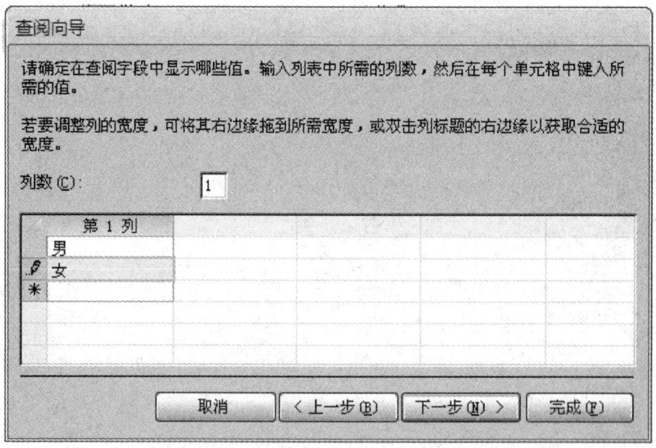

图 6-32 输入了查阅列中的值

图 6-33 为查阅列指定标签

这样,在此后的"数据表视图"中,"性别"字段中会出现下拉按钮,输入该字段的值时,只需要单击下拉按钮,在下拉列表框中选择"男"或"女",输入该字段的值,如图 6-34 所示。

(4) 为"学生表"定义主关键字。

"学生表"的主关键字为"学号"。在图 6-29 "学生表"的"设计视图"中,单击"学号"字段所在的行选定器,在"工具"组中,单击"主键"按钮。则该字段左边出现一个小钥匙,标明它是主关键字,如图 6-35 所示。

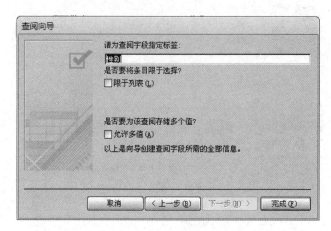

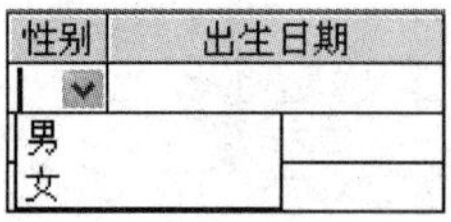

图 6-34 建立了查阅向导的"性别"字段 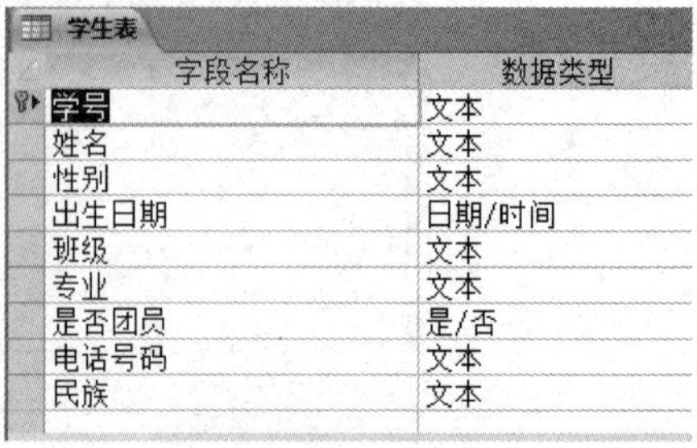　　图 6-35 设置了主键的表设计视图

(5) 单击工具栏上的"保存"按钮 ，打开"另存为"对话框，输入表名称"学生表"，然后单击"确定"按钮。至此，完成了"学生表"的创建。

类似地，根据表6-3所示的字段及其数据类型，创建"学生选课表"和"课程表"。

5．设定表之间的关系

在数据库中，建立表和表之间关系，可以保证数据表间在进行编辑时保持同步。Access中对表间关系的处理，是通过两个表中的公共字段建立起来的，这两个字段可以同名也可以不同名，但必须具有相同的数据类型。

用于建立表间关系的公共字段在主表中必须是主键或者设置了无重复索引属性，而其在子表中不必为主键，如果该字段在子表中是主键或者设置了无重复索引，则两表之间建立的是一对一的关系，如果该字段在子表中不是主键或有重复索引，则两表之间建立的是一对多的关系。

例 6-12　确定"学生选课系统"数据库中表之间的关系。

在"学生选课系统"数据库中，"学生表"与"学生选课表"、"学生选课表"与"课程表"之间均存在"一对多"的关系。

在定义关系之前必须关闭所有的表。操作步骤如下。

(1) 打开"学生选课系统"，在"数据库工具"选项卡上的"关系"组中，单击"关系"按钮 ，打开"关系"窗口和"显示表"对话框，如图6-36所示。如果没有"显示表"对话框，可单击"系统工具设计"选项卡上的"关系"组中的"显示表"按钮。

图 6-36　"关系"窗口和"显示表"对话框

(2) 在"显示表"对话框中，列出了当前数据库的所有表，将"学生表""学生选课表""课程表"添加到关系窗口中。将表添加到关系窗口的方法有以下几种。

① 双击所要添加的表，将表添加到关系窗口中。一次仅添加一个表。

② 选定所要添加的表，再单击"添加"按钮。一次仅添加一个表。

③ 按住 Ctrl 键，依次单击所要添加的表，然后单击"添加"按钮，则选中的表都被添加到"关系"窗口中。

如果要删除"关系"窗口中的表,只需将光标移至该表的任一字段,单击鼠标左键,选定该表,再按 Delete 键即可。

(3) 单击"显示表"对话框的"关闭"按钮 ,显示添加了表的"关系"窗口,如图 6-37 所示。

图 6-37 添加了表的"关系"窗口

(4) 选中"学生表"中的"学号"字段,按住鼠标左键,拖到"学生选课表"的"学号"字段上,放开左键,打开"编辑关系"对话框,如图 6-38 所示。

(5) 在"编辑关系"对话框中,勾选"实施参照完整性",然后单击"创建"按钮,关闭"编辑关系"对话框,返回到"关系"窗口。可以看到,在"学生表"与"学生选课表"的"学号"字段之间出现了一条连线,并且在"学生表"的一方显示"1",在"学生选课表"的一方显示"∞",表示在学生表与学生选课表之间建立了"一对多"的关系。

图 6-38 "编辑关系"对话框

在勾选"实施参照完整性"后,最好也勾选"级联更新相关字段"和"级联删除相关字段"的复选框。

(6) 用同样的方法(参照(4)、(5)步),建立"课程表"与"学生选课表"之间的关系,如图 6-39 所示。

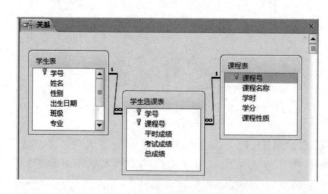

图 6-39 建立关系后的"关系"窗口

(7) 单击"关系"窗口右上角的"关闭"按钮 ,弹出保存"关系"对话框,单击"是"按钮,完成"学生选课系统"表关系的定义。

删除和编辑关系可以在"关系"窗口中右击表间的连线,在弹出的快捷菜单中有"删除"和"编辑关系"两个选项,选择其中之一进行操作即可。

6. 向表中输入数据

创建了表结构(空表)后,就可以向表中输入数据。在"导航窗格"中选择"表"对象,在"表"列表中双击某一表名,打开该表的"数据表视图",就可以向空表中输入数据,字段之间的切换,可以按 Enter 键或者 Tab 键。

注意:在向建好关系的表中输入数据时,应先向主表输入数据,然后再向子表(相关表)输入数据。

7. 表的基本操作

表的基本操作包括打开表、关闭表、删除表、重命名表等。

1)打开表

表有两个主要视图:"设计视图"和"数据表视图"。

在"导航窗格"中选择"表"对象,在"表"列表中双击某一表名;或者右键单击某一表名,在出现的快捷菜单中选择"打开"命令,都可以打开该表的"数据表视图"。在"数据表视图"中可以查看、添加、删除及编辑表中的数据。

2)关闭表

对表的结构和记录操作完成后,应及时关闭表。不管是何种视图,只要单击相应窗口右上角的"关闭"按钮 ✕ 即可。

3)删除表

在"表"列表中,选定要删除的表,按 Delete 键,或者右键单击要删除的表,在快捷菜单中选择"删除"命令,都会出现一个确认删除的对话框,单击"是"按钮,即可删除选定的表(注:此删除不可恢复)。在删除表之前,应确认:①该表是关闭的,②该表与其他表无关系。

4)重新命名表

在"表"列表中,右键单击要重命名的表,在快捷菜单中选择"重命名",输入新的表名,按 Enter 键即可。

6.4.3 创建查询

Access 的查询可以从已有的数据表或查询中选择满足条件的数据,也可以对已有数据进行统计计算,还可以对表中的记录进行增加、修改和删除等操作。

查询的结果还可以作为窗体、报表和查询的数据源,从而增加了数据库设计的灵活性。

1. 查询的类型

Access 常见的查询类型有以下 5 种:选择查询、参数查询、交叉表查询、操作查询、SQL 查询。本节只讨论选择查询和 SQL 查询。

选择查询是 Access 数据库中最常见的查询类型,包括基本查询、多表查询、条件查询和计算方式查询等。用户可以从数据库的一个或多个表中检索所需的数据,并以数据表的形式显示查询的结果，用户还可以使用选择查询来对记录进行分组，或对已有的记录数据进行求总计、计数和平均值等操作。

SQL（Structured Query Language，结构化查询语言）是用来查询、更新和管理关系型数据库的语言。SQL 查询就是用户使用 SQL 语句创建的查询。

2．查询视图

Access 的每一个查询主要有三个视图，即"数据表视图""设计视图"和"SQL 视图"。其中，"数据表视图"用来显示查询的结果数据，如图 6-40 所示；"设计视图"用来对查询设计进行修改，如图 6-41 所示；"SQL 视图"用来显示与"设计视图"等效的 SQL 语句，如图 6-42 所示。此外，还有"数据透视表视图""数据透视图视图"。

在"设计视图"窗口设计查询条件是创建查询最常用的方法，"设计视图"窗口由上下两部分组成，上半部分显示查询所使用的数据源，可以是表或者已有的查询；下半部分用于设计查询的组成部分，由若干行和若干列构成，每一列对应查询结果中的一个字段，每一行指出了该字段的各个属性，每一行的作用如下。

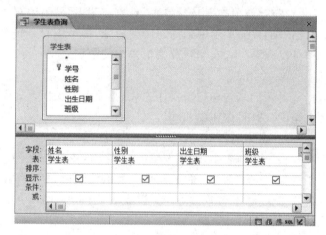

图 6-40　数据表视图　　　　　　　　图 6-41　设计视图

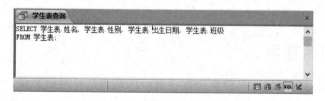

图 6-42　SQL 视图

"字段"行，该行表示查询结果中需要的字段，可以通过双击数据源中的字段名、用鼠标将数据源中的字段拖动到此处、单击"字段"列右侧的下拉按钮从列表中选择等方式得到。"表"行，本行显示的是该字段所在的数据表或查询的名称。"排序"行，该行用来指定在查询结果中是否按此字段排序以及排序的升降顺序。"显示"行，该行确定该字段是否在查询结果中显示。"条件"行，该行用来指定对该字段的查询条件。"或"行，该行用来指定与上一行条件并列的其他查询条件。

查询条件设计好之后,单击上下文选项卡"查询工具设计"的"结果"组中的"运行"按钮,系统会以二维表的形式显示查询结果,如果对结果不满意,可以切换到设计视图重新进行设计。如果查询结果符合要求,就可以单击"保存"按钮,打开"另存为"对话框,输入查询名称,单击"确定"按钮,将查询保存到数据库中。

三种视图可以通过在"开始"选项卡上的"视图"组中单击 ▼ 下拉按钮,然后在下拉列表框中选择视图类型来进行视图的相互转换。也可以在"对象导航窗格"中右击查询名称,然后单击"打开"或"设计视图"命令,进行视图转换。

3. 使用"设计视图"创建基本查询

如果从表中选取若干或全部字段的所有记录,而不包含任何条件,则称这种查询为基本查询。

例 6-13 查询学生选课的情况。并显示学生的姓名、性别、所在班级及所选课程的情况。操作步骤如下。

(1) 在数据库窗口中,在"创建"选项卡上的"查询"组中,单击"查询设计",这时屏幕上显示查询"设计视图",并显示一个"显示表"对话框,如图 6-43 所示。

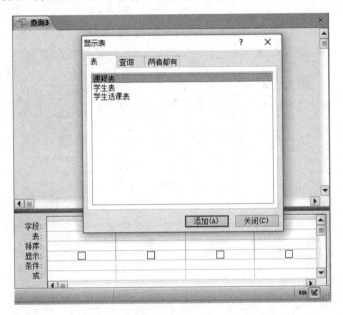

图 6-43 选择建立查询的表/查询

(2) 在"显示表"对话框中,打开"表"选项卡,然后双击"学生表",这时"学生表"添加到查询"设计视图"上半部分的窗口中;以同样方法将"学生选课表"也添加到查询"设计视图"上半部分的窗口中;最后单击"关闭"按钮关闭"显示表",如图 6-44 所示。

(3) 双击"学生表"中的"姓名"字段,在查询"设计视图"下半部分窗口的"字段"行上显示了字段的名称"姓名","表"行上显示了该字段对应的表名称"学生表"。

(4) 重复上一步,将"学生表"中的"性别""班级"字段和"课程表"中的"课程名称"字段放到设计网格的"字段"行上,如图 6-45 所示。

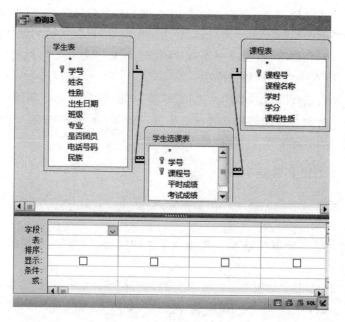

图 6-44 查询"设计视图"

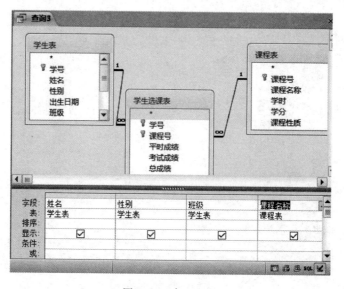

图 6-45 建立查询

（5）单击标题栏上的"保存"按钮，这时出现一个"另存为"对话框，在"查询名称"文本框中输入"学生选课情况查询"，然后单击"确定"按钮。

（6）单击数据库窗口中的"查询工具设计"选项卡上的"结果"组中的下拉按钮，然后在下拉列表框中选择"数据表视图"；或单击"查询工具设计"选项卡上的"结果"组中的"运行"按钮切换到数据表视图。这时就可以看到"学生奖惩情况查询"的执行结果，如图 6-46 所示。

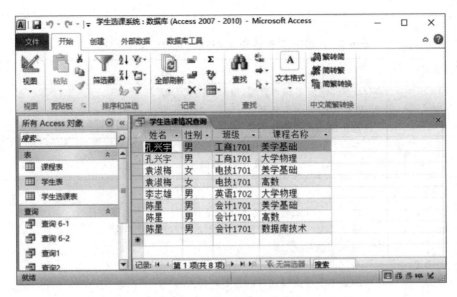

图 6-46 学生选课情况查询

4. 使用"设计视图"创建条件查询

在日常工作中,用户的查询并非只是简单的基本查询,往往是带有一定条件的查询。比如,查找"计算机应用"班的学生信息。这种查询称为条件查询。条件查询通过"设计视图"来建立。在"设计视图"的"条件"行上输入查询条件,这样 Access 在运行查询时,就会从指定的表中筛选出符合条件的记录。使用条件查询可以很容易地获得所需要的信息。

1) 条件表达式

"条件表达式"是查询用来识别所需记录的限制条件。条件表达式是运算符、常量、字段值、函数以及字段名和属性等的任意组合,能够计算出一个结果。通过在相应字段的条件行上添加条件表达式,可以限制正在执行计算的组、包含在计算中的记录以及计算执行之后所显示的结果。"条件表达式"写在 Access"设计视图"中的"条件"行的"条件"和"或"的位置上。

(1) 简单的条件表达式

如果在某个字段中查询符合一个值的记录,比如,查找女同学,则只需通过关系运算符连接一个值即可,如:="女"。在条件表达式中可以使用的关系运算符有等于(=)、不等于(<>)、小于(<)、小于等于(<=)、大于(>)和大于等于(>=)。在条件表达式中也可以使用加(+)、减(-)、乘(*)和除(/)等算术运算符。

输入表达式时,文本值应使用半角的双引号(" ")括起来;日期值应使用半角的井号(#)括起来。为了输入方便,如果运算符是等号(=),允许在表达式中省去等号(=)。

(2) 复合的条件表达式

查询时经常会涉及某一个字段需要满足两个以上值的情况,条件表达式的书写就比较复杂,需要通过逻辑运算符、关系运算符、特殊的运算符、函数以及它们的组合来连接一个或几个值。

表 6-5～表 6-7 分别列出了在条件表达式中可以使用的逻辑运算符、函数和特殊运算符

的含义。

表 6-5　逻辑运算符(优先级顺序是：NOT＞AND＞OR)

逻辑运算符	说　　明
NOT	当 NOT 连接的表达式为真时,整个表达式为假
AND	当 AND 连接的表达式都为真时,整个表达式为真,否则为假
OR	当 OR 连接的表达式都为假时,整个表达式为假,否则为真

表 6-6　函数

函数	说　　明
Month(date)	返回 1～12 之间的值,表示给定日期是一年中的哪个月
Year(date)	返回 100～9999 之间的值,表示给定日期是哪一年
Date()	返回当前系统日期
Format(表达式,格式)	按指定格式输出表达式的值
Int(表达式)	得到不大于表达式值的最大整数
Avg(字段)	对字段值先累计求和,然后再计算平均值
Sum(字段)	对字段值累计求和
Count(字段)	计算该字段的记录个数

表 6-7　特殊运算符

特殊运算符	说　　明
In	用于指定一个字段值的列表,列表中的任意一个值都可与查询的字段相匹配
Between	用于指定一个字段值的范围,指定的范围之间用 AND 连接
Like	用于指定查找文本字段的字符模式。在所定义的字符模式中,用"?"表示该位置可匹配任何一个字符或汉字；用"*"表示该位置可匹配零或多个字符或汉字；用"♯"表示该位置可匹配一个数字；用"[ ]"表示可与方括号中指定范围内的任意一个字符匹配；用"!"表示可与不在方括号内的任意一个字符匹配,但必须与"[ ]"连用

2) 建立条件查询

使用"设计视图"可以建立基于一个表或多个表的条件查询。

例 6-14　查询"高数"课程的考试成绩在 80 分以上的学生信息。并显示该学生的姓名、班级、课程名称和考试成绩。该查询涉及"学生表""学生选课表"和"课程表"三个表,因此该查询为多表条件查询。操作步骤如下。

(1) 将"学生表"中的"姓名""班级"字段,"课程表"中的"课程名称"字段,"学生选课表"中的"考试成绩"字段放到设计网格中的"字段"行上。

(2) 在"课程名称"字段列的"条件"单元格中输入条件表达式：高数,在"考试成绩"字段列的"条件"单元格中输入条件表达式：＞＝80,如图 6-47 所示。

(3) 单击"查询工具设计"选项卡上的"结果"组中的"运行"按钮 ❗ 切换到数据表视图。"学生考试成绩查询"的执行结果,如图 6-48 所示。

(4) 单击标题栏上的"保存"按钮 💾,在"查询名称"文本框中输入"学生考试成绩查询",然后单击"确定"按钮。

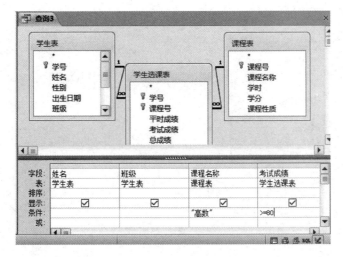

图 6-47 查询"设计视图"

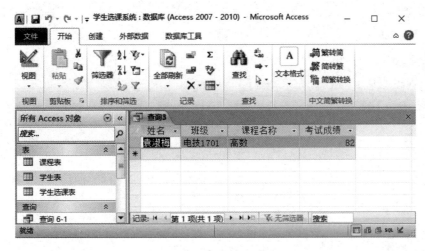

图 6-48 查询结果

5．使用 SQL 视图创建 SQL 查询

SQL 查询是用户使用 SQL 语句创建的查询。前面讲过的查询，系统在执行时自动将其转换为 SQL 语句再执行。用户可以直接在"SQL 视图"中输入 SQL 查询语句。SQL 查询语句既可以完成简单的单表查询，也可以完成复杂的连接查询和嵌套查询。

进入 SQL 视图的方法如下：

依次单击"创建"|"查询设计"，关闭"显示表"对话框，则出现"SQL 视图"按钮，如图 6-49 所示。在 SQL 语句的编辑窗格中，默认输入了"SELECT;"，此时编辑自己的 SQL 语句即可。

例 6-15 查询"学生表"中"女"同学的全部信息。结果如图 6-50 所示。

SELECT * FROM 学生信息表 WHERE 性别 = "女";

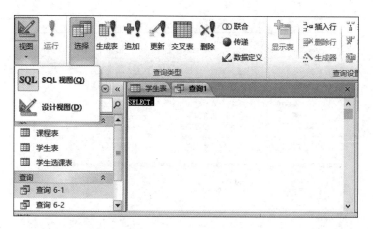

图 6-49　进入 SQL 视图

其中，“＊”代表“学生信息表”中的全部字段。

查询3

学号	姓名	性别	出生日期	班级	专业	是否团员	电话号码	民族
20170002	刘子慧	女	1999/2/20	工商1701	工商管理	Yes	60003488	汉族
20170003	袁淑梅	女	1999/6/12	电技1701	理学院	Yes	60003489	汉族
20170008	王萍	女	1999/3/2	会计1702	会计	Yes	60003494	汉族

记录: 第 1 项(共 3 项)　无筛选器　搜索

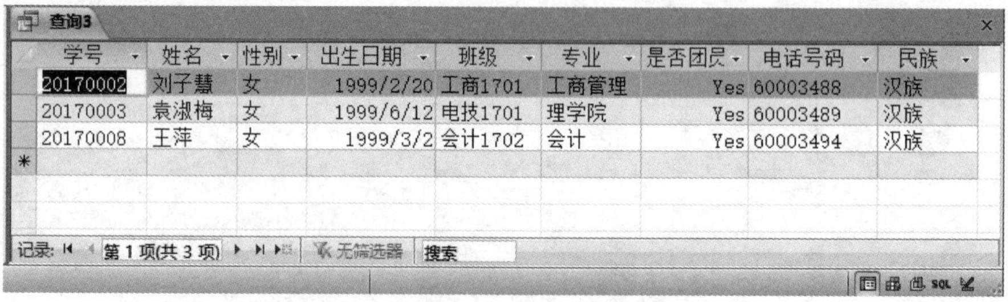

图 6-50　“学生信息表”中“女”同学的所有记录

例 6-16　查询“学生表”中男、女生人数，并按人数的多少进行降序排列。结果如图 6-51 所示。

```
SELECT 性别,Count(学号) AS 人数 FROM 学生表 GROUP BY 性别
ORDER BY Count(学号) DESC;
```

例 6-17　查询所有姓“王”学生的姓名和出生日期。结果如图 6-52 所示。

```
SELECT 姓名,出生日期 FROM 学生表
WHERE 姓名 LIKE "王";
```

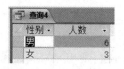

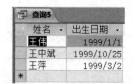

查询4

性别	人数
男	6
女	3

图 6-51　“学生信息表”中男、女生人数

查询5

姓名	出生日期
王伟	1999/1/1
王中斌	1999/10/25
王萍	1999/3/2

图 6-52　所有“王”姓的学生情况

例 6-18　查询每个学生的选课情况。结果如图 6-53 所示。

```
SELECT 姓名,学生表.学号,课程名称,考试成绩
FROM 学生表 INNER JOIN (课程表 INNER JOIN 学生选课表 ON 课程表.课程号 = 学生选课表.课程号) ON
```

学生表.学号 = 学生选课表.学号；

图 6-53 每个学生的选课情况

例 6-19 查询每个学生的所选课程的考试成绩的平均分不低于 80 分的学生的姓名和平均分。结果如图 6-54 所示。

SELECT 姓名,Avg(考试成绩) AS 考试成绩平均值

FROM 学生表 INNER JOIN 学生选课表 ON 学生表.学号＝学生选课表.学号

GROUP BY 姓名 HAVING Avg(考试成绩)>= 80;

例 6-20 利用子查询查询选择了"美学基础"课程的学生的姓名、班级。查询结果如图 6-55 所示。

SELECT 姓名,所在班级 FROM 学生信息表
WHERE 学号 IN(SELECT 学号 FROM 学生选课及成绩表
WHERE 课程号 IN (SELECT 课程号 FROM 课程表 WHERE 课程名称 = "计算机应用基础"));

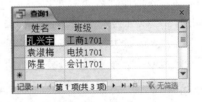

图 6-54 考试成绩的平均分查询　　　　图 6-55 子查询

习题

一、选择题

1. Excel 绝对地址引用的符号是(　　)。
   A. ?　　　　　　　　B. $　　　　　　　　C. #　　　　　　　　D. !
2. 将单元格 A1 到 A6 求和的 Excel 公式是(　　)。
   A. =COUNT(A1:A6)　　　　　　　　B. =SUM(A1:A6)
   C. =COUNT(A1,A6)　　　　　　　　D. =SUM(A1,A6)

3. 支持数据库各种操作的软件系统是（　　）。
   A. 数据库管理系统　　　　　　　　　B. 文件系统
   C. 数据库系统　　　　　　　　　　　D. 操作系统
4. 关系数据库系统中所管理的关系是（　　）。
   A. 一个.accdb 文件　　　　　　　　 B. 若干个.accdb 文件
   C. 一个二维表　　　　　　　　　　　D. 若干个二维表
5. 用二维表来表示实体之间联系的模型称为（　　）。
   A. 关系模型　　　B. 层次模型　　　C. 网状模型　　　D. 数据模型
6. 设计数据库时建立的概念模型中，用（　　）来表示实体及实体间联系。
   A. 数据流图　　　B. E-R 图　　　　C. 模块图　　　　D. 程序框图
7. 关于主关键字，下列说法错误的是（　　）。
   A. 在一个表中只能指定一个字段为关键字
   B. Access 2010 并不要求在每一个表中都必须包含一个主关键字
   C. 在输入数据或对数据进行修改时，不能向主关键字的字段输入相同的值
   D. 利用主关键字可以对记录快速地进行排序和索引

二、填空题

1. 数据处理的流程包括：＿＿＿＿、＿＿＿＿、＿＿＿＿、＿＿＿＿、和＿＿＿＿五个阶段。
2. 数据处理工具有＿＿＿＿、＿＿＿＿、＿＿＿＿、＿＿＿＿、＿＿＿＿。
3. 数据管理是指＿＿＿＿、＿＿＿＿、＿＿＿＿、＿＿＿＿、＿＿＿＿、＿＿＿＿等操作，它是数据处理过程中的基本环节，而且是所有数据处理过程中必有的共同部分。
4. 数据库管理系统是位于＿＿＿＿、＿＿＿＿之间的软件系统，基于不同的＿＿＿＿，DBMS 可以分为层次型、网状型、关系型等几种。
5. Access 中，一个表最多可以建立＿＿＿＿主关键字。
6. Access 数据库中，表之间的关系有＿＿＿＿、＿＿＿＿、＿＿＿＿。
7. 在关系窗口中，1——∞表示在建立关系时启动了＿＿＿＿。
8. Access 数据库中创建查询之后，要通过＿＿＿＿来获得查询结果。

三、简答题

1. 什么是数据处理？什么是数据管理？
2. 简述信息与数据的关系。
3. 请列出字处理软件的主要功能。
4. 请列出电子表格软件的主要功能。
5. 请列出演示文稿软件的主要功能。
6. 简述数据库管理系统的作用。
7. 数据独立性是什么意思？
8. 什么是数据模型？
9. 请描述数据库管理系统的优点，并列出几种常用的数据库管理系统软件。

10. 模式与子模式的关系是什么？
11. 数据库的数据完整性指的是什么？
12. 根据本章 6.4.2 节中的案例，写出查询出所有男生的全部信息的 SQL 语句。
13. 简述关系数据库 Access 是如何保证数据完整性的。
14. Access 数据库包含哪些对象？

第 7 章 数字媒体

伴随互联网的飞速发展,以互联网为信息传播载体的数字媒体成为新兴的信息载体。数字媒体改变了人类交流信息的方式,缩短了人类传递信息的路径。数字图像、数字音乐、数字动漫、数字电视、数字出版、网络游戏、数字视频等数字信息的交互和传播正在充斥着人们日常生活的方方面面,全新的数字媒体时代正在到来。本章将介绍数字媒体(包括数字音频、数字图像、计算机动画、数字视频)的相关概念、基础知识及基本应用。

7.1 数字媒体概述

7.1.1 什么是数字媒体

1. 数字媒体的定义

媒体(Medium)是信息表示和传播的载体,通常是指电视、报纸、电影等,媒体向人们传递各种信息。在计算机领域中媒体有两种含义:一种含义是指存储信息的实体,如磁盘、光盘、磁带、半导体存储器等;另一种含义是指传递信息的载体,如数字、文字、声音、图形、图像、动画和视频等。

数字媒体(Digital Medium)是指以二进制数的形式(0/1)记录、处理、传播、获取过程的信息载体。这里的载体包括数字化的文字、图形、图像、声音、视频影像和动画等感觉媒体,以及表示这些感觉媒体的表示媒体(编码),还有存储、传输、显示表示媒体的实物媒体。但一般情况下,数字媒体常常指感觉媒体。

从应用角度来讲,数字媒体是以信息科学和数字技术为主导,以大众传播理论为依据,以现代艺术为指导,将信息传播技术应用到文化、艺术、商业、教育和管理领域的科学与艺术高度融合的综合交叉学科。数字媒体包括图像、文字以及音频、视频等各种形式,以及传播形式和传播内容中采用数字化,即信息的采集、存取、加工和分发的数字化过程。数字媒体已经成为继语言、文字和电子技术之后的最新的信息载体。

数字媒体和多媒体在概念上有所区别,多媒体中的"媒体"是指感觉媒体,即数字、文字、声音、图形、图像、动画和视频等人们可以利用感觉器官识别的信息载体。数字媒体则包含感觉媒体、表示媒体、实物媒体等。二者都是通过数字技术对信息进行储存、处理和传播,而数字媒体包含多媒体,多媒体可以看作是通过数字媒体技术处理后的结果。

数字媒体相对于新闻、图书、报刊、广播、电视等传统媒体而言,具有信息的传播更加快捷、广泛、个性化、成本低廉等特点。数字媒体的发展不仅推动互联网和 IT 产业,它也将成为所有产业未来发展的动力。

2. 数字媒体的特点

数字媒体以信息的数字化为主要表现形式,以互联网为主要传播载体,因此其呈现出多样性、集成性、交互性等特点。

(1) 多样性。数字媒体综合了文本、图形、图像、动画、音频和视频等多种形式的综合信息,它不仅改变了计算机处理信息的单一模式,也使人们可以交互地处理各种信息的混合体。

(2) 集成性。以超文本、超媒体的方式将各种数字媒体信息集成在一起,使信息的表现形式丰富多彩,有利于调用受众者视觉、听觉等多方面的感官,给人们以更加直接、生动的体验。

(3) 交互性。传统信息交流媒体只能单向地、被动地传播信息,而数字媒体在传播过程中则可以实现人对信息的主动选择和实时控制,能够实现个性化的双向交流。

(4) 数字化。数字化是指各种媒体信息都是以数字化形式(0 和 1)存储和处理的,而不同于传统的模拟信号方式。数字化使得对媒体信息的加密、压缩等操作更加安全、快捷。

(5) 技术与人文艺术的融合。数字媒体具有图、文、声、像并茂的立体表现形式,单纯的数字媒体制作、传输和处理技术已经不能满足人们对数字媒体呈现的需要,还需要将技术与人文艺术相融合,从内容、界面、表现形式等多方面提升人们对数字媒体的感知体验。

3. 数字信息的分类

数字信息主要包括:文本、图像、音频、视频、动画和综合信息。

(1) 文本(Text):包括数字、字母、符号和汉字。

(2) 图像(Image):图像分为位图图像和矢量图像两大类型。位图图像是用像素点来描绘的图,而矢量图像是用计算机通过数学计算,用基本的几何图元(点、线、曲线、多边形等)来描绘的图。通常所说的图像指的是位图图像,而图形指的是矢量图像。

(3) 音频(Audio):包括语音、歌曲、音乐和各种发声。

(4) 视频(Video):指录像、电视、视频光盘(VCD 或 DVD)播放的连续动态图像。

(5) 动画(Animation):由多幅静态画片组合而成,它们在形体动作方面有连续性,从而产生动态效果。包括二维(2D)动画和三维(3D)动画。

(6) 综合信息:由文本、图像、音频、视频、动画等各种数字信息综合而成的数字报刊、数字期刊等。

7.1.2 数字媒体的关键技术

数字媒体技术是一种新兴的综合技术,融合了数字信息处理技术、计算机技术、数字通信与网络等技术领域。下面介绍几种常用的基本数字媒体技术。

1. 数据压缩技术

数字媒体信息的特点之一就是数据量庞大。例如,一幅 1024×768 分辨率的 32 位真彩色图像的数据量约为 3MB。因此，对数字媒体信息的存储和传输都需要首先进行压缩处理。所谓数据压缩，是指通过对数据编码来降低冗余信息，从而实现降低存储容量的方法。压缩后的数据可以节省传输时间，一般情况是原始数据被压缩后存放在磁盘上或是以压缩形式来传输，当用到它时，再把数据解压缩还原。

1）数据压缩方法

根据对压缩后的数据经解压缩后是否能准确恢复到压缩前的数据，可将数据压缩分为有损压缩和无损压缩两大类。

（1）有损压缩

有损压缩是指经过压缩、再解压的数据与原始数据不同但是非常接近的压缩方法。有损数据压缩又称破坏型压缩，即将次要的信息数据压缩掉，以降低声音或图像的质量为代价来减少数据量，使压缩比提高。值得注意的是，为保证尽可能高的图像或声音质量，不要重复使用有损压缩对图像或声音进行压缩，这样会因损失累积而造成更大的失真。

（2）无损压缩

无损压缩是指数据经过压缩后信息不受损失，还能完全恢复到压缩前的原样。它和有损数据压缩相对。这种压缩的压缩比通常小于有损数据压缩的压缩比。用户在压缩文件时使用的 WinZip、WinRAR 软件就是基于无损压缩原理设计的，因此可以用它来压缩任何类型的文件。

2）数据压缩的国际标准

20 世纪 80 年代，国际标准化组织（ISO）和国际电信联盟（ITU）联合成立了两个专家组：联合图像专家组（Joint Photographic Experts Group，JPEG）和运动图像专家组（Moving Picture Group，MPEG），分别制定了静态和动态图像压缩的工业标准。这些压缩标准的公布，使得图像编码压缩技术得到了飞速的发展。

（1）JPEG 标准

JPEG 标准是由联合图像专家组开发的，主要解决连续色调静态图像压缩问题。它对于多媒体的重要性在于，基本上可以这样认为：运动图像的多媒体标准 MPEG，只是将每一帧单独用 JPEG 编码，加上一些帧间压缩和运动检测的附加特征。

JPEG 是一种常用的图像有损压缩格式，压缩后的文件扩展名为".jpg"或".jpeg"。JPEG 是一种很灵活的格式，具有调节图像质量的功能，允许用不同的压缩比例对文件进行压缩，支持多种压缩级别，压缩比率通常在 10∶1～40∶1 之间，压缩比越大，品质就越低；相反地，压缩比越小，品质就越好。

JPEG 格式广泛应用于需要连续色调的图像，它既支持灰度图像，也支持彩色图像。JPEG 格式的应用非常广泛，目前各类浏览器均支持 JPEG 这种图像格式，JPEG 格式的文件尺寸较小，下载速度快。

（2）MPEG 标准

MPEG 是 ISO/IEC 委员会专为视频和音频的编码和压缩而设立的标准，并制定出 MPEG 格式，令视听传播方面进入了数码化时代。MPEG 能够以高压缩比例来压缩视频数据，因为对于构成视频的一系列图片中，它只对一部分图片进行完全编码，而中间的图片则采用相对编码技术，即并不编码整个图片，而只是将与前一幅图不同的地方编码。目前，MPEG 标准主要有：MPEG-1、MPEG-2、MPEG-4、MPEG-7 及 MPEG-21 等。

目前人们常说的 MP3，是 MPEG-1 Audio Layer 3 的缩写，和 MPEG-3 毫无关系。MP3 是当今较流行的一种音频编码和有损压缩技术，可以将音乐以 1∶10 甚至 1∶12 的压缩率，压缩成容量较小的文件，而且还非常好地保持了原来的音质。正是因为 MP3 体积小、音质高的特点使得 MP3 格式被广泛应用。

2．数字媒体的数据存储技术

数字化的媒体信息虽然经过了压缩处理，但仍然需要相当大的存储空间，因此大容量的存储介质也是多媒体数据存储技术的关键。目前单个硬盘的容量已经达到几 TB，CD-ROM 光盘的容量为 650MB 左右，存储容量更大的 DVD 光盘，其单面单密度容量为 4.7GB，双面双密度容量可达 17GB。这些大容量的存储介质已经可以满足数字媒体数据的存储。

3．网络数字媒体技术

网络数字媒体技术是网络技术与数字媒体技术有机结合的产物。随着 Internet 的普及，在网络上传输的信息不再局限于文字和图形，人们对网上视频/音频的传输要求也越来越高。面对有限的带宽，为了能够清晰、不间断地实现影音传输，就要使用到"流媒体"技术。同时，另一个概念"超媒体"也随之应运而生了。

流媒体是指采用流式传输的方式在 Internet 上播放的媒体格式。流媒体又叫流式媒体，它是指商家用一个视频传送服务器把节目当成数据包发出，传送到网络上。用户通过解压设备对这些数据进行解压后，节目就会像发送前那样显示出来。这个过程的一系列相关的包称为"流"。流媒体实际指的是一种新的媒体传送方式，而非一种新的媒体。流媒体技术全面应用后，人们在网上聊天可直接语音输入；如果想彼此看见对方的容貌、表情，只要双方各有一个摄像头就可以了；在网上看到感兴趣的商品，单击以后讲解员和商品的影像就会跳出来；更有真实感的影像新闻也会出现。在采用流式传输方式的系统中，用户不像采用下载方式那样等到整个文件全部下载完毕，而是只需经过几秒或几十秒的启动延时即可在用户的计算机上利用解压设备(硬件或软件)对压缩的音频/视频、3D 等多媒体文件解压后进行播放和观看。此时多媒体文件的剩余部分将在后台的服务器内继续下载。与单纯的下载方式相比，这种对多媒体文件边下载边播放的流式传输方式，不仅使启动延时大幅度地缩短，而且对系统缓存容量的需求也大大降低。

超媒体(Hypermedia)是超文本(Hypertext)和数字媒体在信息化浏览环境下的结合。超媒体不仅可以包含文字而且还可以包含图形、图像、动画、声音和视频，这些媒体之间也是用超级链接组织的，而且它们之间的链接是错综复杂的。超媒体与超文本之间的不同之处是，超文本主要是以文字的形式表示信息，建立的链接关系主要是文本之间的链接关系。超媒体除了使用文本外，还使用图形、图像、声音、动画或视频等多种媒体来表示信息，建立的链接关系是文本、图形、图像、声音、动画和视频等媒体之间的链接关系。

7.2 数字音频

第 2.5.2 节已经讲述了如何把自然界的模拟声音转换为数字格式的方法，本节将主要讨论计算机如何对数字音频信息进行处理。

7.2.1 数字音频基础知识

1. 什么是数字音频

数字音频是指在数字设备中,以二进制格式表示的音乐、语音和其他声音。自然界中的模拟声音需要经过数字化,即采样、量化和编码的过程,才能以数字形式存储在计算机中。计算机中的数字音频文件在播放过程中则需要转换成模拟的声波由扬声器或耳机播出。

那么在计算机中,实现模拟声音到数字音频转换的设备是什么呢?答案是:声卡。声卡是包含音频输入和输出接口以及音频处理电路的设备。音频输入接口用于接入麦克风;音频输出接口用于接入耳机或音箱;音频处理电路又被称为数字信号处理器,主要用于实现模拟信号与数字信号之间的转换,以及处理压缩和解压缩。

声卡的工作过程如图 7-1 所示。当播放数字音频时,首先将数字音频文件中的二进制数据发送给 CPU,CPU 再将其发送到声卡中,然后声卡中的数字信号处理器会处理相应的解压缩请求,并将数字音频信号转换为模拟声波再发送给扬声器。当录制声音时,声卡将来自麦克风的模拟声波转换为数字信号,并处理相应的压缩请求再发送给 CPU,CPU 再对数字音频按照用户请求进行各种其他处理。

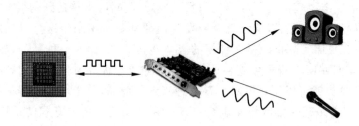

图 7-1 声卡在声音录播过程中的作用

2. 数字音频的文件格式

数字音频在计算机中是以文件的形式保存的,通过文件的扩展名能够识别出哪些文件是音频文件。根据采用的音频压缩编码方式不同,对应不同的文件格式。常见的音频文件格式有以下几种。

1) WAV 文件(.wav)

WAV 文件是 Microsoft 与 IBM 公司联合开发的无压缩音频文件格式,它来源于对声音模拟波形的采样。由于是对波形信息直接进行编码,因而 WAV 文件容量一般比较大,多用于存储简短的声音片段。

2) MPEG 文件(.mp1/.mp2/.mp3)

MPEG 文件是采用 MPEG 音频压缩标准进行压缩的文件。MPEG 文件采用的是有损压缩方法,根据压缩质量和编码复杂程度的不同可分为三层,分别对应 .mp1、mp2 和 mp3 三种文件格式,压缩比分别为 4∶1、6∶1~8∶1 和 10∶1~12∶1。由于 .mp3 文件的高压缩率、高音质效果、便于转换等优点,而适合在网上传播,是目前使用较多的音频文件格式。

3) MIDI 文件(.mid)

MIDI 是 Musical Instrument Digital Interface(乐器数字接口)的缩写,是 20 世纪 80 年代初为解决电声乐器之间的通信问题而提出的。与 WAV 文件相比,MIDI 文件存放的并不是声音的采样信息,而是音符、控制参数等指令,它指示 MIDI 设备要做什么、怎么做,如演奏哪个音符、多大音量等。声卡上的合成器通过对这些指令进行合成,然后再由扬声器放出声音。由于 MIDI 文件本身不包含波形数据,所以 MIDI 文件非常小巧,一个 MIDI 文件每存储 1min 的音乐只需大约 5～10KB。在多媒体应用中,一般使用 WAV 文件存放解说词,使用 MIDI 文件存放背景音乐。

4) WMA 文件(.wma)

WMA 的全称是 Windows Media Audio,由微软公司推出,属于网络流媒体音频格式。WMA 格式很好地兼顾了网络实时传输和音频质量的需求,即使在较低的采样频率下也能产生较好的音质,其压缩率一般可达 18∶1。许多播放器软件也纷纷开发出支持 WMA 格式的插件程序,目前 WMA 格式的使用已经非常广泛。

5) RealAudio 文件(.ra/.rm)

RealAudio 文件格式是 Real Network 公司制定的音频压缩规范,属于网络流媒体音频格式。RealAudio 文件有较高的压缩比,可以在较低的带宽下提供足够好的音质,被大多数音乐网站广泛使用。

7.2.2 数字音频处理基础

1. 数字音频的获取方法

获取数字音频主要有两种途径,一是将模拟音频数字化,二是使用计算机直接生成数字音频。具体来讲,可以来自互联网、自己录制的声音、CD、DVD、视频等文件等。

1) 录制数字音频——录音机

使用 Windows 操作系统中的录音机软件,可以方便地进行录音。录音之前,要确保音频输入设备(麦克风)已经正确连接到计算机上。

2) 从 CD 获取数字音频

从 CD 音乐光盘中获取数字音频是一种常见的方式,通常被称为"抓轨"。打开一张 CD 光盘,如图 7-2 所示。文件名 track01.cda～track09.cda 表示的是 CD 光盘中的音轨名称,共有 9 首歌曲。

这些音轨文件 track01.cda～track09.cda 中存放的只是音乐索引信息,并不包含真正的音频信息,因此不能像复制一般文件那样直接复制这些文件。要把 CD 光盘中的音乐文件保存到硬盘中,需要使用专门的音轨抓取软件,如 EAC 软件、CD 音轨高速抓取专家、Cool Edit Pro 等。现在许多播放器软件都提供了音轨抓取和刻录音乐 CD 的功能,如使用 Windows 7 自带的 Windows Media Player 的"翻录"功能就可以很方便地进行音轨的抓取。

3) 直接获取声卡播放的数字音频

当你在计算机上看电影时听到了一首好听的背景音乐,或在网页上找到一段有价值的录音资料时,或许有想把它录下来的冲动。此时可以通过一些音频录制软件,如 Total Recorder、Video MP3 Extrator 等,直接将声卡播放的数字音频录制下来。

图 7-2　CD 音乐光盘中的文件格式

2. 数字音频的格式转换

数字音频文件的格式有多种,有时需要将一种格式的音频文件转换成另一种格式,比如 MP3 转成 WMA,从而大大缩小原音频文件的体积,或者从体积较大、音质较好的无损音乐文件转换成较小的 MP3 等,这时就需要一些相关音频格式转换软件来帮助实现。常见的音频格式转换软件有格式工厂、dMC 等。一些音频播放软件和音频编辑软件也提供格式转换功能,如 Cool Edit、豪杰超级音乐工作室等。

3. 数字音频的播放

用于播放数字音频的软件有很多,常见的有:酷狗音乐、QQ 音乐、千千静听、Foobar2000 等。主流的音频播放软件支持几乎所有常见的音频格式,如.mp3、.wma、.wav、.rm 以及.mid 等。

通常,媒体播放软件既可用于播放视频影像文件,也可以播放数字音频,如 Windows 7 自带的媒体播放器软件 Windows Media Player 12。

4. 数字音频的编辑

有时我们也希望对原有的数字音频进行润色,或添加一些特效。音频编辑的作用就是修饰和编辑原有的声音文件,使其达到我们想要的效果。

数字音频的编辑主要指对音频文件进行删除、截取、复制、添加等操作,以及一些特效的使用,如多音轨的混合、声音的渐入渐出、制作和消除噪声等。常见的数字音频编辑软件有 Audacity、Sound Forge、WaveLab、Audition、WaveCN 等。

7.3　数字图像

第 2.5.1 节已经讲述了把图像转换为数字格式的方法,本节将主要讨论计算机如何对数字图像进行处理。

7.3.1 数字图像基础知识

1. 什么是数字图像

数字图像是指以二维数字方式存储和处理的图像。数字图像是相对于模拟图像而言的,那么什么是模拟图像呢?模拟图像又称连续图像,是指在二维坐标系中连续变化的图像,即图像的像点是无限稠密的,同时具有灰度值(即图像从暗到亮的变化值)。模拟图像的典型代表是由光学透镜系统获取的图像,比如用胶卷拍出的相片就是模拟图像。通过对模拟图像数字化可以将模拟图像转换为数字图像,从而便于计算机的存储和处理。数字化的过程主要包括采样、量化和编码,具体内容可参阅 2.5.1 节。

数字图像与模拟图像相比,主要优势如下。

(1) 便于长期保存,图像质量不会随时间延续而下降;

(2) 便于复制,数字图像的复制非常简单,就是文件的复制,而且能够保证副本与原版完全相同;

(3) 便于后期处理,利用图像处理软件能够方便地对数字图像进行编辑和处理;

(4) 便于传输,利用计算机网络可以方便地实现数字图像的远程传输。

2. 位图与矢量图

根据图像记录和保存的方式不同,可以将图像分成两种:位图和矢量图。位图又称为点阵图或栅格图,由一系列像素点组成,每个点的颜色都以二进制的数字形式存储。矢量图不同于位图,它不是由像素点组成的,因此也不会存储每个像素点的颜色,而是由一组可以重建图片的指令构成。为了便于理解,可以想象成类似这样的指令:画一个半径为 30 像素的圆,再将圆涂成红色。位图和矢量图的主要区别,参见表 7-1。

表 7-1 位图和矢量图

图像种类	位　图	矢　量　图
特点	色彩丰富、文件较大、放大后会失真	色彩简单、文件较小、放大不会失真
文件格式	.bmp、.jpg、.psd、.gif、.png 等	.wmf、.ai、.eps、.dxf、.dwg 等
常用绘制软件	Adobe Photoshop、Corel Painter 等	Adobe Illustrator、CorelDRAW、Freehand、Flash 等
适用领域	适用于表现颜色和层次丰富的图像,如人物照片、景色照片等	适用于色彩简单、鲜明的标识、图标、Logo、动画等的制作
获取方法	通过数码相机、扫描仪或图像处理软件绘制得到	无法通过拍照或扫描获得,主要依靠矢量绘图软件生成

在计算机图形学中,一般把矢量图称为图形,分为二维和三维图形;把位图称为图像,分为静态和动态图像,静态位图又分为二维和三维图像,动态位图又分为视频和动画。

看到一幅图,你能准确分辨它是位图还是矢量图吗?仅靠肉眼观察是难以准确判断的,虽然通常情况下位图的色彩更丰富、细腻,矢量图相对简单、缺乏层次,但是有些位图色彩也很简单,有些矢量图看起来颜色层次也很丰富、很逼真。要想更为准确地分辨它们,则需要通过文件的扩展名来查看。常见的位图文件扩展名有 .bmp、.jpg、.psd、.gif、.png 等,矢量图文件扩展名有.wmf、.ai、.eps、.dxf、dwg 等。

位图和矢量图之间能否互相转换呢？

1) 矢量图转换为位图

矢量图通过"栅格化"可以转换为位图,"栅格化"是指通过向矢量图形添加栅格来确定每个像素颜色的过程。例如,在 Photoshop 中可以将输入的文字进行栅格化从而为其增加更多图像处理效果,还可以通过 Print Screen 键将显示的矢量图通过截屏功能转换为位图。一旦将矢量图形转换为位图,得到的位图图像将不再具有矢量图的特性,例如,将图像放大后会失真。

2) 位图转换为矢量图

位图转换为矢量图比矢量图转换为位图要困难许多,需要使用专门的绘图软件来实现,如 VectorMagic、CorelDraw 的自带插件 Corel Power TRACE、VectorEye 等。绘图软件通过定位位图图像的色彩边界,将其拆分成若干小的形状,从而将其转换为矢量图。绘图软件在进行位图向矢量图转换时,对于简单图像和线条图转换效果较好,对于画面颜色复杂、细腻的图片,转换效果往往不太好,甚至让人无法接受。

3. 数字图像的文件格式

数字图像的文件格式种类很多,下面介绍几种常见的图像文件格式:BMP、TIFF、GIF、JPEG、WMF。

1) BMP 格式

BMP(Bitmap)这种图像文件将数字图像中的每一个像素对应存储,一般不使用任何压缩方法,因此 BMP 格式的图像文件相对较大,特别是具有 24 位图像深度的真彩色图像更是如此。由于 BMP 图像文件的无压缩特点,在多媒体制作中,通常不直接使用 BMP 格式的图像文件,只是在图像编辑和处理的中间过程使用它保存最真实的图像效果,编辑完成后转换成其他图像文件格式,再应用到多媒体制作中。

2) TIFF 格式

TIFF(Tagged Image File Format)不依附于某个特定的软件,并支持多种图像压缩格式。TIFF 文件格式允许在同一个文件中存储多幅图像。

3) GIF 格式

GIF(Graphics Interchange Format)的图像最多支持 256 色,支持简单的动画。GIF 格式的数字图像文件占用计算机存储空间较小,在多媒体制中,消耗的系统内存和调用时间相对较少。GIF 的这种特点使它成为多媒体制作和网页制作中经常用到的图像文件格式。

4) JPEG 格式

JPEG(Joint Photographic Experts Group)采用先进的压缩算法,压缩时具有较好的图像保真度和较高的压缩比。JPEG 图像格式是目前应用范围较广的一种图像文件格式。

5) WMF 格式

WMF(Windows Metafile Format)是 Windows 中常见的一种图元文件格式,属于矢量文件格式。它具有文件短小、图案造型化的特点,整个图形常由各个独立的组成部分拼接而成,其图形往往较粗糙。

7.3.2 数字图像处理基础

1. 图像素材的获取

获取图像素材的途径有很多,比如从互联网上下载图像、利用扫描仪或数码相机导入图像或直接利用计算机绘图软件绘制图像等。

1) 从互联网上获取图像素材

很多搜索引擎提供了专门的图像搜索功能,如百度。

2) 通过抓屏获取屏幕窗口图像

键盘上的 Print Screen(注:笔记本键盘上标注为 PrtSc SysRq)键可以很方便地实现截屏操作,其结果是将当前整个屏幕图片内容保存到剪贴板中,然后打开要放置屏幕图片的目标文件,在相应位置执行"粘贴"命令就可以了。

有时需要截取当前窗口图片,而不是整个屏幕,此时只需要按住 Alt+Print Screen 组合键,即可将当前窗口保存到剪贴板中。

若需要截取屏幕上的某个小图标,比如窗口的"关闭"按钮图标×,此时需要先将窗口图像粘贴到图像处理软件中(如"画图"软件),然后使用图像处理软件中的相应选择工具选中需要的图标并执行"复制"命令,再切换到目标位置,执行"粘贴"命令就可以了。

3) 使用 Office 办公软件提供的剪贴画

剪贴画是 Office 办公软件为用户提供的已经绘制好的矢量图形,其格式为 Windows 图元文件(*.wmf)或者 Windows 增强型图元文件(*.emf)。在 Office 办公软件中执行"插入"|"图片"|"剪贴画"菜单命令即可实现剪贴画的插入。

如果希望在其他支持矢量图形格式的软件中插入 Office 剪贴画,只需要像插入其他图片文件一样插入剪贴画文件就可以了。剪贴画的存放位置和 Office 版本有关,如果安装的是 Office 2010,可在目录"C:\Program Files\Microsoft Office\MEDIA\CAGCAT10"下查找,或者通过 Windows 操作系统的"搜索"命令,使用通配符"*.wmf"或者"*.emf"进行查找。

使用 PowerPoint 软件,用户可以很方便地编辑已有的剪贴画或者自行绘制新的剪贴画。选中已插入的剪贴画,执行"编辑"|"编辑图片"菜单命令,可以对剪贴画进行重新编辑修改。要制作新的剪贴画,首先使用绘图工具栏中的各种工具进行图形绘制,然后将这些形状全部选中并组合,接下来用鼠标右键单击组合后的图形,在弹出的快捷菜单中选择"另存为图片"命令并保存图片即可,需要注意的是保存文件的类型应该为 Windows 图元文件(.wmf)或者 Windows 增强型图元文件(.emf)。

4) 使用 Office 办公软件中的绘图工具绘制图形

Word、PowerPoint、Excel 等 Office 办公软件中都提供了"绘图"工具栏,利用其中的绘图工具可以很方便地绘制标注框、流程图等简单的矢量图形,如图 7-3 所示就是使用绘图工具绘制的图形。

5) 利用数码照相机或扫描仪导入图像

当今,数码照相机(Digital Camera,DC)的使用已经非常普及。使用数码照相机拍摄的照片以文件的形式保存在相机的存储卡中。要将相机

图 7-3 自绘图形

中的照片导入计算机，首先需要使用连接线将数码照相机和计算机连接起来，目前连接线连接计算机的一端通常为 USB 接口。

扫描仪是计算机的一种输入设备，它的作用就是将图片等书面材料或实物的外观扫描后输入到计算机中，并形成文件保存起来。USB 扫描仪是市场上的主流，这种扫描仪的安装非常简便。使用连接线将扫描仪和计算机连接好后，接通扫描仪和计算机的电源，随后计算机会自动检测到当前系统中的 USB 扫描仪，根据屏幕的安装提示来完成扫描仪驱动程序和配置软件的安装。安装结束后，就可以利用扫描仪随机附带的编辑软件来使用扫描仪了。

2．常见的图像处理软件

1)"画图"工具

"画图"是 Windows 自带的一个画图工具软件，小巧方便，可以用它创建简单或者精美的图画。这些绘图可以是黑白或彩色的，并可以存为位图文件。可以打印绘图，将它作为桌面背景，或者粘贴到另一个文档中。还可以使用"画图"查看和编辑扫描的相片。

2) Photoshop

Photoshop 是图形图像处理领域的专业软件。Photoshop 具有功能强大、实用易学等特点，广泛应用于图像创意、特效文字、照片修整、广告设计、商业插画制作、绘制、影像合成、效果图后期处理等领域。

3) ACDSee

ACDSee 广泛应用于图片的获取、管理、浏览和优化，是目前比较流行的数字图像处理软件。使用 ACDSee，可以从数码相机和扫描仪高效获取图片，并进行便捷的查找、组织和预览。将快速、高质量显示的图片配以内置的音频播放器，就可以享用它播放出来的精彩幻灯片了。ACDSee 还能处理如 MPEG 之类常用的视频文件。此外，ACDSee 是得心应手的图片编辑工具，轻松处理数码影像，拥有的功能包括去除红眼、剪切图像、锐化、浮雕特效、曝光调整、旋转、镜像等，还能进行批量处理。

ACDSee 可以实现图片格式间的轻松转换。例如，要进行 BMP 格式与 JPG 格式间的转换，在 ACDSee 中选择"文件"菜单中的"另存为"命令，可将已打开的图片"另存为"所需的文件格式。

4) Fireworks

Fireworks 是 Web 图像处理的软件，它具有图像的创建、编辑、优化以及生成 Web 代码等功能，提供了制作 Web 图像的全面解决方案，已经得到广泛的应用。

7.4 动画技术基础

7.4.1 计算机动画

1．动画的形成

1831 年，法国人 Joseph Antoine Plateau 把画好的图片按照顺序放在一部机器的圆盘上，圆盘可以在机器的带动下转动。这部机器还有一个观察窗，用来观看活动图片效果。在机器的带动下,圆盘低速旋转。圆盘上的图片也随着圆盘旋转。从观察窗看过去,图片似乎动了起来,形成动的画面,这就是原始动画的雏形,如图 7-4 所示。

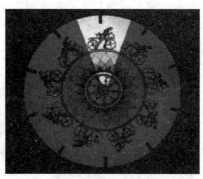

图 7-4　动画的雏形——幻透镜

动画是由若干静态画面,快速交替显示而形成的。动画的形成依赖于人眼的"视觉暂留原理",即人的眼睛看到一幅画或一个物体后,在 1/24s 内不会消失。利用这一原理,在一幅画面还没有消失前播放出下一幅画面,就会给人一种流畅的视觉变化效果。因此,电影采用了每秒 24 幅画面的速度拍摄播放,电视采用了每秒 25 幅(PAL 制式)或 30 幅(NTSC 制式)画面的速度拍摄播放。如果以每秒低于 24 幅画面的速度拍摄播放,就会出现停顿现象。

2. 计算机动画及其分类

计算机动画是指采用图形与图像的处理技术,借助于编程或动画制作软件生成一系列的景物画面,其中当前帧是前一帧的部分修改。计算机动画是采用连续播放静止图像的方法产生物体运动的效果。如今计算机动画的应用已经十分广泛,应用领域包括动画片制作、广告、电影特技、教学演示、训练模拟、作战演习、产品模拟试验以及电子游戏等。

计算机动画有两种基本类型:二维动画和三维动画。

二维动画中的画面是使用动画绘图软件绘制的二维平面上的序列化动画画面。图 7-5 是动画片《白雪公主》中的一个镜头,属于二维动画的一个画面。常见的二维动画技术有 GIF 动画、SWF 动画、DHTML 动画和 Java 动画等。

1) 二维动画

(1) GIF 动画

构成动画的每个画面都是 GIF 图像。GIF 图像是基于位图的,并且颜色受限为 256 色,不支持音频。如果 GIF 动画过于复杂,所需的画面数很多,则文件也会很大,因此 GIF 动画只适合尺寸小、内容和形式简单的动画制作。GIF 动画具有制作简单、精致小巧、活泼可爱、使用浏览器可直接播放等优点。无论访问哪个网站的主页,都可以发现正是由于有那些色彩缤纷、活泼可爱的 GIF 小动画的装饰,才使得这些主页显得生机勃勃、绚丽多彩。常见的制作 GIF 动画的软件有 GIF Movie Gear、Ulead GIF Animator、动画兵工厂等。

(2) SWF 动画

SWF 是目前最为常用的矢量动画格式。矢量动画是指构成动画的每个画面都是矢量图形。目前大部分二维动画都是"矢量动画"。矢量动画具有清晰、平滑、文件小、易于缩放等优点,目前已经成为网上动画媒体的主要形式。最常见的制作 SWF 动画的软件就是 Flash。

(3) DHTML 动画和 Java 动画

DHTML 动画是通过使用动态网页技术制作的网络动画。Java 动画是通过 Java 编程语言编写的动画小程序。这两种动画技术适合制作复杂的交互式强的网络动画,但是由于制作过程涉及编程,因此制作起来往往比较困难。

2) 三维动画

三维动画又称 3D 动画,是近年来随着计算机软硬件技术的发展而产生的一项新兴技术。三维动画软件通过对创建的物体进行三维渲染,营造更为逼真的光影效果和立体感受,有更强的视觉冲击力。图 7-6 是电影《魔戒》中的"咕噜"造型,属于三维动画的一个画面。由于三维动画技术的精确性、真实性和无限的可操作性,目前被广泛应用于医学、教育、军事、娱乐、影视广告等诸多领域。常见的三维动画制作软件有 3ds Max、Maya 等。

图 7-5 二维动画画面——白雪公主

图 7-6 三维动画画面——咕噜

7.4.2 动画制作软件 Flash 简介

Flash 是比较流行的动画作品(如网上各种动感网页、Logo、广告、MTV、游戏和高质量的课件等)的制作工具,并成为事实上的交互式矢量动画标准。微软在其新版的 Internet Explorer 中也内嵌了 Flash 播放器。Flash 可以包含简单的动画、视频内容、复杂演示文稿和应用程序以及介于它们之间的任何内容。通常,使用 Flash 创作的各个内容单元称为应用程序,即使它们可能只是很简单的动画。可以通过添加图片、声音、视频和特殊效果,构建包含丰富媒体的 Flash 应用程序。要在 Flash 中构建应用程序,可以使用 Flash 工具箱中绘图工具创建图形,并将其他媒体元素导入 Flash 文档。Flash 是 Macromedia 公司推出的交互式矢量图和 Web 动画的标准,现已被 Adobe 公司收购。

由于在 Flash 中采用了矢量作图技术,各元素均为矢量,因此只用少量的数据就可以描述一个复杂的对象,从而大大减少动画文件的大小。此外,矢量图像还有一个优点是可以真正做到任意放大和缩小,而不会有任何失真。Flash 之所以在网上广为流传,一方面是因为其生成文件小,另一方面是采用了流控制技术。简单地说,也就是边下载边播放的技术,不用等整个动画下载完,就可以开始播放。

Flash 动画是由一系列编辑帧组成的,这些帧是以时间发展为先后顺序排列的。在编辑过程中,除了传统的"帧-帧"动画变形以外.还支持了过渡变形技术,包括移动变形和形状变形。"过渡变形"方法只需制作出动画序列中的第一帧和最后一帧(关键帧),中间的过渡帧可通过 Flash 计算自动生成。这样不但可以大大减少动画制作的工作量,缩减动画文件的尺寸,而且过渡效果非常平滑。通过对帧序列中关键帧的制作,产生不同的动画和交互效果。

Flash 动画与其他数字电影的一个基本区别就是具有交互性。所谓交互就是通过使用键盘、鼠标等工具,可以在作品各个部分跳转,使观众参与其中。Flash 交互是通过 ActionScript 实现的。ActionScript 是 Flash 的脚本语言,随着其版本的不断更新,日趋完美。使用 ActionScript 可以控制 Flash 电影中的对象、创建导航和交互元素,制作非常具有魅力的作品。

Flash 的设计界面友好,操作方便。有兴趣的设计者可以发挥想象力,随心所欲地制作复杂的动画,在作品中实现自己的梦想,创造出动感十足、交互性强、精美绝伦的动画作品。

1. Flash 工作界面

这里选用的 Flash 版本为 Flash CC,其工作界面如图 7-7 所示。

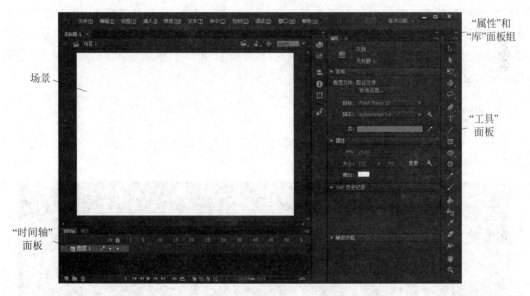

图 7-7　Flash CC 的工作界面

1) 场景

场景又叫舞台,是指供动画制作和播放的场地。场景由图层组成,而图层又由帧组成。允许建立一个或多个场景,以此来扩充更多的舞台范围。场景用于显示图形、视频、按钮等素材内容的位置,这些图形内容包括矢量插图、文本框、按钮、导入的位图图形或视频剪辑,诸如此类。用户可以在工作时放大和缩小场景的视图。场景中有一个白色区域,它是舞台的工作区,只有在工作区内的对象才能够在播放时显示,超出工作区的对象将不被显示。

2) "时间轴"面板

"时间轴"面板由左侧的"图层"面板和右侧的"帧"面板组成。"图层"面板用于新建图层、改变图层次序、设置特殊图层(如遮罩层、引导层等)等,其主要用于合成和控制元素叠放的次序,以及制作遮罩动画、引导层动画等。"帧"面板可实现在时间轴中插入、删除、选择和移动帧,时间轴是动画播放的时间线,动画从左到右一帧一帧地播放。时间轴就好像导演的剧本,它决定了各个场景的切换和演员的出场、表演的时间顺序。Flash 把动画按时间顺序分解成帧,在舞台上直接绘制的图形画面或者从外部导入的图像均可以形成单独的帧,再把各个单独的帧图像画面连在一起,形成动画。

3)"属性"和"库"面板组

通过单击"属性"和"库"标签可以切换显示"属性"面板和"库"面板。"属性"面板用于显示和设置当前工具的各种属性;"库"面板用来存放各种元件,以供随时调用。

4)"工具"面板

工具面板主要包括绘制和编辑矢量图的各种操作工具,如套索工具、钢笔工具、文本工具、矩形工具、椭圆工具等。为了节省界面空间,多个工具会占用同一个图标位置,如套索工具、多边形工具和魔术棒三个工具占用了同一个图标位置,通过在图标位置处单击鼠标可以选择其他工具使用。

Flash 文档的文件扩展名为.fla,.fla 文件通常被称为源文件,它在 Flash 中的地位与 PSD 文件在 Photoshop 中的地位类似,所有的原始素材都保存在.fla 文件中,便于在 Flash 中再次打开和继续编辑。由于它包含所需要的全部原始信息,所以体积较大,为了便于以后对 Flash 文档的修改和编辑,建议最好保留.fla 格式的文档。当完成 Flash 文档的创作后,可以使用"文件"|"发布"命令发布它,这时会创建文件的一个压缩版本,其扩展名为.swf,可以在 Web 浏览器中通过 Flash Player 直接播放。

2. Flash 的基本要素

Flash 是一种动画工具,在用其制作动画前必须掌握几个概念,如帧、图层、元件、实例等,如图 7-8 所示。

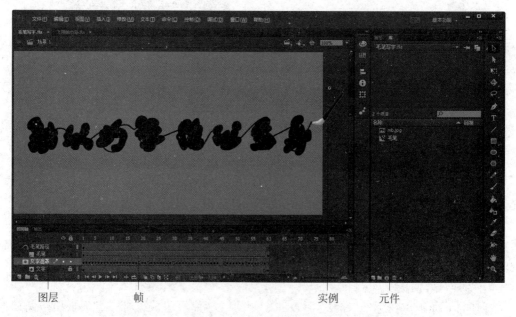

图 7-8 Flash 的基本要素

1) 元件与实例

元件是存放在"库"面板中供用户重复使用的对象,可以是图形、动画、按钮、影片剪辑、音频、字体等;而实例是元件在场景上的应用。当在场景上创建一个元件时,这个元件就自动保存在"库"中,当把元件从"库"面板中拖到场景工作区内时,就创建了该元件的一个实例。

修改场景内的实例,并不会影响到"库"面板中的元件与该元件的其他实例;修改"库"面板中的元件,场景内该元件的所有实例都将随之改变。

2) 帧

帧是一幅静态的画面,在时间轴窗口里面沿水平方向一格一格的就是帧。制作动画有两种方式:一种是逐帧动画,另一种是渐变动画。在逐帧动画中,需要在每一帧上创建一个不同的画面,连续的帧组合成连续变化的画面。渐变动画只需确定动画起点帧和终点帧的画面,中间部分的渐变画面由 Flash 自动生成。

关键帧定义了动画的变化环节。逐帧动画的每一帧都是关键帧;而渐变动画在动画的重要点上创建关键帧,由 Flash 自己创建关键帧之间的内容。

▪:"关键帧",该帧中有动画内容。

▫:"空白关键帧",该帧中没有任何对象。

▪:"关键帧",该帧中有动画内容而且该帧内已被写上 ActionScript。

3) 图层

图层这个概念在许多的图形软件中都会出现,而且它也是专业级图形软件必备的工具。使用"图层"面板,可以在不同的图层上创建图形和图形的动画行为。并且各层上的图案彼此之间不会产生影响,这样就可以简化动画的创作以及简化对动画中对象的管理。也可以将图层看作是重叠在一起的透明纸,通过上面的透明纸可以看到下面各张纸上的内容。而上面纸中有图案的部分将会遮住下面纸上相同部位,所以可以通过调节图层的上下位置来改变所要显示的内容。图层就如同一张透明的胶片,可以将动画中的每个元素放置在不同层中,层交叠就形成完整的画面。Flash 的图层包括普通层、引导层和遮罩层,每一类图层都有不同的创建方式,其编辑管理方式也不同。

3. Flash 的基本功能

Flash 动画设计的基本功能包括:绘图和编辑图形、补间动画、逐帧动画、遮罩动画和引导层动画等。

1) 绘图和编辑图形

Flash 中的每幅图形都是基于各种形状组合而成的。形状由两个部分组成:填充和笔触。前者是形状里面的部分,后者是形状的轮廓线。Flash 包括多种绘图工具,它们在不同的绘制模式下工作。许多创建工作都开始于像矩形和椭圆这样的简单形状,因此能够熟练地绘制它们、修改它们的外观以及应用填充和笔触是很重要的。

2) 补间动画

补间动画分为动作补间和形状补间两种形式。

(1) 动作补间动画

动作补间动画是指在 Flash 时间轴面板的一个关键帧上放置一个元件,然后在另一个关键帧上改变这个元件的大小、颜色、位置、透明度等，Flash 将自动根据两帧的值创建中间帧的动画。动作补间动画建立后，帧面板的背景色变为淡紫色，在起始帧和结束帧之间有一个长长的箭头。构成动作补间动画的元素必须是元件或形状的组合，但不能是形状，只有把形状组合（按快捷键 Ctrl+G）或者转换成元件后才可以做动作补间动画。

(2) 形状补间动画

形状补间动画是在 Flash 时间轴面板上的一个关键帧上绘制一个形状，然后在另一个关键帧上更改该形状或绘制另一个形状，Flash 将自动根据两帧的值或形状来创建动画。用户只需要提供两个分别包含变形前和变形后对象的关键帧，中间过程由 Flash 自动完成。这种动画可实现两个图形之间的形状、颜色、大小与位置的相互变化。形状补间动画建立后，时间帧面板的背景色变为淡绿色，在起始帧和结束帧之间也有一个长长的箭头。构成形状补间动画的元素多为用鼠标或压感笔绘制出的形状，而不能是图形元件、按钮、文字等，如果要使用图形元件、按钮、文字，则需先将其打散（按快捷键 Ctrl+B）后才可以做形状补间动画。

3) 逐帧动画

逐帧动画是在时间轴上逐帧绘制帧内容的动画，它的原理是在"连续的关键帧"中分解动画动作，也就是每一帧中的内容不同，连续播放形成动画。利用逐帧动画不但可以将 JPG、PNG 等格式的静态图片连续导入 Flash 中，建立一段逐帧动画，还可以用文字做成的元件实现文字旋转、按一定路径跳跃等效果。

4) 遮罩动画

在 Flash 中，通过遮罩图层中的图形或者文字等对象，可以透出下面图层中的内容。"遮罩"的用途一是用在整个场景或一个特定区域，使场景外的对象或特定区域外的对象不可见；另一个是用来遮罩住某一元件的一部分，从而实现一些特殊的效果，如放大镜、百叶窗效果等。

5) 引导层动画

引导层动画指将一个或多个层链接到一个运动引导层，使一个或多个对象沿同一条路径运动的动画。引导层中的内容可以是用钢笔、铅笔、线条、椭圆工具、矩形工具或画笔工具等绘制。

7.5 数字视频

7.5.1 视频基础知识

1. 视频基本概念

视频（Video）是由一系列静态图像快速连续播放而形成的，每一幅图像称为帧（Frame）。从广义上来讲，动画也是视频的一种。前面介绍过位图和矢量图的概念，位图通常被称为图像，而矢量图通常被称为图形。因此，我们通常认为视频是由若干幅"图像"快速连续播放构成的，而动画是由若干幅"图形"快速连续变化构成的。图 7-9 对这组概念进行了形象的描述。

需要说明的是，在实际工作中，这两个词语有时并不是严格区分的。比如说用 Flash 制作的动画通常不会说是视频，但是使用 3ds Max 等软件制作出的三维动画，实际上并不是矢量的，而是已经逐帧渲染为位图了，但是通常不会把它称为"三维视频"，而称为"三维动画"。视频可以分为两类：模拟视频和数字视频。

模拟视频是指每一帧图像是实时获取的自然景物的真实图像信号，采用电磁信号的格式保存。我们在日常生活中看到的电视、电影都属于模拟视频的范畴。模

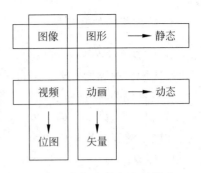

图 7-9 视频相关概念的描述

拟视频信号具有成本低和还原性好等优点，视频画面往往会给人一种身临其境的感觉。但它的最大缺点是不论被记录的图像信号有多好，经过长时间的存放之后，信号和画面的质量将大大降低；或者经过多次复制之后，画面的失真就会很明显。

数字视频是用二进制位存储每个视频帧的颜色和亮度。可以理解为存储了一系列位图图像的数据，其中每个像素的颜色都是由二进制数字表示的。数字视频与模拟视频相比有以下特点。

（1）数字视频可以不失真地进行无数次复制，而模拟视频信号每转录一次，就会有一次误差积累，产生信号失真。

（2）模拟视频长时间存放后视频质量会降低，而数字视频便于长时间的存放。

（3）可以对数字视频进行非线性编辑，并可增加特技效果等。

（4）数字视频数据量大，在存储与传输的过程中必须进行压缩编码。

2．视频的数字化

如果希望使用计算机对原有的模拟视频信息进行处理和显示，必须首先进行视频数字化。视频数字化过程和音频数字化类似，需要在一定的时间内以一定的速度对视频信号进行采样、量化、编码等过程，实现模数转化、彩色空间变换和编码压缩等，这一过程通过视频采集卡和相应的视频捕捉软件来实现。视频采集卡通常配有视频捕捉软件来控制视频捕捉，确定捕捉的帧频和解析度，并负责视频文件的生成。

数字化后的视频信号如果不经过压缩，其数据量是非常庞大的，数据量大小是帧数乘以每帧图像的数据量。例如，要在计算机上连续显示分辨率为 1280×1024 的 24 位真彩色图像，以每秒 30 帧计算，播放 1min 的数据量为：

$$1280 \times 1024 \times 3(B) \times 30(帧/s) \times 60(s) \approx 6.6GB$$

由上面的例子可以看出，视频信息的数据量非常庞大，如果不经过压缩，一张 650MB 的光盘只能存放 6s 左右的视频，因此视频的数字化通常需要进行视频压缩。视频压缩方式分为帧内压缩和帧间压缩两类。帧内压缩是对单帧的静态图像进行压缩，不会影响其他帧，通常为有损压缩，压缩量一般不会很高。帧间压缩是根据多帧图像之间的相关性，压缩相同的冗余信息，通常为无损压缩，压缩量一般较高。多数视频压缩编码标准都是有损压缩，采取帧间压缩的方式，最具代表性的就是 MPEG 标准。

3. 数字视频的文件格式

目前,视频文件格式可以分为适合本地播放的本地影像视频和适合在网络中播放的网络流媒体影像视频两大类。值得一提的是:尽管后者在播放的稳定性和播放画面质量上可能没有前者优秀,但网络流媒体影像视频的广泛传播性使之正被广泛应用于视频点播、网络演示、远程教育、网络视频广告等互联网信息服务领域。下面介绍几种常见的本地影像视频格式和网络流媒体视频格式。

1) 影像格式

(1) AVI 格式

AVI 是由微软(Microsoft)公司于 1992 年推出的一种视频格式,其英文全称是 Audio Video Interleaved,即音频视频交错格式。所谓"音频视频交错",就是可以将视频和音频交织在一起进行同步播放。这种视频格式的优点是图像质量好,可以跨多个平台使用,其缺点是体积过于庞大,而且压缩标准不统一,最普遍的现象就是高版本 Windows 媒体播放器不能播放早期编码编辑的 AVI 格式视频,而低版本 Windows 媒体播放器又播放不了采用最新编码编辑的 AVI 格式视频。如果在进行 AVI 格式视频播放时遇到了一些不能正常播放的情况,可以通过下载相应的解码器来解决。

(2) nAVI 格式

nAVI 是 newAVI 的缩写,是由名为 ShadowRealm 的地下组织发展起来的一种新视频格式。它是由 Microsoft ASF 压缩算法修改而来的,但是又与下面介绍的网络影像视频中的 ASF 视频格式有所区别,它以牺牲原有 ASF 视频文件视频"流"特性为代价而通过增加帧率来大幅提高 ASF 视频文件的清晰度。

(3) MOV 格式

由美国 Apple 公司开发的一种视频格式,默认的播放器是苹果的 QuickTime Player。具有较高的压缩比率和较完美的视频清晰度等特点,其最大的特点是跨平台性,即不仅能支持 Mac OS,同样也能支持 Windows 系列。

(4) MPEG/MPG/DAT

这是由国际标准化组织 ISO(International Standards Organization)与 IEC(International Electronic Committee)联合开发的一种编码视频格式。MPEG 是运动图像压缩算法的国际标准,现已被几乎所有的计算机平台共同支持。

(5) 5DivX 格式

由 MPEG-4 衍生出的另一种视频压缩编码标准。其画质直逼 DVD 并且体积只有 DVD 的约 10%,这种编码对机器的配置要求不高。

2) 流媒体格式

(1) RM 格式

Real Networks 公司所制定的音频/视频压缩规范称为 Real Media,RM 格式就是符合 Real Media 规范的一种新型流式视频文件格式。可以使用 RealPlayer 或 RealOne Player 对符合 Real Media 技术规范的网络音频/视频资源进行实况转播,并且 Real Media 可以根据不同的网络传输速率制定出不同的压缩比率,从而实现在低速率的网络上进行影像数据实时传送和播放。

(2) RMVB 格式

由 RM 视频格式升级延伸出的新视频格式,它的先进之处在于在保证静止画面质量的前提下,大幅提高了运动图像的画面质量,从而图像质量和文件大小之间就达到了微妙的平衡。RMVB 视频格式还具有内置字幕和无须外挂插件支持等独特优点。

(3) WMV 格式

WMV 是由微软推出的一种采用独立编码方式并且可以直接在网上实时观看视频节目的文件压缩格式,它的英文全称为 Windows Media Video。WMV 格式的主要优点包括:本地或网络回放、可扩充的媒体类型、部件下载、可伸缩的媒体类型、流的优先级化、多语言支持、环境独立性、丰富的流间关系以及扩展性等。

(4) ASF 格式

ASF 是由微软公司开发的一种流媒体格式,其英文全称为 Advanced Streaming Format。由于它使用了 MPEG-4 的压缩算法,所以压缩率和图像的质量都很不错。用户可以直接使用 Windows 自带的 Windows Media Player 对其进行播放。

(5) MOV 格式

MOV 也可以作为一种流文件格式。QuickTime 能够通过 Internet 提供实时的数字化信息流、工作流与文件回放功能。为了适应网络多媒体应用,QuickTime 为多种流行的浏览器软件提供了相应的 QuickTime Viewer 插件,这样就能够在浏览器中实现多媒体数据的实时回放。

7.5.2 数字视频处理基础

1. 视频素材的获取

获取视频素材的途径主要有两种,一是通过专门的视频捕获设备录制视频,如摄像机或摄像头,二是对现有的视频文件进行截取和转换,如从网上直接下载视频文件。

1) 从互联网上获取视频素材

从互联网上获取视频是一种常见的方式,借助于搜索引擎可以很快捷地检索出需要的视频素材,然后下载到本地计算机中就可以了。

2) 从数码摄像机或摄像头获取视频

首先,要确保设备驱动程序已经正确安装,并将数码摄像机或摄像头和计算机正确连接,然后将数码设备打开,并运行专门的软件来捕获视频。

3) 使用屏幕录制软件录制视频

使用屏幕录制软件可以录制计算机软件的使用和操作过程,常用在计算机辅助教学上。常见的屏幕录制软件有 Camtasia Studio、屏幕录像专家、BB FlashBack Professional、Screen2Exe、WiseCam、Snag It、Wink 等。

还可以从 VCD 或 DVD 影片中获取视频,这里不再一一讲述。通过使用专门的视频格式转换工具可以将 DVD 光盘中的 VOB 视频文件转换成 AVI、MPG 等格式。

2. 视频格式转换

目前,视频格式转换软件主要有"格式工厂""万能视频格式转换器""MP4 格式转换器"

"AVI视频转换器"以及"暴风转码"等。下面主要介绍"格式工厂"的视频转换方法。这里介绍如何将 DAT 视频文件截取其中一段,并转换为 AVI 文件,具体步骤如下。

第一步:下载并安装好"格式工厂"软件,主界面如图 7-10 所示。

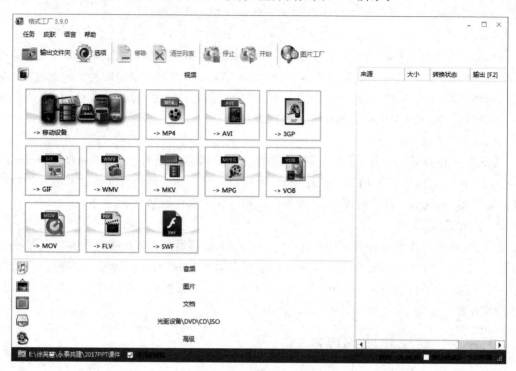

图 7-10 "格式工厂"软件主界面

第二步:在"视频"面板,单击"->AVI"图标,在"->AVI"对话框的右上角单击"添加文件"按钮,添加了 AVSEQ06.DAT 文件,并单击界面下方的"改变"按钮,为转换后的输出文件选择保存路径,见图 7-11。

第三步:单击"输出设置"按钮,打开"输出设置"对话框,如图 7-12 所示。在该对话框中可以对视频流、音频流以及附加字幕等选项进行设置,这里保持默认设置。同时可以看到,输出的格式为 AVI 文件。

第四步:单击"选项"按钮,如图 7-13 所示,设定"开始时间"和"结束时间",单击"确定"按钮。

第五步:在主界面上单击"开始"按钮,视频格式开始转换,如图 7-14 所示。转换结束后,即可到输出路径查找转换后的文件。

3. 数字视频编辑

打开手机或计算机,你一定对网络中铺天盖地的个性化视频深有感触,比如视频简历、搞笑片段、广告、纪录短片等。个人视频的新时代已经到来,只需一部手机和一台计算机,每个人都可以坐在家里,制作出精美的个性化视频。

数字视频制作主要有两个步骤,一是视频采集,二是视频编辑。视频采集即获取视频素材的过程,可以从网上下载视频,也可以自己录制视频。手机是人们最常用的视频采集设

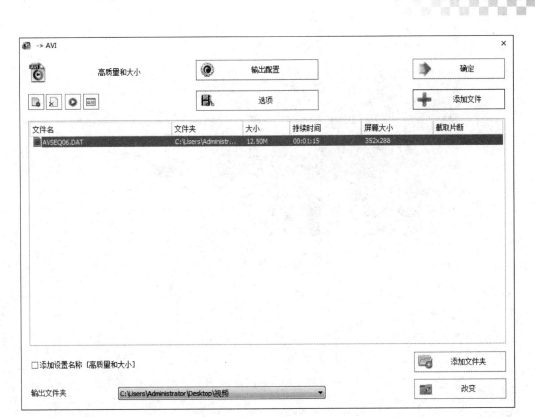

图 7-11　导入视频

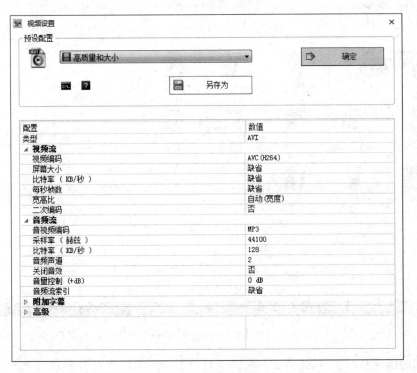

图 7-12　输出设置

图 7-13 视频截取

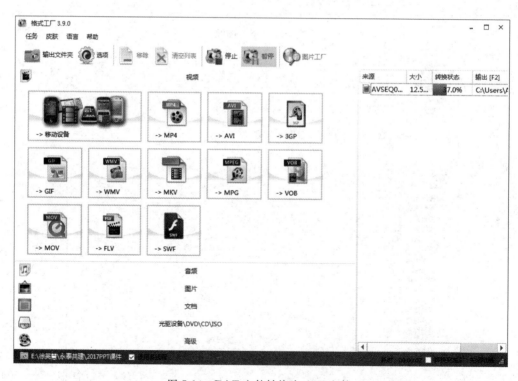

图 7-14 DAT 文件转换为 AVI 文件

备,可以随时随地录制视频,经济又方便。视频编辑是对视频素材片断进行重新组合,配上解说或音乐,并添加过渡或渲染效果后制成完整视频影像的过程。视频编辑过程需要专门的视频编辑软件来完成,常见的视频编辑软件有 Adobe Premiere、爱剪辑、会声会影、EDIUS、Media Studio Pro、Corel Video Studio、Windows Movie Maker 等。视频编辑软件一般都会提供一个视频轨道和一个音频轨道。视频编辑过程就是把视频片断、字幕或者照片按照需要的次序放到视频轨道上,并在场景之间添加过渡效果从而实现不同镜头的自然过渡,必要的时候还可以应用滤镜调整视频质量或添加慢动作等特效。利用音频轨道可以为视频添加背景音乐和各种音效,也可以录制旁白。视频轨道和音频轨道按照时间线播放就是最终的视频效果。

4. 数字视频播放

目前市场上媒体播放器的种类非常繁多,功能也日趋丰富,往往不限于仅播放一种媒体类型,而是适应网络化的发展需求,能够播放图片、音频、视频、动画等多种媒体类型。较常用的媒体播放器有:Windows Media PlayerX、影音先锋 Xfplay、快播、百度影音、暴风影音、SMPlayer 等。Windows 7 操作系统自带的 Windows Media Center 也是很不错的媒体播放软件。

习题

一、选择题

1. 所谓媒体是指_____。
   A. 表示和传播信息的载体　　　　B. 各种信息的编码
   C. 计算机的输入输出信息　　　　D. 存储媒体
2. 数字媒体的特征包括_____。
   A. 集成性、交互性和音像性　　　B. 实时性、分时性和数字化性
   C. 交互性、数字性、实时性、集成性　D. 存储性、传输性、压缩与解压性
3. 触摸屏属于_____。
   A. 多媒体输出设备　　　　　　　B. 多媒体输入设备
   C. 多媒体操作控制设备　　　　　D. 非多媒体组成设备
4. 多媒体计算机是指_____。
   A. 必须与家用电器连接使用的计算机　B. 能玩游戏的计算机
   C. 能处理多种媒体信息的计算机　　　D. 安装有多种软件的计算机
5. 在动画制作中,一般帧速选择为_____。
   A. 30 帧/秒　　　B. 60 帧/秒　　　C. 120 帧/秒　　　D. 90 帧/秒
6. 下面_____是多媒体计算机对视频处理能力的基本要求。
   A. 播放已压缩好的较低质量的视频图像
   B. 实时采集视频图像
   C. 实时压缩视频图像
   D. 播放已压缩好的高质量高分辨率的视频图像

二、填空题

1. 数字媒体的数据压缩编码方法可分为_____和_____两大类。
2. 从存储形式看,视频可分为_____和_____。
3. 制作动画有两种方式:一种是_____动画,另一种是_____动画。
4. Windows 7 提供了_____多媒体播放程序。

三、简答题

1. 什么是数字媒体?
2. 你所知道的数字媒体技术的应用有哪些?
3. 常用的图像编辑软件有哪些?各有什么特点?
4. 常用的音频与视频文件格式分别有哪些,怎样进行音频或视频文件格式间的转换?
5. 请写出你所熟悉的视频和音频播放器。

四、操作题

1. 在 Windows 7 中,调节多媒体计算机的音量和综合控制多媒体组件的属性。
2. 利用 Windows Media Center 播放 CD 光盘上自己喜欢的曲目。
3. 利用 Windows Media Center 播放 MIDI 音乐和 VCD 光盘。
4. 利用"录音机"播放声音文件。
5. 通过麦克风和录音机应用程序录制一首唐诗,并且为其配上一段音乐,使其成为配乐诗,然后保存。
6. 请用 Photoshop 软件为一张数码照片制作艺术边框。

第 8 章　计算机网络

计算机技术与通信技术相结合促使了计算机网络的产生,因特网的飞速发展和广泛应用极大地推动了计算机网络的发展和通信领域的变革,从而也影响着人们的生产和生活方式。本章将讲述计算机网络的构成、分类和体系结构等基础知识,以及因特网的基础应用,网络信息安全的概念和若干技术。

8.1　网络基础知识

计算机网络源于计算机技术与通信技术的结合,始于 20 世纪 60 年代,它是 20 世纪最伟大的科学技术成就之一。计算机网络技术的发展速度也超过了世界上任何其他科学技术的发展速度。20 世纪 70 年代,它还只是作为科研机构研究网络通信和计算机方面的一种工具;20 世纪 80 年代,它的代表性产品因特网(Internet)诞生,成为全球性的互联计算机网络,广泛应用于政府部门、军事机构、商业领域、学校和家庭等社会各个领域,将我们推进了一个完全信息化的时代,极大地影响了人们的生活和工作方式;20 世纪 90 年代初,Internet 进入中国,电子商务、网上银行等打破时间和空间限制的网上应用不断涌现,计算机网络成为信息化社会的基础。

8.1.1　认识计算机网络

什么是计算机网络?计算机网络就是通过通信设备、通信线路和通信软件将地理上分散并具有独立功能的多台计算机互相连接以实现通信和资源共享的系统。

1. 计算机网络的发展史

计算机网络的发展主要经历了以下 4 个阶段。

(1) 第一阶段:联机系统

20 世纪 60 年代初期到中期,出现了以单个计算机主机为中心的联机系统,实现了多个终端与主机的远程连接,主要为了共享昂贵的主机资源。

(2) 第二阶段:计算机——计算机网络

计算机网络的概念最早起源于 1964 年 8 月美国兰德公司的一篇有关分布式通信的研究报告。1969 年,美国 DARPA(国防部高级研究计划局)资助美国 4 所大学研制出了 ARPANET。ARPANET 具备现代计算机网络的典型特征,如资源共享、分散控制、分组交换、分层的通信协议、采用专门的通信控制处理机等,真正成为网络发展历史上的里程碑,迎来了网络技术的新纪元。

此阶段涌现出了多种计算机网络,这些网络之间的数据接口并不统一,成为了下一个阶段要解决的问题。

(3) 第三阶段:构建体系结构标准化的网络

国际标准化组织于1977年成立了开放系统互连(Open System Interconnection,OSI)委员会,提出开放系统互连网络体系结构参考模型,简称OSI模型(该模型将网络结构从下向上划分为7层:物理层、数据链路层、网络层、传输层、会话层、表示层、应用层。并规定了每层应具备的功能),使计算机网络体系结构实现了标准化,不同网络之间可以互相连接。然而,由于OSI标准过于复杂且制定周期太长,虽然20世纪90年代初整套OSI国际标准都已经制定出来了,但此时Internet已经在全世界覆盖了相当大的范围,就这样TCP/IP成了一个事实上的网络互联标准。

(4) 第四阶段:网络互联/高速网络

进入20世纪90年代,计算机技术、通信技术以及建立在二者之上的计算机网络技术迅猛发展,网络互联和高速计算机网络成为最新一代计算机网络的发展方向。我国于20世纪90年代初开始着手建设国家主干网,1996年确定了我国的4大主干网,分别为原邮电部ChinaNET、原电子工业部ChinaGBN、教育部CERNET和中国科学院归口管理CSTNET。其中,ChinaNET和ChinaGBN作为商业运营。1998年,这两个网络归原信息产业部管理,CSTNET管理中国互联网络信息中心,负责向全国提供域名的注册服务。近年来,我国互联网基础设施建设不断加强,并大力推动电信网、广播电视网和互联网三网融合。这极大地提高了网络资源的利用率,使人们更加方便快捷地使用文字、话音、数据、图像、视频等多媒体综合业务。

2. 计算机网络的功能

计算机网络能给人们提供什么服务呢?这是人们普遍关心的问题。主要有以下4点。

1) 数据通信

数据通信是计算机网络最基本的功能。计算机网络可以快速传送各种信息,包括文字信件、图片资料、音频和视频信息等。随着网络技术的发展,电子邮件、网络电话、视频会议等通信应用软件已广为使用。

在计算机网络上,用户数据要按照规定划分为大小适中的若干组,每个组被封装为一个包(Packet,包括包头和数据两部分)。包头就像信封,包括接收者和发送者的地址或路径信息,还可能包括关于包传输的其他控制信息。包的数据部分就像信函的内容。每个包从发送主机出发,沿着某路径经过若干网络节点到达接收主机。途径的每一个网络节点收下整个包,做短暂存储,选择路径,然后转发给下一个网络节点。这种存储转发叫作包交换(Packet Switching)。

2) 资源共享

网络中的资源包括硬件资源(如网络打印机)、软件资源(如不需在每台机器上安装直接调用服务器上公用的网络版软件)、数据与信息(如股票行情、书刊资料)等。这些网络资源可以供上网的用户共同享用,因此增强了网络中计算机的处理能力,提高了网络资源的利用率。

3) 协作共同完成任务

分散在不同地区的计算机可以通过网络互相协调、分工协作,共同完成同一任务。例如,把数据处理的功能分散在不同地方的计算机,并利用网络实现分布处理和建立分布式数据库,从而提高工作效率。当网络中某台计算机负荷过重时,还可将新的任务交给空闲的计算机去处理,以达到高效和经济的综合效果。

4) 提高可靠性

计算机网络一般都采用分布式控制方式,如果网络中个别计算机出现故障,由于相同的资源分布在不同的计算机上,这样,网络可通过不同的路径访问这些资源,不影响用户对同类资源的访问,从而提高系统的可靠性。

3. 计算机网络的分类

1) 按网络的地理覆盖范围划分

(1) 局域网(Local Area Network,LAN)。

局域网地理覆盖范围一般为几米到几千米,使用高速电缆连接,速度快,延迟小。其典型代表是校园网、企业办公楼网。

(2) 广域网(Wide Area Network,WAN)。

广域网地理覆盖范围一般为几十到几千千米,可以横跨几个国家甚至全世界,多采用网状拓扑结构(在后续章节中讲述),传输速度远远低于局域网。目前流行的广域网有 ISDN 综合业务交换网、分组交换网。

(3) 城域网(Metropolitan Area Network,MAN)。

城域网作用范围介于 WAN 和 LAN 之间,通常覆盖一个城市或地区,将不同的局域网通过专门的网络连接设备连接起来,其运行方式与局域网相似。

2) 按传输介质划分

(1) 有线网

通过双绞线、光纤等有线介质传输数据的网络。

(2) 无线网

通过卫星、微波、红外线、Wi-Fi 等无线介质传输数据的网络。

近几年,由于计算机的普及,很多家庭需要组建小型局域网,然后再通过一条 ADSL 宽带访问因特网。使用一种称作无线路由器的设备,将几台计算机用无线的形式连接起来(要求每台计算机上配置一个无线接收器),可以搭建家庭无线局域网。

4. 计算机网络协议

网络协议(Network Protocol)是计算机网络中各通信部分之间所必须遵守的规则的集合。网络协议定义了通信各方的信息交换顺序、格式(定义数据的长度、控制信息的长度等)和词汇(协议中所使用的消息及其它们的含义,例如,"ack"定义为接收方正确接收到数据后的回答,"nack"定义为接收方未接收到正确数据后的回答)。

协议软件是指实现网络协议的程序,以前是以独立的软件形式出现,现在常内置于网络操作系统中。

20 世纪 70 年代,计算机网络发展迅速,各网络公司不断推出新技术、新产品。1972 年,美国 Xerox 公司成功开发出著名的以太网 Ethernet。1974年,塞尔夫和卡恩共同成功开发设计了著名的 TCP/IP 通信协议。1974年,美国的 IBM 公司研制出系统网络体系结构(System Network Architecture,SNA)。其他计算机公司也纷纷推出自己的网络体系结构。

网络体系结构出现后,使得一个公司所生产的各种设备都能很容易地互联成网,但不同网络体系结构的用户迫切要求能够互相交换信息。为了使不同体系结构的计算机网络能互联,国际标准化组织于1977年成立了开放系统互连(Open System Interconnection,OSI)委员会,提出开放系统互连网络体系结构参考模型(简称 OSI/RM 模型),该模型将网络结构划分为7层:物理层、数据链路层、网络层、传输层、会话层、表示层、应用层,使计算机网络体系结构实现了标准化。

然而,由于 OSI 标准过于复杂且制定周期太长,虽然20世纪90年代初整套 OSI 国际标准都已经制定出来了,但此时 Internet 已经在全世界覆盖了相当大的范围,就这样 TCP/IP 成了一个事实上的网络互联标准。

5. 网络拓扑结构

网络中的多台计算机和设备是以某种方式连接在一起的。将网络中计算机和设备抽象成一个点,将网络传输介质抽象成一条线,就得到了一个由多个顶点和边构成的图,该图即为网络拓扑结构图。

网络拓扑是指网络中计算机的连接方式。计算机网络系统的拓扑结构主要有总线型、环形、星形、树形和网状。

为了方便讨论网络中设备之间的连接关系,通常把网络的计算机和通信设备统称为网络节点,并在网络拓扑结构图中用圆圈表示。

1) 总线型

总线型拓扑结构是用一根传输线路作为骨干介质,所有的网络节点都通过相应的硬件接口直接连接到该总线上,各节点都是平等的,如图 8-1 所示。

总线型网络采用广播通信方式,在任何时刻只有一个节点提供网络通信及资源共享服务,其他节点作为用户计算机,即由该节点发出信息,传播到其他节点上,此时其他节点被抑制,只能接收数据。

总线型网络的优点是成本低、安装使用方便、结构简单、节点间响应速度快,适合于构造宽带局域网。其不足之处是在总线型网络中,作为唯一的数据通信必经之路的总线的负载能力是有限的,这由通信介质本身的物理特性所决定,因此网络中的节点个数是有限制的。另外,由于每个节点都直接连接到总线上,所以,实时性差,并且如果其中任何一个连接点发生故障,都会造成全线的瘫痪。

总线型结构网络代表是以太网(Ethernet),它已成为当前用量最大和最流行的局域网。

2) 环形

在环形拓扑结构中,通信线路将各节点连接成一个闭合的环,每个节点都有两个相邻的节点,各节点是平等的,都可向其他节点发出信息,如图 8-2 所示。传输时,数据流沿单一方向流动,每个节点按位转发所经过的信息。通过令牌传送访问控制规程来避免两个或两个以上的节点同时发送信息的问题,即通过令牌来控制对传输介质的访问,只有获得令牌的节点才能发送信息,目标节点收到信息后再重新产生一个令牌,因此确保任何时刻只有一个节点发出信息。

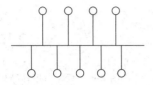

图 8-1　总线型拓扑结构

图 8-2　环形拓扑结构

环形结构的主要优点是网络路径选择和网络组建简单、投资成本低。但是,由于传输速度慢、连接用户数非常少、传输效率低、扩展性能差和维护困难等缺点,最终导致环形结构不能得到发展和用户认可。

3) 星形

在星形结构中,每个节点都通过独立的线路与中心节点相连,中心节点外的任何两个节点都没有直接相通的线路,必须通过中心节点转发信息。中心节点担负着转发信息和数据处理的双重功能,如图 8-3 所示。

星形结构网络的优点是安装容易、控制简单,其缺点在于通信线路总长度较长,费用较大,在中心节点易出现瓶颈,如果中心节点出现故障,会造成整个网络瘫痪。以太网通过使用集线器把同一房间内的计算机与总线相连,构成一个物理上的星形结构。

4) 树形

在树形结构中,所有节点按级分层连接,如图 8-4 所示。越靠近树根的节点,其处理能力越强,负责综合处理、命令执行(控制)、存放共享数据;低层节点负责数据收集交换、重复性功能和算法。树形结构适合于相邻层次通信较多的情况,树形结构网络连接简单,容易扩充,易于进行故障隔离。但树形结构网络比较复杂,对根节点依赖性太大。

图 8-3　星形拓扑结构

图 8-4　树形拓扑结构

Internet 可以看作是一种树形结构网络,树根对应于最高层的横穿全球的 Internet 主干网,中间节点对应于地区性的广域网,叶节点对应于最低层的局域网。层次越高的网络在管理、信息交换等方面的权限就越大。

5) 网状

在网状结构中,任何一个节点都与两个或两个以上的节点相连,每个节点都有选择传输路径的功能,如图 8-5 所示。其优点是可靠性高,某一节点出现故障不会影响整个网络的运行;缺点是网络管理与路由控制软件比较复杂,硬件成本高。网状结构主要应用于广域网,如公用电话网、公用数据交换网等。

6) 不规则拓扑网络

点到点部分连接,多用于广域网。由于连接的不完全性,需要有交换节点,如图 8-6 所示。

图 8-5 网状拓扑结构

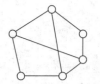
图 8-6 不规则拓扑结构

8.1.2 网络硬件

网络硬件包括网络中的计算机系统、传输介质、通信设备。网络通信设备又可分为网络接口设备和网络互联设备。

1. 计算机系统

计算机系统包括网络服务器和客户机。服务器是指网络系统中提供各种服务的计算机,它直接影响整个网络的性能。服务器一般采用大型计算机和巨型计算机,在规模较小的局域网中也可以选用性能好、硬件配置高的微机作服务器。

客户机是指在网络系统中,向服务器提出请求或共享网络资源的计算机。客户机与服务器建立连接后,在其权限许可的范围内,可以访问服务器中的资源。

2. 传输介质

传输介质用于连接网络系统中的计算机、打印机、通信设备等网络硬件。传输介质包括有线介质和无线介质。有线介质包括双绞线、同轴电缆或光纤等;无线介质包括红外线、无线电波、微波或卫星通信等。

1)双绞线电缆

双绞线是两根包有绝缘层的铜线按照螺旋结构拧成一股,外部再由橡胶外皮或屏蔽层包裹而成,双绞线电缆则是在一根电缆中包含多对双绞线,如图 8-7 所示。双绞线电缆分为屏蔽双绞线(STP)和非屏蔽双绞线(UTP)两种,其优点是价格便宜、容易安装,非常适合于结构化综合布线系统。但两种双绞线的最大使用距离都限制在几百米之内。

2)同轴电缆

同轴电缆是由一个空心圆柱形导体(网状)围裹着一个实心导体的结构,其结构如图 8-8 所示。内部导体是单股的实心导线或多股的绞合线,由固体绝缘层材料固定;外部导体(网状)是编织的网状线,用一个屏蔽层覆盖;最外层裹上塑料外皮。

图 8-7 双绞线电缆实物图

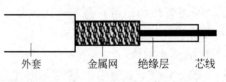
图 8-8 同轴电缆结构图

同轴电缆主要用于总线型拓扑结构，即在一根线缆上连接多个计算机，但当某一连接点出现故障时，会影响到同根电缆上的其他计算机的通信，因此逐渐被双绞线和光纤电缆所代替。

3）光纤光缆

光纤光缆目前正广泛应用于各种大型网络系统中，其实物图如 8-9（a）所示。光纤全称是光导纤维，它是一种能够传输光信号的极细而柔软的介质，主要由纤芯和包层两部分组成，如图 8-9（b）所示，纤芯由超纯二氧化硅、多成分玻璃纤维或塑料纤维组成，是光传输的通路，包层由多层反射玻璃纤维组成，用于将光线反射到纤芯上。实用光纤光缆外部还有一个橡胶皮材料的保护层。相对于其他有线传输介质而言，其优点是低损耗、高带宽和高抗干扰性，但其建网费用高。

4）无线介质

相对于以上有线介质，还有以大气和外层空间为介质，通过地面微波、卫星微波、红外线等传输和接收信号的形式。电磁信号在大气和外层空间传输，通过天线来完成信号的传输和接收。传输时，通过天线向空气介质辐射出电磁能量；接收信号时，通过天线从周围的介质中检出电磁波，如图 8-10 所示。

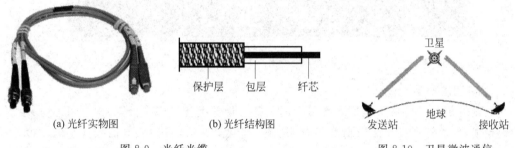

(a) 光纤实物图　　　(b) 光纤结构图

图 8-9　光纤光缆　　　　　　　图 8-10　卫星微波通信

3. 网络接口设备

将计算机与网络相连的设备，称为网络接口设备，如网卡、调制解调器。

1）网卡

网卡即网络适配器（Network Interface Card），如图 8-11 所示。

网卡即插在计算机总线插槽内的扩展卡，它是局域网中的通信控制器，与网络程序配合，执行网络通信协议，控制网络上信息的发送与接收。

网卡上一般有一个或多个网络接口，用来连接网络传输介质。例如，RJ45 接口用于连接无屏蔽双绞线，BNC T 型接口用于连接细同轴电缆，AUI 型接口用于连接粗同轴电缆。

每个网卡在出厂时都赋予唯一的编号，共 6 个字节长（48 位）。它被固化在网卡硬件中，称为网卡的物理地址，也称为媒体访问控制地址，简称 MAC 地址。通常用十六进制数来表示，如 00-E0-4C-06-AE-0B。

图 8-11　网卡实物图

使用 ipconfig 命令可以查看一台计算机中网卡的地址，如图 8-12 所示。

ipconfig 命令的格式为：ipconfig/all。

在 Windows 的命令提示窗口中执行此命令。图 8-12 是在某计算机上执行 ipconfig 命令后的结果。其中的 Physical Address 行的信息表明该网卡的物理地址为"00-E0-4C-06-AE-0B"。

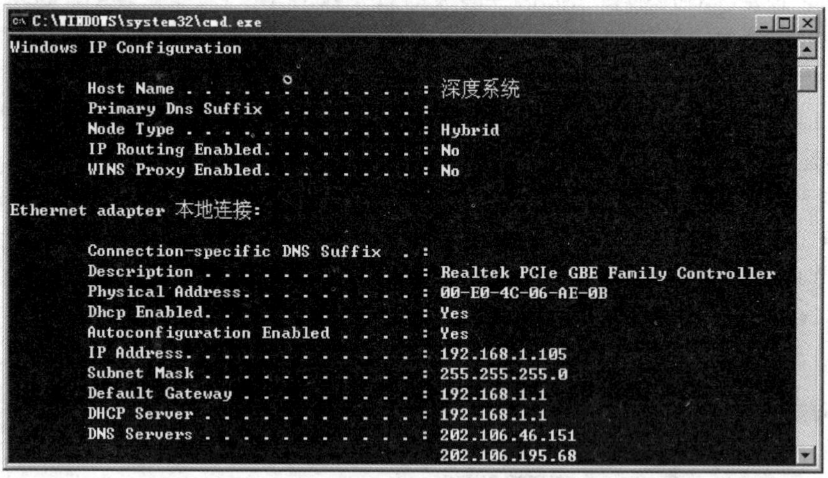

图 8-12　查看网卡的物理地址

2）调制解调器

调制解调器（Modem）是用户拨号上网必备的物理设备，俗称"猫"。由于目前电话线传输模拟信号，而计算机只能识别数字信号，通过调制解调器，可以将电话线传来的模拟信号解调为数字信号，将计算机内的数字信号调制为能在电话线中传输的模拟信号。目前常用的是 ADSL Modem，支持宽带上网。

4. 网络互连设备

实现网络互连的设备包括中继器、网桥、交换机、路由器、网关等。

1）中继器

信号在电缆或双绞线等介质中传输时，随着距离的增长而逐渐衰减，中继器的作用就在于放大电信号，提供电流以驱动长距离电缆，如图 8-13 所示。中继器只能用来连接具有相同物理层协议的局域网，如图 8-14 所示。它从一个网段上接收到信号后，将其放大，重新定时后传送到另一个网段上，这样便防止了由于电缆过长和连接设备过多而造成的信号丢失或衰减。

图 8-13　中继器实物图

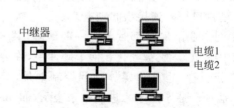

图 8-14　中继器功能示意图

2）集线器

集线器俗称 Hub，如图 8-15 所示。从工作原理上看，就是多端口的中继器，它连接客户机和服务器之类的网络站点。每个端口支持一个来自网络站点的连接，如图 8-16 所示。数据从一个站点发送到集线器的某个端口，然后它就被中继到集线器的其他所有端口。

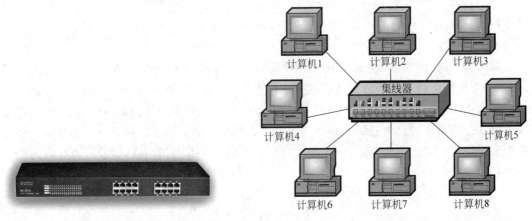

图 8-15　集线器实物图　　　　　图 8-16　集线器组网示意图

3）网桥

网桥，如图 8-17 所示，其作用就是在两个同一类型的局域网段之间对数据进行接收、存储和转发，把物理上两个独立的网段连接成一个逻辑网络，使这个逻辑网络的行为看起来就像一个独立的物理网络一样。利用网桥，可以实现大范围局域网的互联，同时也能提高网络的安全性，这是因为局域网内采用广播式通信方式，当一个客户机发送信息时，网络上的各个客户机都能收到，使用网桥就能将各个部门的网络隔开，有助于加强网络的安全保密性能。图 8-18 展示了一个利用网桥连接两个独立网段的案例。

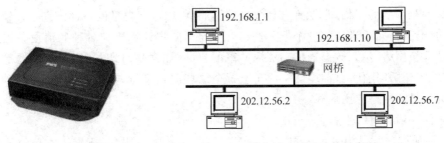

图 8-17　网桥实物图　　　　　图 8-18　网桥功能示意图

4）交换机

网络分段最初是通过网桥实现的，它确实可以解决一些网络瓶颈、可靠性方面的问题，但解决得不够彻底。因为在网络分段方案中使用网桥或路由器，大型网络被划分成若干个网段，随着网段的增多，网段内的效率提高了，但跨网段的通信也就越来越多，又形成新的瓶颈。人们采用称为交换机的设备来取代网桥对网络实行网段分割，如图 8-19 所示。交换机实现数据的存储转发功能，其传输延迟要比网桥小得多。

需要注意的是，当计算机通过中继器、网桥以及交换机连接时得到的是一个大网络。整个系统用相同的方式运作（使用相同的协议），就像初始规模较小的网络一样。

5）路由器

路由器（Router）用于把不同的网络连接起来，它是一种用来传送报文（传输的基本单位之一）或报文分组的专用计算机。被路由器连接的每个网络，仍保持它独特的内部特性。

图 8-19　交换机实物图

路由器（参见图 8-20，图 8-21）的用途是转发报文，此转发过程是基于因特网范围的寻址系统，其中因特网上的所有设备都被赋予一个唯一的地址（即 IP 地址）。当一台计算机想给远处网络中的另一台计算机发送报文时，就要附上报文的目的地的因特网地址，然后把报文发给本地网络中的路由器。本地的路由器负责将报文向正确的方向转发。而在每个路由器中都维护了一张路由表，该表中记录了整个互联网中所有网络节点，以及节点之间的路径情况和相关的传输开销。

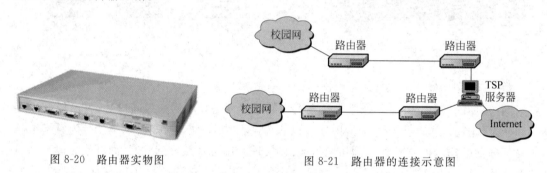

图 8-20　路由器实物图　　　　　图 8-21　路由器的连接示意图

8.1.3　局域网

局域网是网络的一种，它既具有计算机网络的特点，也有自己的特征。它是在较小的地理范围内（通常是几千米），如一个办公楼、一个学校等，将计算机与各种通信设备连接起来形成的计算机网络，达到数据通信和资源共享的目的，如共享打印机、海量存储器等。局域网始于 20 世纪 70 年代，目前全球有成千上万个局域网在运行，其数量远远超过广域网，是一种较为常见的网络应用形式。

局域网一般具有如下特征。

（1）局域网通常是为一个公司、学校、工厂等所建及为其服务，侧重于本单位的通信和资源共享的功能；而广域网则是面向一个地区、行业或全社会，侧重于数据传输的安全性、无误性。

（2）局域网一般采用双绞线和光缆等建立单位内部专用线路，由本单位懂相关技术的人员施工即可；而广域网则较多租用公用线路或专用线路，如公用电话线、光纤、卫星等，该线路的施工是由专门的相关部门如电信部门等实施。

（3）局域网传输率高，一般为 10～1000Mb/s；误码率低，一般为 10^{-8}～10^{-11} 之间。

以太网是目前最受欢迎的局域网，由于其发展成熟、应用广泛、价格适中的特性，得到业界经销商的支持。以太网标准由 IEEE802.3 工作组制定，常用的以太网有以下几种：粗缆以太网 10BASE-5，又称标准以太网，其标记 10BASE-5 含义是信号在电缆上传输的速率为 10Mb/s，每一段电缆的最大长度为 500m；细缆以太网 10BASE-2，其每段电缆的最大长度为 200m；双绞线以太网 10BASE-T，其标记中 T 表示双绞线，每段电缆最大长度为 100m；高速以太网 100BASE-T，其传输速率为 100Mb/s。

组建局域网，需要先准备好网络硬件，设计网络连接方案，并在连接好网络硬件后，安装网卡驱动程序、配置 TCP/IP 属性等。下面以组建某办公室内的局域网为例，讲述组建简单局域网的过程。

假设该办公室里现有 4 台计算机和一台打印机，一个 100Mb/s 的 8 端口交换机，4 个 100Mb/s 网卡及满足需要的双绞线电缆、若干 RJ45 插头。要求组建一个星状局域网络，4 台计算机互相连通并共享打印机，如图 8-22 所示。

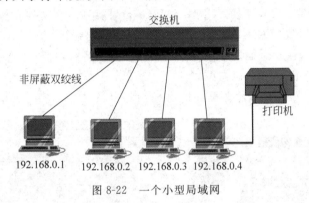

图 8-22　一个小型局域网

组建局域网的步骤如下。

1．网络硬件安装

1）网卡的安装

切断计算机的电源，将网卡插入计算机的总线插槽上。然后启动计算机，安装网卡驱动程序。一般情况下，Windows 操作系统会自动识别网卡类型，并自动安装相应的驱动程序，然后自动创建一个网络连接，如图 8-23 所示。

图 8-23　网络连接图标

2）制作 RJ45 双绞线接头

此处以超 5 类双绞线为例，讲解制作 FJ45 双绞线接头的方法。

RJ45 网线插头，俗称水晶头。识别 RJ45 网线插头引脚号的方法是：手拿插头，有 8 个镀金接片的一面向上，有固定卡的一端朝下，从左起依次为 1～8。

RJ45 插头和网线有两种连接线序，分别为 T568A 标准 和 T568B 标准。网线分为交叉线和直连线两种类型，交叉线两端的接头采用不同的线序标准，即一头采用 T568A 标准，另一头采用 T568B 标准。直连线两端的接头采用同一线序标准，即两个接头都采用 T568A 标准，或都采用 T568B 标准。

下面讲述制作 T568B 标准的直通线的具体做法：左手拿 RJ45 水晶头，右手拿线，从左到右按照白橙、橙、白绿、蓝、白蓝、绿、白棕、棕的顺序接入，然后将 RJ45 水晶头用夹线钳夹住，用力一压就行了。

网线制作好后,可以使用网线测试仪进行测试,如果网线测试仪两边的指示灯同步亮,则表示网线制作成功。

3) 交换机的连接

利用制作好的网线将 4 台计算机连接到 100Mb/s 交换机上。网线的接头插入网卡接口槽中时,要轻轻地平行插入,直至听到"咔"的声音,确保接头已经和网卡良好地接触。

如何判断计算机物理连通与否?查看网卡的指示灯或者交换机上对应的指示灯是否正常就知道了。一般网卡上绿灯亮表示网络联通。

2. 网络配置

用鼠标右击"本地连接"图标,从弹出的快捷菜单中选择"属性"命令,则打开"本地连接 属性"对话框(图 8-24),安装 TCP/IP、Microsoft 网络客户、文件和打印机共享即可。

选择"Internet 协议(TCP/IP)",单击"属性"按钮,则弹出"Internet 协议(TCP/IP)属性"对话框(图 8-25),在此对话框中填好本机 IP 地址、子网掩码、网关地址以及 DNS 服务器的 IP 地址。例如,本机 IP 为 192.168.0.1~192.168.0.4;子网掩码为 255.255.255.0;网关地址为 192.168.0.1;DNS 服务器地址为 61.128.128.68。

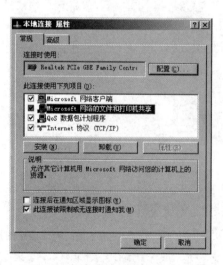

图 8-24 "本地连接 属性"对话框

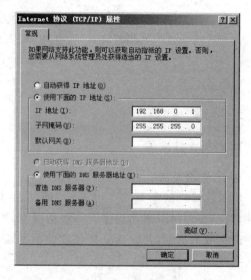

图 8-25 IP 地址设置

3. 命名计算机和工作组

为了使这些计算机能够互相访问,必须将它们设置为属于同一个工作组,并标识每一台计算机。

在"控制面板"中双击"系统"图标,在弹出的"系统属性"对话框中,选择"计算机名"选项卡,如图 8-26 所示。继续单击"更改"按钮,则打开"计算机名更改"对话框,在此对话框中命名计算机和工作组名称。

4. 检测网络是否连通

在 Windows 桌面上双击"网上邻居",如果在打开的窗口中看到自己的和其他计算机

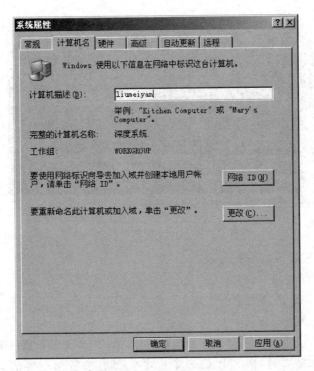

图 8-26 "系统属性"对话框

名,就表示网络已经联通了。

如果不能在"网络邻居"里看到计算机名,可按以下步骤诊断。

(1) 检查网络物理上是否连通。

(2) 如果只是看不到自己的本机名,检查是否添加了"文件与打印机共享"服务。

(3) 如果"网络邻居"里只有自己,首先保证网络物理是联通的,然后检查工作组名字是否和其他计算机一致。

(4) 如果什么都看不到,可能是网卡的设置问题,重新检查网卡设置,或者换一块网卡试试。

(5) 使用 ping 命令诊断网络。

ping 是一个测试程序,如果 ping 运行正常响应,则表明网络联通。执行不同的 ping 命令,可以进行多项检测,从而确定网络可能发生了哪种故障。

Windows 上运行的 ping 命令会发送 4 个 32 字节的数据包,如果一切正常,则会收到 4 个应答信息。ping 以 ms(毫秒)为单位显示应答时间。ping 的格式为:

ping 目的计算机的 IP 地址或计算机名

示例:

① ping 127.0.0.1

本命令还可以为 ping localhost,用于检测本机的网络配置是否正确,如图 8-27 所示。

② ping 目的计算机的 IP 地址或计算机名

用于检测本机与指定的计算机是否连通,如果没有收到应答信息,表明子网掩码不正确

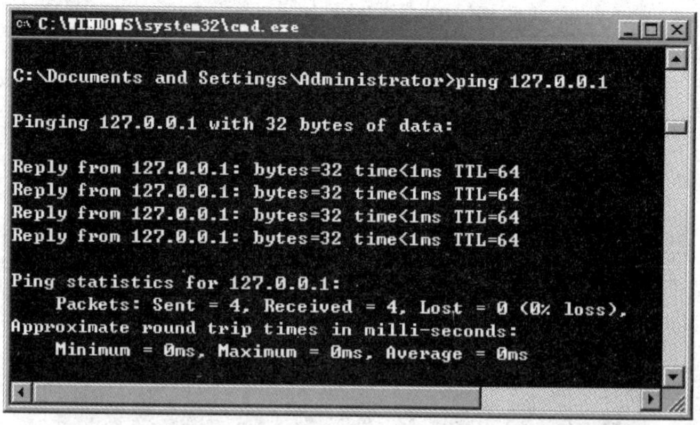

图 8-27 使用 ping 命令测试本机回路

或网卡配置有错误或通信电缆有问题。

③ ping 默认网关的 IP 地址

用于检测本机到默认网关是否连通。

④ ping 某个网站的域名

用于检测 DNS 设置是否正确。如果出现故障,表明 DNS 服务器的 IP 地址配置不正确或 DNS 服务器有故障。另外,利用该命令也可以查出域名所对应的 IP 地址,如图 8-28 所示。

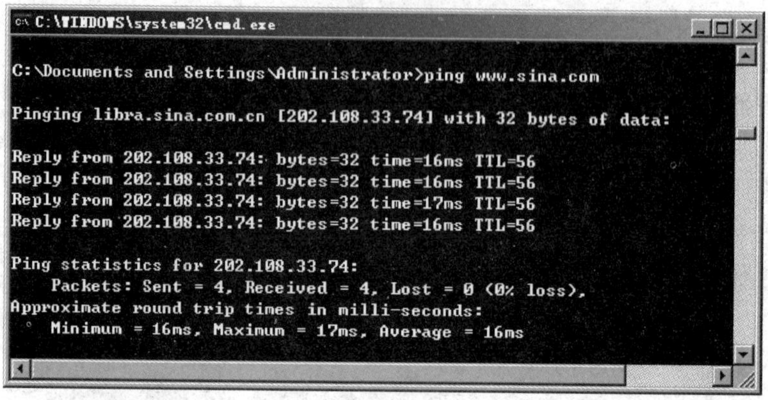

图 8-28 使用 ping 命令测试 DNS 设置

5. 设置文件和打印机共享

1) 共享文件夹

用鼠标右击要共享的文件夹(例如"第 8 章 计算机网络"文件夹),在弹出的快捷菜单中选择"共享和安全"命令,则弹出"第 8 章 计算机网络属性"对话框,选择"共享"选项卡,在"网络共享和安全"选项组中设置各个共享参数。

2) 共享打印机

在连接了打印机的计算机上,双击"控制面板"中的"打印机和传真"图标,单击打印机图标,在"打印机任务"中单击"共享此打印机",即可将此打印机设为共享打印机。

局域网中其他计算机必须通过"添加打印机"操作将共享的网络打印机添加到该计算机的打印机列表中,以后就可以使用该打印机了。

8.1.4 无线网络

无线网络(Wireless Network)是采用无线通信技术实现的网络。它是相对于我们普遍使用的有线网络而言的一种全新的网络组建方式。无线网络使人们不必迁就网络接口的布线位置,可以在家里、办公室等任意位置享受网络的乐趣。另外,在不方便布网线的地方搭建无线网络,既满足了上网需求,又节省了建网成本。

随着无线网络技术的流行,无线网络的性能也逐渐提高,但在速度、覆盖范围以及安全等方面,仍然不及有线网络。原因如下:①无线信号容易受到干扰,当干扰影响到无线信号时,数据必须重新传输,这就要花费额外的时间;②无线信号在传播时容易受到物理环境(建筑物墙壁、距离)的影响而减弱,信号的覆盖范围受到限制;③无线信号可以在空气中传播并能穿透墙壁、窗户等,因此从屋外就可以访问携带数据的无线信号,非法用户可以偷偷加入无线网络,实施盗用因特网连接、窃取无线网络的数据等活动。因此,对无线网络设置登录密码、对无线数据加密都是保障无线网络安全的必备措施。

无线网络技术包括 Wi-Fi、蓝牙、无线 USB、无线 HD、WiMAX 等,这些技术分别用于不同类型的无线网络。其中目前最流行的无线网络技术是 Wi-Fi。

无线网络分为四类:无线个人网、无线局域网、无线城域网、无线广域网。

1. 无线个人网

无线个人网(Wireless Personal Area Network,WPAN)是在小范围内相互连接数个装置所形成的无线网络,通常是个人可及的范围内。例如蓝牙连接耳机及膝上电脑。

蓝牙是一个开放性的、短距离无线通信技术标准。它面向的是移动设备间的小范围连接,因而本质上说它是一种代替线缆的技术。它可以用来在较短距离内取代目前多种线缆连接方案,穿透墙壁等障碍,通过统一的短距离无线链路,在各种数字设备之间实现灵活、安全、低成本、小功耗的语音和数据通信。

2. 无线局域网

无线局域网(Wireless Local Area Network,WLAN)是利用射频(Radio Frequency,RF)技术,使用电磁波取代双绞线所构成的局域网络。无线局域网采用 IEEE 802.11 标准(1997 年 6 月制定),该标准主要用于解决办公室局域网和校园网中用户与用户终端的无线接入,业务主要限于数据访问,速率最高只能达到 2Mb/s。由于它在速率和传输距离上都不能满足人们的需要,因此,IEEE 小组又相继推出了 802.11b 和 802.11a 两个新标准。目前 IEEE 802.11b 最常用。

Wi-Fi(Wireless Fidelity)是 IEEE 802.11 标准中定义的无线网络技术。Wi-Fi 设备可以像无线电波(频率是 2.4GHz 或 5GHz)一样传输数据。WLAN 稳定的覆盖范围大概为 20~50m。Wi-Fi 与以太网兼容,可以在一个网络中使用这两种技术。同时,Wi-Fi 也是一个无线网络通信技术的品牌,由 Wi-Fi 联盟所持有,目的是改善基于 IEEE 802.11 标准的无线网络产品之间的互通性。

IEEE 802.11n 是 Wi-Fi 联盟在 IEEE 802.11a/b/g 之后推出的一个无线传输标准协议,目的是为了实现高带宽、高质量的 WLAN 服务,使无线局域网达到以太网的性能水平。IEEE 802.11n 标准的理论速率最高可达 600Mb/s(目前业界主流为 300Mb/s)。

在实际应用中,WLAN 的接入方式很简单,以家庭 WLAN 为例,只需一个无线接入设备——路由器,一个具备无线功能的计算机或终端(手机或 PAD),没有无线功能的计算机只需外插一个无线网卡即可。有了以上设备后,具体操作如下:使用路由器将热点(其他已组建好且在接收范围的无线网络)或有线网络接入家庭,按照网络服务商提供的说明书进行路由配置,配置好后在家中覆盖范围内放置接收终端,打开终端的无线功能,输入服务商给定的用户名和密码即可接入 WLAN。

3. 无线区域网

无线区域网络(Wireless Regional Area Network,WRAN)技术面向无线宽带(远程)接入,面向独立分散的、人口稀疏的区域。传输范围可达 100km。WRAN 规范被 IEEE 802.22 工作委员会定义。WRAN 系统工作在 47~910MHz 高频段/超高频段的电视频带内,由于已经有用户(如电视用户)占用了这个频段,因此支持 IEEE 802.22 标准的设备必须要探测出使用相同频率的系统以避免干扰。

4. 无线城域网

无线城域网(Wireless Metropolitan Area Network,WMAN)是连接数个无线局域网的无线网络。与为无线局域网制定 802.11 标准一样,IEEE 为无线城域网推出了 IEEE 802.16 标准,同时业界也成立了类似 Wi-Fi 联盟的 WiMAX(WorldWide Interoperability for Microwave Access,微波存取全球互通)论坛。

无线城域网(WMAN)是指在地域上覆盖城市及其郊区范围的分布节点之间传输信息的本地分配无线网络。能实现语音、数据、图像、多媒体、IP 等多业务的接入服务。WiMAX 是一种无线宽带接入城域网的技术标准。该技术可以提供点到多点的环境下的互操作性,进而无线接入互联网。WiMAX 能够提供固定、移动、便携式的无线连接,并能够通过其他用户站的转接与基站实现高速信息交互。覆盖范围可达 50km,最大数据速率可达 75Mb/s。与 WiFi 技术相比,可提供更好的可扩展性和安全性,从而实现电信级的多媒体服务,且建设成本低。

无线城域网标准 IEEE 802.16 不断发展,从 2003 年 1 月通过的 IEEE 802.16a,经过 IEEE 802.16b/e,目前的新一代的标准是 IEEE 802.16m,该标准可支持超过 300Mbps 的下行速率。IEEE 802.16m 标准也被称作 Wireless MAN-Advanced 或者 WiMAX 2,是继 802.16e 后的第二代移动 WiMAX 国际标准。

5. 无线广域网

无线广域网(Wireless Wide Area Network,WWAN)是指覆盖全国或全球范围内的无线网络,提供更大范围内的无线接入,与无线个人网、无线局域网、无线城域网相比,更加强调的是快速移动性。

无线广域网是采用无线网络把物理距离极为分散的局域网(LAN)连接起来的通信方

式。WWAN 连接地理范围较大，常常是一个国家或是一个洲。其目的是为了让分布较远的各局域网互连，它的结构分为末端系统（两端的用户集合）和通信系统（中间链路）两部分。

典型的无线广域网是 GSM 移动通信系统和卫星通信系统，目前全球的无线广域网主要采用两大技术——分别是 GSM 及 CDMA 技术，这两套技术将以平等的步调发展，目前已经从 1G、2G、3G 过渡到 4G，能够以 100Mb/s 以上的速度下载，能够满足几乎所有用户对于无线服务的要求。

IEEE 802.20 是 WWAN 的重要标准。802.20 是为了实现高速移动环境下的高速率数据传输，以弥补 IEEE 802.1x 协议族在移动性上的劣势。802.20 技术可以有效解决移动性与传输速率相互矛盾的问题，它是一种适用于高速移动环境下的宽带无线接入系统空中接口规范，其工作频率小于 3.5GHz。IEEE 802.20 设计理念符合下一代无线通信技术的发展方向，因而是一种非常有前景的无线技术。目前，IEEE 802.20 系统技术标准仍有待完善，产品市场还没有成熟、产业链有待完善，所以还很难判定它在未来市场中的位置。

8.2 因特网

8.2.1 因特网基础知识

因特网（也称 Internet）是全球最大的互联网，源于 20 世纪 60 年代的研究项目。其目的是为了将多个计算机网络连接起来。经过长期的发展，因特网的规模不断扩大，如今已几乎连接了全世界的局域网、城域网和广域网。

1. 因特网编址

互联网上的每一台计算机都有唯一的 IP 地址，地址包括网络号和主机号两部分。网络号标识该主机所在的网络，这个网络号是由互联网信息中心（Internet Network Information Center，InterNIC）分配的。需要接入 Internet 的网络，必须向 InterNIC 申请一个网络 IP 地址；主机号标识该网络中的一个主机，是由本地网络管理员分配的。

IP 地址分为静态地址和动态地址两类，一般的用户拨号上网得到的 IP 地址是动态地址；而对于信息服务提供者或 DDN 专线的用户申请得到的是静态地址。目前 Internet 采用的是 IPv4 方式。IP 地址共有 32 位，每 8 位为一字节，为书写方便，每字节用十进制数表示，字节间用圆点分开，如 82.23.102.4，称为点分十进制表示法。IP 地址的基本格式如图 8-29 所示。

这 5 类 IP 地址的主要区别在于网络号和主机号所占的位数不同。A 类地址主要用于网络数少、主机数量多的系统，第一个字节指定网络，后三个字节指定主机号，这样共有 128 个 A 类网络地址，每个子网中有 1600 万台主机，这类可用的 IP 地址已经分配完毕；B 类地址用于网络数和主机数相同的系统，前两个字节指定网络，后两个字节指定主机，第一个字节的选值范围为 128～191，这类地址主要分配给大学和商业组织；C 类地址用于主机数较少的系统，前三个字节指定网络，最后一个字节指定主机号，其第一个字节的选值范围为 192～223，主要用于局域网；D 类地址用于组选业务；E 类地址作为保留。

IP 地址的主机地址为"0"表示整个网络，如 172.16.0.0 表示一个 C 类网络。IP 地址的

图 8-29 IP 地址的基本格式

主机地址为"1"则为保留地址,127.0.0.1 代表本机地址,不能将它们分配给网络上的任何计算机。

当前普遍使用的是 IPv4,由于其地址只有 32 位,随着全世界 Internet 指数级的增长趋势,人们预测到 2020 年 IP 地址就会枯竭。在 1992 年 Internet 年会上,人们提出当务之急要解决 IPv4 地址问题。1994 年 7 月,IETF 选定了 IPv6 作为下一代 IP 新协议,其地址由 32 位扩展到 128 位,没有利用网络大小来划分地址类型,而靠地址头部的标志符来识别地址的类别,并通过简化报头减少了报文的处理开销和占用的网络带宽。虽然现阶段不能确定何时 IPv4 将被 IPv6 完全取代,但普遍认为这将是迟早的事情。

2. 子网与子网掩码

随着因特网的不断发展,IP 地址逐渐变得稀有而且珍贵。而另一方面,随着个人计算机的普及,小型网络越来越多,这些网络往往只有几十台甚至几台计算机。对于这样规模的网络,即使分配一个 C 类网络号仍会产生 IP 地址的浪费。为了解决以上两个问题,在网络中引入子网和子网掩码的概念。

1)子网

子网是指在网络中通过将 IP 地址中的主机号部分进一步划分成子网号和主机号的方法,把一个拥有大量主机的网络划分成许多小的网络。每个子网都是一个独立的逻辑网络。

2)子网掩码

划分子网后,网络号由原来的网络号和子网号两部分组成。子网掩码用 32 位二进制数值表示,子网掩码将整个网络号部分(包括原来的网络号和子网号)全部设置为 1,主机号部分设置为 0。子网掩码也采用点分十进制数标识。

将子网掩码和 IP 地址进行按位"与"运算,得到的结果表明该 IP 地址所属的子网。如果一个网络没有划分子网,子网掩码中网络号各位全为"1",主机号部分全为"0",这样得到的子网掩码为默认的子网掩码。A 类网络默认的子网掩码为 255.0.0.0;B 类网络默认的子网掩码为 255.255.0.0;C 类网络默认的子网掩码为 255.255.255.0。

下面举例说明子网的划分和子网掩码。例如有一个 C 类网络,其网络号为 198.90.10.0,子网掩码为 255.255.255.224,即 11111111 11111111 11111111 11100000。因 198.90.10.0

是一个 C 类网络,则 198.90.10.0 的网络号占前 24 位,子网号占最后一个字节的高三位,子网中主机号占 5 位。从而将 C 类网络 198.90.10.0 划分为 8 个子网(2^3),分别为:

198.90.10.0;198.90.10.32;198.90.10.64;198.90.10.96;

198.90.10.128;198.90.10.160;198.90.10.192;198.90.10.224

每个子网有 32(2^5)个 IP 地址,除去全 0 和全 1 两个 IP 地址,还有 30 个有效的 IP 地址。若某主机的 IP 地址为 198.90.10.97,则通过与子网掩码的"与"运算,可以判断出它属于哪个子网。

IP 地址 198.90.10.97 的二进制数为 11000110 01011010 00001010 01100001,它与子网掩码的"与"运算如下:

$$\begin{array}{r} 11000110\ 01011010\ 00001010\ 01100001 \\ \wedge\ 11111111\ 11111111\ 11111111\ 11100000 \\ \hline 11000110\ 01011010\ 00001010\ 01100000 \end{array}$$

因此,IP 地址 198.90.10.97 位于子网 198.90.10.96 中。

3. 域名系统

由于 IP 地址是 32 位的二进制数,不便于记忆使用,基于这个原因,因特网拥有另外一套编址系统,即利用助记名(域名)来识别计算机。虽然助记名称对用户比较方便,但在因特网中还是使用 IP 地址来表示传输信息的目的地。域名服务器(Name Server)则用来完成域名向 IP 地址的转换任务。

当服务器收到域名请求时,将该域名解释为对应的 IP 地址。例如,当我们在浏览器地址栏中输入"ftp://video.bistu.edu.cn"请求服务器发送回该网页时,域名系统会查找域名与 IP 地址对应表,将域名解释为相应的 IP 地址 10.1.14.90,然后与该 IP 地址的主机相连。

域名系统(Domain Name Service,DNS)定义了 Internet 域名的结构形式: 主机名.单位名.类型名.国家代码。该域名结构中最后的国家代码为顶级域名,代表主机所在的国家,如"cn"代表中国,"jp"代表日本,"uk"代表英国等。

类型名为 2 级域名,一般为主机所从属的行业,如"edu"为教育机构,"com"为商业机构,"mil"为军事组织,"net"为主要网络支持中心,"org"为非盈利组织,"gov"为政府机构等。

在某一个 2 级域名下注册的单位就可以获得一个 3 级域名,如 bistu(北京信息科技大学)和 tsinghua(清华大学)。一旦某个单位拥有了一个域名,它就可以自己决定是否要进一步划分其下属的子域,并且不必由其上级机构批准。如通过 URL 地址 http://mail.bistu.edu.cn 和 http://www.bistu.edu.cn 可以看到,bistu(北京信息科技大学)划分了自己的下一级域名(4 级域名)mail 和 www。

Internet 网络信息中心 NIC 负责顶级域名的划分,2 级域名由各主管部门负责,如.edu 由教育部管理,各个学校的域名申请则需向教育部提出。例如,freemail.163.com.cn 就是网易 163 公司的免费邮件服务器的域名,"freemail"为主机名称,是免费邮件服务器;"163"为服务器所从属的公司名称,为 163 网易公司;"com"为该单位的性质,为公司;"cn"代表中国。

4. 利用 ipconfig 命令查看 IP 协议的配置信息

使用 ipconfig 命令可以查看：计算机的 IP 地址，子网掩码，默认网关，DNS 服务器等信息。

ipconfig 命令的格式为：ipconfig/all。

在 Windows 的命令提示窗口中执行此命令，如图 8-30 所示是在某计算机上执行 ipconfig 命令后显示的信息。

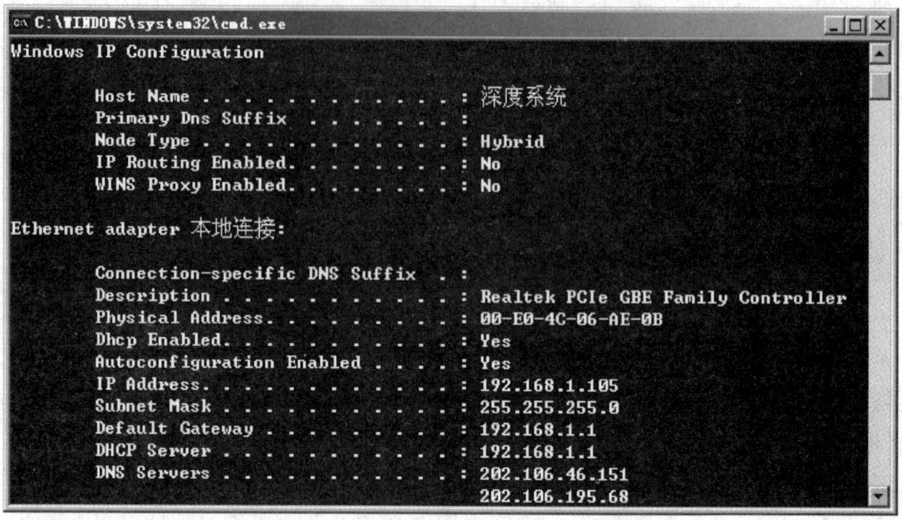

```
C:\WINDOWS\system32\cmd.exe

Windows IP Configuration

        Host Name . . . . . . . . . . . . : 深度系统
        Primary Dns Suffix  . . . . . . . :
        Node Type . . . . . . . . . . . . : Hybrid
        IP Routing Enabled. . . . . . . . : No
        WINS Proxy Enabled. . . . . . . . : No

Ethernet adapter 本地连接:

        Connection-specific DNS Suffix  . :
        Description . . . . . . . . . . . : Realtek PCIe GBE Family Controller
        Physical Address. . . . . . . . . : 00-E0-4C-06-AE-0B
        Dhcp Enabled. . . . . . . . . . . : Yes
        Autoconfiguration Enabled . . . . : Yes
        IP Address. . . . . . . . . . . . : 192.168.1.105
        Subnet Mask . . . . . . . . . . . : 255.255.255.0
        Default Gateway . . . . . . . . . : 192.168.1.1
        DHCP Server . . . . . . . . . . . : 192.168.1.1
        DNS Servers . . . . . . . . . . . : 202.106.46.151
                                            202.106.195.68
```

图 8-30　查看计算机的 IP 地址信息

显示的信息表明，该计算机上配置了以太网卡，而且网卡地址为 00-E0-4C-06-AE-0B，计算机的 IP 地址为 192.168.1.105，子网掩码为 255.255.255.0，默认网关为 192.168.1.1，DHCP 服务器 IP 地址为 192.168.1.1，域名服务器 IP 地址为 202.106.46.151 和 202.106.195.68。

注：DHCP 服务器能够自动分配 IP 地址给局域网中的计算机，在拨号上网时使用。

8.2.2　因特网协议

1. 因特网体系结构

网络通信的任务是把报文从一台计算机传输到另一台计算机上，这与人们熟悉的邮政服务有很多相似的地方。

网络通信在传输报文时，有很多问题需要解决。例如，如何表示被传输的数据，如何寻找到目的地，如何将数据交给接收方等。因此，网络系统软件的功能也就很复杂。

网络系统软件的设计采用了与邮政服务类似的方法，将网络软件的功能分散到如图 8-31 所示的应用层、传输层、网络层、网络接口层共 4 个层次上去实现，每层完成特定的功能，调用其下层提供的服务，并为其上层功能的实现提供支持。

因特网的 4 层结构被称作 TCP/IP 参考模型，该模型以因特网中最重要的两个协议而命名,即传输控制协议(Transmission Control Protocol,TCP)和网络互联协议(Internet Protocol,IP)。

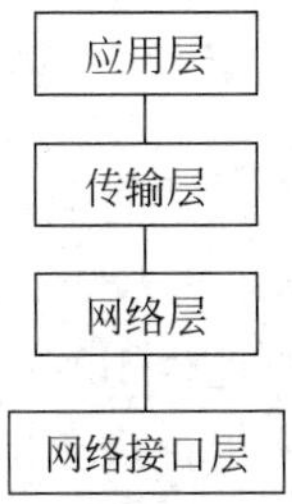

1) 应用层

应用层由那些使用因特网通信来完成任务的软件单元组成,如客户机和服务器软件。还包含一些实用的软件包,如使用 FTP 传输文件的软件 CuteFTP。

2) 传输层

传输层从应用层接收报文并确保报文以正确的格式在因特网上传输。该层在网络层的基础之上,为源主机和目标主机之间提供可靠的、透明的数据传输,它屏蔽低层数据通信的细节,使高层服务用户在相互通信时不必关心通信子网实现的细节。

3) 网络层

网络层主要实现网络连接的建立和拆除、提供数据包的路由选择和交换服务、传输和流量控制等功能。

4) 网络接口层

该层的主要用途是为在相邻网络实体之间建立、维持相邻节点之间的数据帧的可靠传输链路和相应控制。它在物理层传送"位"信息的基础上,在相邻节点间传送被称为帧的数据信息。它提供与通信介质的连接,描述这种连接的机械、电气、功能和规程特性,以建立、维护和释放数据链路实体之间的物理连接,它向上层提供位信息的正确传送。

图 8-31 因特网体系结构

2. TCP/IP

TCP/IP 参考模型的 4 层结构中,每层实现的功能体现在该层中使用的协议上。图 8-32 列出了每层实现的因特网协议。这里介绍最主要的两个协议。

TCP/IP 参考模型	TCP/IP 协议簇
应用层	TELNET、DNS、SMTP、FTP、SNMP、HTTP
传输层	TCP、UDP
网络层	IP、ARP、RARP、ICMP
网络接口层	SLIP、PPP

图 8-32 TCP/IP 协议簇

1) IP

IP 协议是网络层协议,是 TCP/IP 协议簇中的基础,其基本任务是将高层数据(传输层上的数据信息和网络层上的控制信息)以封装成多个数据报的形式通过互联网发送出去。IP 协议的重要作用在于 IP 寻址。

2) TCP

TCP 是传输层协议,在不可靠的 Internet 上为应用程序提供了可靠的、端到端的字节流通信。进行通信的双方在传输数据之前,必须首先建立连接;数据传输完后,任何一方都可以断开连接,然后终止发送。每一个 TCP 连接都可靠建立、完美地终止,在终止发生前所有数据都会被可靠地传递给对方。

8.2.3　因特网接入方式

个人或企业的计算机都不是直接接入 Internet，而是通过 ISP 接入 Internet。ISP 是 Internet Service Provider(因特网服务提供商)的简称，它是用户接入 Internet 的桥梁，它既为用户提供 Internet 的接入，也为用户提供各类信息服务。

从用户的角度来看，ISP 位于 Internet 的边缘，用户通过某种通信线路连接到 ISP 的主机上，再通过 ISP 的连接通道接入 Internet，如图 8-33 所示。

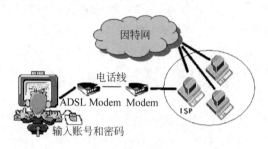

图 8-33　用户通过 ISP 接入 Internet

1. ADSL 接入

ADSL 是一种利用电话线和公用电话网接入因特网的技术。用户需要使用一个 ADSL 终端(也称 ADSL Modem)来连接电话线路。

ADSL 是 Asymmetric Digital Subscribe Line (非对称数字用户线路)的简称，它的上行和下行速度不同，下行最快速度可达 8Mb/s，上行最快速度可达 1Mb/s。采用电话线上网，但上网、电话互不干扰。

由于 ADSL 接入方式安装、使用方便，使其成为家庭上网的主要方式。

用户使用 ADSL 接入因特网时，先使用 ADSL 拨号软件与 ISP 的服务器建立连接。输入用户名和密码后(在电信部门申请到的)，从电信部门获得一个动态 IP 地址，从而接入因特网。

2. 局域网接入

局域网接入就是通过传输介质将本地计算机与局域网服务器连接，并利用服务器接入 Internet 的方式。例如，校园网中每台机器都是通过光纤或双绞线以及其他传输媒介(如网络集线器 Hub 等)与服务器相连，服务器给联网的每台机器分配唯一的 IP 地址。用户从网络管理员获得 IP 地址、子网掩码、网关及 DNS 参数进行配置：首先单击桌面上"开始"按钮，打开"设置"｜"网络和拨号连接"，右击"本地连接"，选择"属性"，弹出"本地连接　属性"对话框(图 8-24)，选择"Internet 协议 TCP/IP"，在"TCP/IP 协议"的对话框中设置参数(图 8-25)，即可通过局域网接入 Internet。

3. 无线接入

无线接入 Internet 是通过蜂窝移动通信系统、卫星移动通信系统或无线寻呼系统的方式接入 Internet。

8.2.4 因特网服务

1. 电子邮件

电子邮件（E-mail）是 Internet 提供的基本服务之一，也是应用最广泛和最受欢迎的服务。使用电子邮件的首要条件是要拥有一个电子邮箱，它是由提供电子邮政服务的机构建立的。实际上，电子邮箱就是指因特网上某台计算机分配的专用于存放往来信件的磁盘存储区域，但这个区域是由电子邮件系统软件负责管理和存取。每个拥有电子邮箱的人都会有一个电子邮件地址。电子邮件地址的构成如下：

用户名@电子邮件服务器名

它表示以用户名命名的信箱是建立在符号"@"后面说明的电子邮件服务器上，该服务器就是向用户提供电子邮政服务的"邮局"。

电子邮件的收发过程其实和现实生活中邮件的收发过程是类似的，个人的电子邮箱就相当于个人的收发信箱，生活中的邮件收发需要邮局来进行转发，在 Internet 上也是如此，在 Internet 上有许多个电子邮件服务器，它们是专门处理电子邮件的计算机，就像是一个个邮局，采用存储——转发的方式为用户传递电子邮件。电子邮件经过多个这样的"邮局"中转，最后才能到达目的地。比如，有封电子邮件需要从邮箱 liumeiyan@sina.com 发送到目的邮箱 lifang@163.com，其发送接收的整个过程如下（图 8-34）。

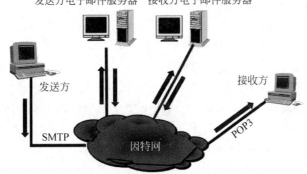

图 8-34　电子邮件收发过程示意图

首先，发件人使用电子邮件软件，登录个人邮箱 liumeiyan@sina.com，把邮件从本地发送到邮件服务器上，发送期间采用的协议为 SMTP（Simple Message Transfer Protocol，简单邮件传输协议）。发送方邮件服务器将用户的电子邮件转发给收件方所在的邮件服务器，直到收件人通过电子邮件软件访问邮件服务器并请求查看邮件。163 网站的接收邮件服务器（也称 POP3 服务器）pop.163.com，该服务器采用 POP3（Post Office Protocol Version 3）协议，其作用在于将收到的电子邮件暂时寄存，直到本网站的用户来服务器上读取信件。

电子邮件可通过以下两种方式使用。

第一种是使用 WWW 浏览器。在这种方式下，客户端不需要安装任何邮件处理软件，用户的所有邮件都存放在远端的服务器上，用户通过浏览器处理电子邮件。因特网上有很多提供免费邮箱的网站，例如 www.163.com、www.sina.com 等，在网站上提出注册申请，经其同意后则获得一个免费电子邮箱。

第二种方式就是在用户本地机器上安装支持电子邮件协议的应用软件,常用的有微软公司开发的 Outlook 软件、国产免费软件 Foxmail 软件等。

2. 文件传输

传输文件有多种方法,例如,将要传输的文件作为附件附在电子邮件中;也可以通过 WWW 浏览器下载所需要的文件;还可以使用专门的软件工具进行下载或上传文件。而更有效的方法是利用文件传输协议(File Transfer Protocol,FTP)。

使用 FTP 传输文件,要在客户机上执行一个实现 FTP 的软件包,然后与提供 FTP 数据源的计算机(即 FTP 服务器)建立连接。连接建立后,就可以在客户机和服务器之间传输文件了。

1) 使用 WWW 浏览器通过 FTP 站点下载文件

在浏览器地址栏中输入 FTP 服务器地址(如 ftp://ftp1.bistu.edu.cn/)后按 Enter 键,会登录到指定的 FTP 服务器上。

连接到 FTP 服务器后,FTP 服务器上的文件以目录结构形式表示,用鼠标右击文件,从其弹出的快捷菜单中选择"复制到文件夹"选项,系统会弹出本地机器的文件夹目录,选择存放下载文件的文件夹后,单击"确定"按钮即可开始下载文件。

2) 使用下载工具下载文件

使用浏览器下载文件的速度比较慢,网上有许多免费的下载软件,例如 FTP 工具 CuteFTP、迅雷、网际快车 FlashGet 等。

图 8-35 是 FTP 工具 CuteFTP 的工作界面。使用 CuteFTP 工具下载文件不仅比使用 WWW 浏览器下载文件速度快,而且还能进行多个文件的上传、下载,可以进行连同目录结构的上传、下载,可以以队列方式进行文件的批量传输操作,支持断点续传,支持本地/远端文件系统的删除、新建、编辑、执行等操作。与其他 FTP 应用软件相比,CuteFTP 兼容种类繁多的 FTP 服务器软件,可以工作于防火墙之后,是 FTP 应用软件中比较优秀的一个。

3. 远程登录

远程登录是 Internet 上最常用的应用之一,Telnet 协议是提供远程登录的应用层协议。用户在本地的某个终端上注册后,只要在远程机器上拥有账户和口令,就可以通过本地终端登录到远程机器上工作。登录成功后,用户便可以实时地使用远程计算机对外开放的全部资源。使用 Telnet〈主机地址〉命令,可以实现远程登录。

4. 云计算

云计算是一种通过 Internet 以服务的方式提供动态可伸缩的虚拟化的资源的计算模式。

云计算是基于互联网的相关服务的增加、使用和交付模式,通常涉及通过互联网来提供动态易扩展且经常是虚拟化的资源。云是网络、互联网的一种比喻说法。过去在图中往往用云来表示电信网,后来也用来表示互联网和底层基础设施的抽象。狭义云计算指 IT 基

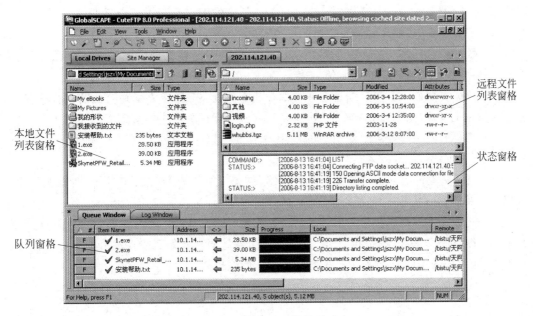

图 8-35 CuteFTP 软件界面

础设施的交付和使用模式,指通过网络以按需、易扩展的方式获得所需资源;广义云计算指服务的交付和使用模式,指通过网络以按需、易扩展的方式获得所需服务。这种服务可以是 IT 和软件、互联网相关,也可是其他服务。它意味着计算能力也可作为一种商品通过互联网进行流通。

继个人计算机变革、互联网变革之后,云计算被看作第三次 IT 浪潮,是中国战略性新兴产业的重要组成部分。它将带来生活、生产方式和商业模式的根本性改变,云计算已成为当前全社会关注的热点。

云计算具有以下几个主要特征。

(1) 资源配置动态化。根据消费者的需求动态划分或释放不同的物理和虚拟资源,当增加一个需求时,可通过增加可用的资源进行匹配,实现资源的快速弹性提供;如果用户不再使用这部分资源时,可释放这些资源。云计算为客户提供的这种能力是无限的,实现了 IT 资源利用的可扩展性。

(2) 需求服务自助化。云计算为客户提供自助化的资源服务,用户无须同提供商交互就可自动得到自助的计算资源能力。同时,云系统为客户提供一定的应用服务目录,客户可采用自助方式选择满足自身需求的服务项目和内容。

(3) 以网络为中心。云计算的组件和整体构架由网络连接在一起并存在于网络中,同时通过网络向用户提供服务。而客户可借助不同的终端设备,通过标准的应用实现对网络的访问,从而使得云计算的服务无处不在。

(4) 服务可计量化。在提供云服务过程中,针对客户不同的服务类型,通过计量的方法来自动控制和优化资源配置。即资源的使用可被监测和控制,是一种即付即用的服务模式。

(5) 资源的池化和透明化。对云服务的提供者而言,各种底层资源(计算、储存、网络、资源逻辑等)的异构性(如果存在某种异构性)被屏蔽,边界被打破,所有的资源可以被统一管理和调度,成为所谓的"资源池",从而为用户提供按需服务;对用户而言,这些资源是透明的、无限大的,用户无须了解内部结构,只关心自己的需求是否得到满足即可。

云计算在实际应用中也面临着如下一些问题。

(1)数据隐私问题:如何保证存放在云服务提供商的数据隐私不被非法利用,不仅需要技术的改进,也需要法律的进一步完善。

(2)数据安全性:有些数据是企业的商业机密数据,安全性关系到企业的生存和发展。云计算数据的安全性问题如果解决不了,会影响云计算在企业中的应用。

(3)用户的使用习惯:改变用户的使用习惯,使用户适应网络化的软硬件应用是长期而且艰巨的挑战。

(4)网络传输问题:云计算服务依赖网络,网速低且不稳定,使云应用的性能不高。云计算的普及依赖网络技术的发展。

(5)缺乏统一的技术标准:云计算的美好前景让传统IT厂商纷纷向云计算方向转型。但是由于缺乏统一的技术标准,尤其是接口标准,各厂商在开发各自产品和服务的过程中各自为政,这为将来不同服务之间的互连互通带来严峻挑战。

5. 物联网

物联网是新一代信息技术的重要组成部分。物联网的英文名称是"The Internet of Things",即物联网就是物物相连的互联网。这有两层意思:第一,物联网的核心和基础仍然是互联网,是在互联网基础上延伸和扩展的网络;第二,其用户端延伸和扩展到了任何物品与物品之间,进行信息交换和通信。

物联网通过智能感知、识别技术与普适计算、泛在网络的融合应用,被称为继计算机、互联网之后世界信息产业发展的第三次浪潮。物联网是互联网的应用拓展,与其说物联网是网络,不如说物联网是业务和应用。因此,应用创新是物联网发展的核心,以用户体验为核心的创新是物联网发展的灵魂。

国际电信联盟(ITU)对物联网做了如下定义:通过二维码识读设备、射频识别(RFID)装置、红外感应器、全球定位系统和激光扫描器等信息传感设备,按约定的协议,把任何物品与互联网相连接,进行信息交换和通信,以实现智能化识别、定位、跟踪、监控和管理的一种网络。

云计算和物联网之间的关系可以用一个形象的比喻来说明:"云计算"是"互联网"中的神经系统的雏形,"物联网"是"互联网"正在出现的末梢神经系统的萌芽。

物联网用途广泛,遍及智能交通、环境保护、政府工作、公共安全、平安家居、智能消防、工业监测、环境监测、老人护理、个人健康、花卉栽培、水系监测、食品溯源、敌情侦查和情报搜集等多个领域。

物联网把新一代IT技术充分运用在各行各业之中,具体地说,就是把感应器嵌入和装备到电网、铁路、桥梁、隧道、公路、建筑、供水系统、大坝、油气管道等各种物体中,然后将"物联网"与现有的互联网整合起来,实现人类社会与物理系统的整合,在这个整合的网络当中,存在能力超级强大的中心计算机群,能够对整合网络内的人员、机器、设备和基础设施实施实时的管理和控制,在此基础上,人类可以以更加精细和动态的方式管理生产和生活,达到"智慧"状态,提高资源利用率和生产力水平,改善人与自然间的关系。

8.3 Web 与 HTML

8.3.1 Web 基础知识

Web 是"World Wide Web"的简写,也称万维网或 WWW,它是 Internet 上应用最为广泛的服务,Web 一般指以网页为基础的服务,提供丰富多彩的文字和多媒体信息,操作简单。它是 1991 年瑞士科学家 Timothy Berners Lee 发明的。该技术把 Internet 上不同地点的相关信息有机地组织在一起。网上提供信息的基本文档称为网页,它是使用超文本标记语言 HTML 编写,网页上可包括文本、表格、图片、声音和超链接等。通过超链接相互关联的一系列相关网页的集合,就构成了网站。

Web 信息组织的形式是超文本(hypertext)和超媒体(hypermedia)。超文本是指用户在阅读网页上信息的同时,可以通过单击"热点文字",即带有超级链接功能的与其他网页相关联的单词,跳转到其他的文本信息。超媒体是指用户不仅可以跳转到另一个文本信息,也可以通过链接来激活一段声音、动画或视频等等。

Web 其实就是一种多媒体超文本信息服务系统,它基于客户端/服务器模式,整个系统由 Web 服务器、浏览器(Browser)及通信协议组成。Web 服务器也称 WWW 服务器,主要功能是提供网上信息浏览服务。Web 服务器不仅能存储信息,还能根据用户通过 Web 浏览器发出的请求信息运行相应的程序,并能将处理结果信息反馈到用户的浏览器上,供用户浏览。Web 浏览器是用于显示 Web 信息并能与用户交互的一种客户端软件。目前常用的 Web 浏览器有微软的 Internet Explorer、Mozilla Firefox、Opera、Safari、QQ 浏览器、Google Chrome、百度浏览器、360 浏览器等。Web 服务器使用超文本传输协议(HTTP,HyperText Transfer Protocol)与客户机浏览器进行信息交流。HTTP 协议定义了浏览器如何向 Web 服务器发送请求以及 Web 服务器如何将 Web 页面返回浏览器。HTTP 协议默认使用 Web 服务器的 80 端口。

在 Web 系统中,使用 URL(Universal Resource Locator,统一资源定位器)来唯一标识和定位因特网中的资源(网页文件、图像文件等各种文件)。它描述浏览器检索资源所用的协议、资源所在的计算机和主机名,以及资源的路径和文件名,其中端口号可省略不写,如图 8-36 所示。

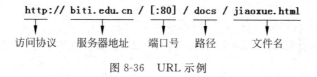

图 8-36 URL 示例

使用搜索引擎,可以很方便地在 Web 上搜索所需要的信息。搜索引擎是网上专用的搜索工具,它有固定的网址。用户可以像访问一般 Web 站点一样访问搜索引擎,并通过搜索引擎的帮助查找到所需要的网站、网页和信息。搜索引擎与普通网站不同,它的主要资源是索引数据库,索引数据库如同图书馆的目录卡一样,用户通过输入关键字查找到有关的信息。由于因特网上的信息量增长极快,没有一个搜索引擎能够涵盖因特网上的所有信息。

据统计,目前知名的大型搜索引擎包含的信息量一般不超过总信息量的16%,因此要通过多种手段进行信息搜索。国内常用的知名搜索网站有"百度"(http://www.baidu.com)、"搜狗"(http://www.sogou.com)、"天网搜索"(http://www.tianwang.com)等。

8.3.2 HTML

浏览网页时,可以在浏览器窗口中看到文字信息、图像信息、动画等。那么,网页文件的内容究竟是什么呢？它是如何将文本、图像、动画、声音、超链接等相关信息包含进去的呢？下面讲解网页文件的本质。

网页文件是纯文本文件,它采用 HTML(HyperText Markup Language,超文本标记语言)规范编写而成,因而网页文件也称为 HTML 文件。网页文件中包含两类信息：文本内容和 HTML 标记。网页中需要在浏览时显示的文本信息可以直接存放在网页中,而图像、动画、声音等多媒体信息在网页中是通过特定的 HTML 标记,并在相应的标记中放置该文件的文件名信息来描述的。只有在网页被浏览时,浏览器软件解析这些标记并提取出其中包含的文件名信息,再将这些文件显示在页面的指定位置。

由于网页文件是纯文本文件,所以可以使用任何文本编辑器编辑网页文件,如 Word 字处理软件、Windows 的"写字板""记事本"程序等。通常采用专门的网页制作软件制作网页,例如 Adobe Dreamweaver 软件。该软件支持 HTML、CSS、PHP、JSP 以及 ASP 等众多脚本语言,其设计界面支持"所见即所得",是一款适合初学者和专业级网站开发人员的网页制作工具。

概括地说,网页文件包括两部分：首部信息和正文主体。其具体的结构示意图如图 8-37 所示。

```
<html>
    <head>
        首部元素、元素属性及基本内容.
    </head>
    <body>
        主体元素、元素属性及基本内容.
    </body>
</html>
```

图 8-37　网页文件结构示意图

网页文件以标记<html>开始,以标记</html>结尾。

HTML 文件的首部以<head>开始,以</head>结束。在文件首部还可以使用<title>、<meta>等标记。

HTML 文件的主体以<body>开始,以</body>结束。在文件主体部分还可以使用<form>、<frame>、<table>、<p>等标记。

通过在<body>标记中设置相应的属性,包括设置网页的背景色、文本的颜色、超链接的颜色、网页的背景图像等。

8.4 网络信息安全

网络安全是指网络系统的硬件、软件及其系统中的数据受到保护,不因偶然的或者恶意的原因而遭受到破坏、更改、泄漏,系统连续可靠正常地运行,网络服务不中断。

随着计算机技术、网络技术及其应用的迅速发展,基于网络连接的安全问题也日益突出,整体的网络安全主要表现在以下几个方面:网络的物理安全、网络拓扑结构安全、网络系统安全、应用系统安全和网络管理的安全等。对于网络安全问题,应该在技术上、管理上做到防患于未然,避免造成极大的损失。

从网络运行和管理者角度说,希望对本地网络信息的访问、读写等操作受到保护和控制,避免出现"陷门"、病毒、非法存取、拒绝服务和网络资源非法占用和非法控制等威胁,制止和防御网络黑客的攻击。对安全保密部门来说,他们希望对非法的、有害的或涉及国家机密的信息进行过滤和防堵,避免机要信息泄漏,避免对社会产生危害,对国家造成巨大损失。

本节讲述几种常用的网络信息安全技术:计算机病毒及其防治、网络黑客的防范、数据加密与数字签名、防火墙。

8.4.1 计算机病毒及其防治

1. 计算机病毒的定义与特征

计算机病毒是指编制或者在计算机程序中插入的破坏计算机功能或者毁坏数据,影响计算机使用,并能自我复制的一组计算机指令或者程序代码。这组程序不是独立存在的,它隐蔽在其他可执行的程序之中,既有破坏性,又有传染性和潜伏性。轻则影响机器运行速度,使机器不能正常运行;重则使机器处于瘫痪,给用户带来不可估量的损失。

计算机病毒都有哪些特征?总体来说,包括以下五个方面。

(1) 寄生性。计算机病毒寄生在其他程序之中,当执行这个程序时,病毒就起破坏作用,而在未启动这个程序之前,它是不易被人发觉的。

(2) 传染性。病毒程序代码一旦进入计算机并得以执行,它就会搜寻其他符合其传染条件的程序或存储介质,确定目标后再将自身代码插入其中,达到自我繁殖的目的。

(3) 潜伏性。病毒进入系统之后一般不会马上发作,可以在几周或者几个月内甚至几年内隐藏在合法文件中,对其他系统进行传染,而不被人发现,等触发条件满足时,就会对系统进行破坏。

(4) 隐蔽性。病毒通常附在正常程序中或磁盘较隐蔽的地方,也有个别的以隐含文件形式出现,目的是不让用户发现它的存在。如果不经过代码分析,病毒程序与正常程序是不容易被区别开来的。

(5) 破坏性。无论何种病毒程序一旦侵入系统都会对操作系统的运行造成不同程度的影响。轻者降低系统工作效率,重者导致系统崩溃、数据丢失,造成重大损失。

2. 计算机病毒的分类

按传染方式的不同,将病毒分为引导型病毒、文件型病毒、混合型病毒和蠕虫病毒。

(1) 引导型病毒：是一种感染系统引导区的病毒。引导型病毒利用操作系统的引导模块物理位置固定的特点，抢占据该物理位置，获得系统控制权，而将真正的引导区内容转移或替换，待病毒程序执行后，再将控制权交给真正的引导区内容，使得这个带病毒的系统看似正常运转，而病毒已隐藏在系统中并伺机传染、发作。

(2) 文件型病毒：主要通过感染可执行文件达到传播病毒的目的，它通常隐藏在宿主程序中，执行宿主程序时，将会先执行病毒程序再执行宿主程序。当宿主程序运行时，病毒程序首先运行，然后驻留在内存中，再伺机感染其他的可执行程序。文件型病毒会使系统出现运行速度变慢、数据丢失、死机等现象。

(3) 混合型病毒：兼有引导型病毒和文件型病毒寄生方式的计算机病毒，所以它的破坏性更大，传染的机会也更多，杀灭也更困难。这种病毒扩大了病毒程序的传染途径，它既感染磁盘的引导记录，又感染可执行文件。当染有此种病毒的磁盘用于引导系统或执行磁盘上的染毒文件时，病毒都会被激活。

(4) 蠕虫病毒：是一种通过网络传播的恶性病毒。除了具有病毒的一些共性外，它还具有自己的一些特征，如不利用文件寄生(有的只存在于内存中)，对网络造成拒绝服务，以及与黑客技术相结合等等。蠕虫病毒主要的破坏方式是大量的复制自身，然后在网络中传播，严重的占用有限的网络资源，最终引起整个网络的瘫痪，使用户不能通过网络进行正常的工作。每一次蠕虫病毒的爆发都会给全球经济造成巨大损失，因此它的危害性是十分巨大的；有一些蠕虫病毒还具有更改用户文件、将用户文件自动当附件转发的功能，更是严重地危害到用户的系统安全。

3. 计算机感染病毒后的常见症状

计算机如果发现下列问题，可能已经感染病毒：
(1) 程序突然工作异常。如文件打不开、死机等。
(2) 文件大小自动发生改变。
(3) Windows 出现异常出错信息。
(4) 运行速度变慢。
(5) 以前运行正常的程序运行时出现内存不足。
(6) 系统无法启动。

4. 计算机病毒的传播途径

(1) 通过不可移动的计算机硬件设备进行传播，这些设备通常有计算机的专用芯片和硬盘等。

(2) 通过移动存储设备来传播。在移动存储设备中，U盘和移动硬盘是使用最广泛、移动最频繁的存储介质，因此也成了计算机病毒寄生的"温床"。

(3) 通过电子邮件传播，随着 Internet 的迅速发展，将病毒附加在电子邮件中使得病毒的扩散速度急骤提高，受感染的范围也越来越广。如"尼姆达"病毒，通过电子邮件进行传播：当用户邮件的正文为空时，似乎没有附件，实际上邮件中嵌入了病毒的执行代码；只要用户用 Outlook、Outlook Express(没有安装微软的补丁包的情况下)收取邮件，在预览邮件时，病毒的执行代码就已经执行了。

（4）通过点对点通信系统和无线通道传播。

5．计算机病毒的防治

前面介绍了计算机病毒，现在讲一下怎样预防病毒的问题。首先，在思想上重视，加强管理，防止病毒的入侵。此外还要有如下防范措施。

（1）用品质优良的正版杀毒软件，安装实时防火墙。要选择正版杀毒软件，及时升级。很好地设置杀毒软件的相关功能，比如开启实时防护功能，查杀病毒、查杀未知病毒等多项功能，将整个系统置于随时的监控之下。另外还要注意的是，新病毒不断产生，反病毒软件也要不断地升级，如果没有及时升级就达不到进行病毒防范的目的。

（2）及时进行操作系统升级。有的病毒是针对操作系统漏洞的，所以要为系统及时打好补丁。如2003年7月微软公布的RPC安全漏洞补丁并没有引起人们足够的重视，于是在接下来的8月份，"冲击波"病毒在没有安装RPC漏洞补丁或未及时采取相关防范手段的计算机上为所欲为，首次爆发的1小时内就造成全球上百万台电脑瘫痪，可想而知"冲击波"病毒造成的危害有多大。

（3）注意跟踪当前流行的最新病毒动态。现在的病毒传播非常迅速，有些新的计算机病毒发作之后，防病毒软件厂商还没有推出相应的病毒库。如果这时已经了解该种计算机病毒的特点，则可制订相应的预防措施，例如提醒用户不要去点击具有特定标题的邮件等。

防毒措施一般可总结如下：

（1）不要轻易打开来历不明的邮件，尤其是邮件的附件。
（2）关闭不必要的服务和端口。
（3）将浏览器的安全级别设为中级以上。
（4）不要随便登录不明网站。
（5）Office软件的安全级别设定为中级以上。
（6）使用U盘等移动存储设备进行数据交换前，先对其进行病毒检查。
（7）将系统配置改为从硬盘引导，防止感染引导型病毒。
（8）做好系统和重要数据的备份，以便能够在遭受病毒侵害后及时恢复。
（9）发现网络和系统异常，及时与国家计算机病毒应急处理中心或防病毒厂家联系。

计算机病毒的检测与清除措施如下：

（1）在清除毒之前，要先备份重要的数据文件，哪怕是有毒的文件。如果解毒失败了，仍可以恢复回来，再使用其他解毒软件修复。尽管这种可能性不大，但也要预防万一。

（2）启动反病毒软件。例如，使用360杀毒软件，选择要扫描的硬盘或优盘，进行杀毒处理。

（3）一般应利用反病毒软件清除文件中的病毒，如果病毒不能被清除可尝试中止病毒进程：使用任务管理器查看当前所有的进程，结束不常见的或可疑的进程。注意，结束进程的操作有时得进行两次才成功。有的病毒有两个进程，互相保护，杀掉一个则会被另一个发现并恢复。此时应先把该病毒在注册表中的启动项去掉，然后用突然断电的方式重启电脑，再杀毒。另外，在安全模式中进行杀毒，可以杀掉一些不易清除的病毒。

(4) 并不是所有的病毒都能被清除，一些病毒感染文件时已经把文件破坏，很难再成功恢复，在这种情况下建议删除感染的文件。如果被感染的是可执行文件，可在杀毒之后重新安装相应的应用程序；如果是其他文件，假如事先有备份，可以从备份中恢复。

(5) 如果计算机感染了一个新的未知病毒。此时，应尽量隔离这些目标，并送到反病毒软件厂商的研究中心，以供详细分析。

8.4.2 网络黑客及其防范

1．什么是网络黑客

网络黑客（Hacker）一般指的是计算机网络的非法入侵者，他们大多是程序员，通常具有硬件和软件的高级知识，并有能力通过创新的方法剖析系统。"黑客"能使更多的网络趋于完善和安全，他们以保护网络为目的，而以不正当侵入为手段找出网络漏洞。

另一种入侵者是那些利用网络漏洞破坏网络的人。他们往往做一些重复的工作（如用暴力法破解口令），他们也具备广泛的计算机知识，但与黑客不同的是，他们以破坏为目的。这些群体称为"骇客"。当然还有一种人介于黑客与入侵者之间。

2．黑客的攻击步骤与方式

1) 黑客的攻击步骤

(1) 搜集信息

搜集信息是为了了解所要攻击目标的详细信息，通常黑客利用相关的网络协议或者实用程序来收集，例如，用 SNMP 可以查看路由器的路由表，了解目标主机内部拓扑结构的细节；用 TraceRoute 程序可以获得到达目标主机所要经过的网络数和路由数，用 ping 程序可以检测一个指定主机的位置并确定是否可到达等。

(2) 探测分析系统的安全弱点

在搜集到目标的相关信息之后，黑客会探测网络上的主机，以寻找系统的安全漏洞或者安全弱点。

(3) 实施攻击

在获得了目标系统的非法访问权限后，黑客就可以采取以下的攻击行为。试图清除入侵的痕迹，并在受到攻击的目标系统中建立新的安全漏洞或者后门，以便在先前的攻击点被发现后能继续访问该系统。在目标系统安装探测器软件，如特洛伊木马程序，用来窥探目标系统的活动，继续搜集黑客感兴趣的一切信息，如账号与口令等敏感数据。进一步窃取目标系统的信任等级，以展开对整个系统的攻击。如果黑客在被攻击的目标系统上获得了特许访问权，那么他就可以最大限度地搜集、盗取私人信息和文件，毁坏重要数据甚至破坏整个系统，那么后果将不堪设想。

2) 黑客的攻击方式

(1) 获取口令

获取口令有三种方法：①通过网络监听非法得到用户口令；②在知道用户的账号后（如电子邮件@前面的部分）利用一些专门软件强行破解用户口令；③在获得一个服务器上的用户口令文件（此文件称为 Shadow 文件）后，用暴力破解程序破解用户口令。

(2) 放置特洛伊木马程序

木马程序,通常称为木马,是指潜伏在计算机中,可受外部用户控制以窃取本机信息或者控制权的恶意程序。它的全称叫特洛伊木马,英文叫作"Trojan horse",其名称取自希腊神话的特洛伊木马计。

(3) 电子邮件攻击

电子邮件攻击主要表现为两种方式:①电子邮件轰炸和电子邮件"滚雪球",也就是通常所说的邮件炸弹。指的是用伪造的 IP 地址和电子邮件地址向同一信箱发送数以千计、万计甚至无穷多次的内容相同的垃圾邮件,致使受害人邮箱被"炸",严重者可能会给电子邮件服务器操作系统带来危险,甚至瘫痪。②电子邮件欺骗。攻击者伪称自己为系统管理员(邮件地址和系统管理员完全相同),给用户发送邮件要求用户修改口令(口令可能为指定字符串)或在貌似正常的附件中加载病毒或其他木马程序(据笔者所知,某些单位的网络管理员有定期给用户免费发送防火墙升级程序的义务,这为黑客成功地利用该方法提供了可乘之机),这类欺骗只要用户提高警惕,一般危害性不是太大。

3. 防止黑客攻击的策略

1) 取消文件夹隐藏共享

如果使用了 Windows 系统,从"控制面板"|"管理工具"|"计算机管理"窗口下选择"系统工具"|"共享文件夹"|"共享",就可以看到所有设定的共享文件夹,取消其中不必要的共享文件夹。

2) 拒绝恶意代码

恶意网页成了宽带的最大威胁之一。一般恶意网页都是因为加入了用 ActiveX 编写的恶意代码才有破坏力的。这些恶意代码就相当于一些小程序,只要打开该网页它们就会被运行。所以要避免恶意网页的攻击只要禁止这些恶意代码的运行就可以了。

IE 浏览器对此提供了多种选择,具体设置步骤是选择"工具"|"Internet 选项"|"安全"|"自定义级别",将 ActiveX 控件与相关选项禁用。

3) 关闭不必要的端口

黑客在入侵时常常会扫描计算机端口,如果安装了端口监视程序(比如 NetWatch),该监视程序则会有警告提示。如果遇到这种入侵,可用工具软件关闭用不到的端口,比如,用 Norton Internet Security 关闭用来提供网页服务的 80 和 443 端口,其他一些不常用的端口也可关闭。

4) 安装必要的安全软件

我们还应在计算机中安装并使用必要的防黑软件,杀毒软件和防火墙都是必备的。在上网时打开它们,这样即便有黑客进攻,计算机的安全也是有保证的。

5) 防止木马

不要接收陌生人的文件,谨慎打开陌生信箱发送的电子邮件里的附件,不要在一些小网站里下载软件。建议安装"木马克星"软件,这是最好的杀木马软件,几乎每天更新,可以直接从网络升级。安装防火墙软件可以防御大部分木马。

8.4.3 数据加密与数字签名

1. 数据加密技术

随着计算机网络的迅速发展,网上数据通信将会越来越频繁,为了保证重要数据在网上传输时不被窃取或篡改,就有必要对传输的数据进行加密,以保证数据的安全传输。

1) 加密的概念

数据加密的基本过程就是对原来为明文(未加密)的文件或数据按某种算法进行处理,使其成为不可读的一段代码,通常称为"密文",使其只能在输入相应的密钥之后才能显示出本来内容,通过这样的途径达到保护数据不被人非法窃取、阅读的目的。该过程的逆过程为解密,即将该密文转化为其原来数据的过程,如图 8-38 所示。

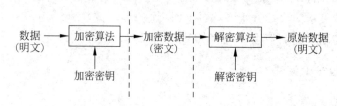

图 8-38 加密解密示意图

下面以凯撒密码为例,简要说明加密的过程。作为一种最为古老的对称加密体制,凯撒密码在古罗马的时候都已经很流行,它的基本思想是:通过把字母移动一定的位数来实现加密和解密。例如,如果密匙是把明文字母的位数向后移动三位,那么明文字母 B 就变成了密文的 E,以此类推,X 将变成 A,Y 变成 B,Z 变成 C,由此可见,位数就是凯撒密码加密和解密的密钥。当偏移量是左移 3 的时候(解密时的密钥就是 3),明文和密文字母表如下。

明文字母表 A B C D E F G H I J K L M N O P Q R S T U V W X Y Z
密文字母表 D E F G H I J K L M N O P Q R S T U V W X Y Z A B C

将某段明文加密的实例如下。

明文　THE QUICK BROWN FOX JUMPS OVER THE LAZY DOG
密文　WKH TXLFN EURZQ IRA MXPSV RYHU WKH ODCB GRJ

2) 两种加密方法

加密技术通常分为两大类:"对称式"和"非对称式"。

对称式加密就是加密和解密使用同一个密钥,通常称之为"Session Key"。这种加密技术目前被广泛采用,如美国政府所采用的 DES 加密标准就是一种典型的"对称式"加密法,它的 Session Key 长度为 56 位。

非对称式加密就是加密和解密使用不同的密钥,称为"公钥"和"私钥",它们两个需要配对使用,否则不能打开加密文件。这里的公钥是指可以对外公布的,私钥则只有持有者自己知道。在网络上,对称式的加密方法很难公开密钥,而非对称式的公钥是可以公开的,不怕别人知道,收件人解密时只要用自己的"私钥"即可以,这样就很好地避免了密钥的传输安全性问题。

加密技术中的摘要是一种防止改动的方法,其中用到的函数叫摘要函数。这些函数的输入可以是任意大小的消息,而输出是一个固定长度的摘要。如果改变了输入消息中的任何信息,输出的摘要将会发生不可预测的改变。也就是说,输入消息的每一位对输出摘要都有影响。摘要算法从给定的文本块中产生一个数字签名,数字签名可以用于防止有人从一个签名上获取文本信息或改变文本信息内容和进行身份认证。摘要算法的数字签名原理在很多加密算法中都被使用。

2. 数字签名

所谓"数字签名",就是通过某种密码运算生成一系列符号及代码组成电子密码进行签名,来代替书写签名或印章;数字签名还可进行技术验证,其验证的准确度是一般手工签名和图章的验证无法比拟的。"数字签名"是目前电子商务、电子政务中应用最广泛、技术最成熟、可操作性最强的一种电子签名方法。它采用了规范化的程序和科学化的方法,用于鉴定签名人的身份以及对一项电子数据内容的认可。它还能验证出文件的原文在传输过程中有无变动,确保传输电子文件的完整性、真实性和不可抵赖性。

数字签名在 ISO7498-2 标准中定义为:"附加在数据单元上的一些数据,或是对数据单元所做的密码变换,这种数据和变换允许数据单元的接收者用以确认数据单元来源和数据单元的完整性,并保护数据,防止被人(例如接收者)进行伪造"。美国电子签名标准(DSS,FIPS186-2)对数字签名做了如下解释:"利用一套规则和一个参数对数据计算所得的结果,用此结果能够确认签名者的身份和数据的完整性"。按上述定义,PKI(Public Key Infrastructure,公钥基础设施)提供可以提供数据单元的密码变换,并能使接收者判断数据来源及对数据进行验证。

PKI 的核心执行机构是电子认证服务提供者,即通称为认证机构(Certificate Authority,CA)。PKI 签名的核心元素是由 CA 签发的数字证书。它所提供的 PKI 服务就是认证、数据完整性、数据保密性和不可否认性。它的做法就是利用证书公钥和与之对应的私钥进行加/解密,并产生对数字电文的签名及验证签名。这种签名方法可在很大的可信 PKI 域人群中进行认证,或在多个可信的 PKI 域中进行交叉认证,它特别适用于互联网和广域网上的安全认证和传输。

3. 数字证书

数字证书就是网络通信中标志通信各方身份信息的一系列数据,提供了一种在 Internet 上验证身份的方式,其作用类似于司机的驾驶执照或日常生活中的身份证。它是由一个由权威机构——CA 机构,又称为证书授权(Certificate Authority)中心发行的,人们可以在交往中用它来识别对方的身份。

数字证书是一个经证书授权中心数字签名的包含公开密钥拥有者信息以及公开密钥的文件。最简单的证书包含一个公开密钥、名称以及证书授权中心的数字签名。一般情况下,证书中还包括密钥的有效时间、发证机关(证书授权中心)的名称、该证书的序列号等信息。

基于 Internet 的电子商务系统技术使在网上购物的顾客能够极其方便地获得商家和企业的信息,但同时也增加了对某些敏感或有价值的数据被滥用的风险。买方和卖方都必须确认在因特网上进行的一切金融交易运作都是真实可靠的,并且要使顾客、商家和企业等交易各方都具有绝对的信心,因而因特网(Internet)电子商务系统必须保证具有十分可靠的安全保密技术,也就是说,必须保证网络安全的 4 大要素,即信息传输的保密性、数据交换的完整性、发送信息的不可否认性、交易者身份的确定性。

我们可以使用数字证书,通过运用对称和非对称密码体制等密码技术建立起一套严密的身份认证系统,从而保证:信息除发送方和接收方外不被其他人窃取;信息在传输过程中不被篡改;发送方能够通过数字证书来确认接收方的身份;发送方对于自己的信息不能抵赖。

数字证书可用于发送安全电子邮件、访问安全站点、网上证券、网上招标采购、网上签约、网上办公、网上缴费、网上税务等网上安全电子事务处理和安全电子交易活动。

8.4.4 防火墙

1. 什么是防火墙

防火墙是设置在被保护的内部网络和外部网络之间的软件和硬件设备的组合,它对内部网络和外部网络之间的通信进行控制,通过监测和限制跨越防火墙的数据流,尽可能地对外部屏蔽网络内部的结构、信息和运行情况,保护内部网络的重要信息不被非授权访问、非法窃取或破坏,并记录内部网络和外部网络进行通信的有关安全日志信息,如通信发生的时间、允许通过数据包、被过滤掉的数据包信息等,防止发生不可预测的、潜在破坏性的入侵或攻击行为。图 8-39 给出了防火墙的示意图。

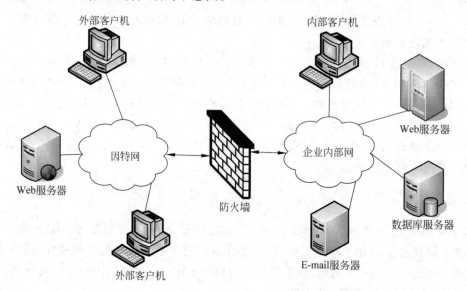

图 8-39 防火墙示意图

将局域网络放置于防火墙之后可以有效阻止来自外界的攻击。例如,一台 WWW 代理服务器防火墙,它不直接处理请求,而验证请求发出者的身份、请求的目的地和请求的内容。如果一切符合要求,这个请求会被批准送到真正的 WWW 服务器上。当真正的 WWW 服务器处理完这个请求后并不会直接把结果发送给请求者,它会把结果送到代理服务器,代理服务器会按照事先的规则检查这个结果是否违反了安全策略,当一切都验证通过后,返回结果才会真正地送到请求者的手里。

大部分防火墙软件都可以与防病毒软件搭配实现扫毒功能,有的防火墙则直接集成了扫毒功能。对于个人计算机,可以用防病毒软件建立病毒防火墙。例如,360 网络防火墙以及瑞星公司提供的病毒防火墙都有在线检测病毒的功能,只要发现病毒的症状即可告警并提示处理方法。

2. 防火墙的局限性

尽管利用防火墙可以保护网络免受外部黑客的攻击,但其目的只是能够提高网络的安全性,不可能保证网络绝对安全。

(1) 防火墙很难防范来自于网络内部的攻击以及病毒的威胁。

防火墙一般只能对外屏蔽内部网络的拓扑结构,封锁外部网上的用户连接内部网上的重要站点或某些端口,对内也可屏蔽外部的一些危险站点,但是防火墙很难解决内部网络的安全问题,例如,内部网络管理人员蓄意破坏网络的物理设备、复制内部网络的敏感数据等,防火墙将无能为力。据统计,网络上的安全攻击事件大部分来自网络内部人员的攻击。

(2) 防火墙难于管理和配置,容易造成安全漏洞。

由于防火墙的管理和配置相当复杂,对防火墙管理人员的要求比较高,除非管理人员对系统的各个设备(如路由器、代理服务器、网关等)都有相当深刻的了解,否则在管理上有所疏忽是在所难免的。

习题

一、选择题

1. 计算机网络的目标是_____。
   A. 提高计算机运行速度　　　　　　B. 连接多台计算机
   C. 共享软、硬件和数据资源　　　　D. 实现分布处理
2. Internet 上许多不同的网络和许多不同类型的计算机赖以互相通信的基础是_____。
   A. ATM　　　　B. TCP/IP　　　　C. Novell　　　　D. X.25
3. 网络的拨号用户必备的设备有计算机、电话线和_____。
   A. CD-ROM　　　B. 鼠标　　　　C. 电话机　　　　D. 调制解调器
4. 下列哪种拓扑结构是局域网不常使用的?_____
   A. 星形　　　　B. 树形　　　　C. 网状　　　　D. 环形
5. 下列哪种传输介质是无线传输?_____
   A. 红外线　　　B. 双绞线　　　C. 同轴电缆　　　D. 光纤光缆
6. 电子邮件能传送的信息_____。
   A. 是压缩的文字和图像信息　　　　B. 只能是文本格式的文件
   C. 是标准 ASCII 字符　　　　　　　D. 是文字、声音和图形图像信息
7. FTP 是 Internet 中_____。
   A. 发送电子邮件的软件　　　　　　B. 浏览网页的工具
   C. 用来传送文件的一种服务　　　　D. 一种聊天工具
8. 局域网的英文缩写为_____。

A. LAN　　　　　B. WAN　　　　　C. ISDN　　　　　D. MAN
9. 计算机网络中广域网和局域网的分类是以_____来划分的。
   A. 信息交换方式　　　　　　　　B. 网络使用者
   C. 网络连接距离　　　　　　　　D. 传输控制方法
10. OSI/RM(开放系统互连参考模型)的最低层是_____。
    A. 传输层　　　B. 网络层　　　C. 物理层　　　D. 应用层
11. 开放互连(OSI)模型描述_____层协议网络体系结构。
    A. 4　　　　　B. 5　　　　　C. 6　　　　　D. 7
12. 下面4种答案中，_____属于网络操作系统。
    A. DOS操作系统　　　　　　　　B. Windows 7操作系统
    C. Windows NT操作系统　　　　D. 数据库操作系统
13. 在计算机网络中，为了使计算机或终端之间能够正确传送信息，必须按照_____来相互通信。
    A. 信息交换方式　　　　　　　　B. 网卡
    C. 传输装置　　　　　　　　　　D. 网络协议
14. 因特网中电子邮件的地址格式如_____。
    A. Wang@nit.edu.cn　　　　　　B. wang.Email.nit.edu.cn
    C. http://wang@nit.edu.cn　　D. http://www.wang.nit.edu.cn
15. 中国教育科研计算机网是_____。
    A. NCFC　　　B. CERNET　　　C. ISDN　　　D. Internet
16. 下面不能用来编辑网页的软件是_____。
    A. Dreamweaver　　　　　　　　B. 记事本程序(notepad.exe)
    C. Photoshop　　　　　　　　　D. Flash
17. 我们平时所说的计算机病毒，实际是指_____。
    A. 有故障的硬件　B. 一篇文章　C. 一组程序代码　D. 一种微生物
18. 在大多数情况下，病毒侵入计算机系统以后，_____。
    A. 病毒程序将立即破坏整个计算机软件系统
    B. 计算机系统将立即不能正常进行工作
    C. 病毒程序将迅速损坏计算机的各种硬件
    D. 一般并不立即发作，等到满足某种条件的时候才会发作

二、填空题

1. TCP/IP参考模型由_____层、_____层、_____层、_____层组成。
2. 在安装了Windows的局域网中，只要打开Windows中的_____，就可浏览网上工作组中的计算机。
3. 要将IE的主页设置成空白页，可在"Internet选项"对话框的"常规"卡片中，单击_____按钮。
4. 计算机网络是计算机技术与_____结合的产物。
5. 每块网卡都有一个能与其他网卡相互区别的标识字，称为_____。
6. 网络的拓扑结构主要有_____、_____、_____、_____、_____。

7. 路由选择是 TCP/IP 模型中_____层的主要功能。
8. 要把邮件从邮件服务器上取到本地硬盘中，使用的协议为_____。
9. 要把邮件发送到邮件服务器上，使用的协议为_____。
10. HTML 是_____类型的语言。
11. 计算机病毒按传染方式分类，分为_____、_____和_____三种。

三、简答题

1. 什么是计算机网络？计算机网络由什么组成？
2. 计算机网络的发展分为哪几个阶段？每个阶段有什么特点？
3. 网络的拓扑结构有哪几种？请简述各自优缺点。
4. 什么是网络协议？Internet 常采用的网络协议有哪些？
5. 接入 Internet 的方式主要有哪些？
6. 什么是 URL？URL 的一般格式是什么？举例说明。
7. 解释电子邮件的地址 lifang@tom.com 的组成。
8. 简述邮件从发送到接收的全过程。
9. 因特网和 Web(万维网)有区别吗？试分别简述二者的含义。
10. 简述网页文件的结构。
11. 什么是网络安全？如何保障网络安全？
12. 什么是计算机病毒？病毒有哪些特征？
13. 简述蠕虫、木马和传统计算机病毒的区别与联系。
14. 计算机病毒有哪些传播途径？
15. 数字签名的定义是什么？
16. 什么是数字证书？

四、操作题

1. 请打开网页 www.bistu.edu.cn，将其设置为 IE 浏览器的主页，并保存到收藏夹中，将该主页上的图片保存到本地机器上。
2. 请使用 FTP 软件登录 ftp://video.bistu.edu.cn，下载该 FTP 服务器上任一电影。
3. 使用 ping 命令检测你的计算机的网络联通情况。
4. 使用 ping 命令查询网站域名 www.sina.com.cn 的 IP 地址。
5. 在计算机上安装一种防火墙软件。

附录　ASCII 码字符编码表

ASCII 码值	控制字符	ASCII 码值	字符	ASCII 码值	字符	ASCII 码值	字符	ASCII 码值	字符
0	NUL	26	SUB	52	4	78	N	104	h
1	SOH	27	ESC	53	5	79	O	105	i
2	STX	28	FS	54	6	80	P	106	j
3	ETX	29	GS	55	7	81	Q	107	k
4	EOT	30	RS	56	8	82	R	108	l
5	END	31	US	57	9	83	S	109	m
6	ACK	32	SPACE	58	:	84	T	110	n
7	BEL	33	!	59	;	85	U	111	o
8	BS	34	"	60	<	86	V	112	p
9	HT	35	#	61	=	87	W	113	q
10	LF	36	$	62	>	88	X	114	r
11	VT	37	%	63	?	89	Y	115	s
12	FF	38	&	64	@	90	Z	116	t
13	CR	39	'	65	A	91	[	117	u
14	SO	40	(	66	B	92	\	118	v
15	SI	41	)	67	C	93	]	119	w
16	DLE	42	*	68	D	94	^	120	x
17	DC1	43	+	69	E	95	_	121	y
18	DC2	44	,	70	F	96	`	122	z
19	DC3	45	—	71	G	97	a	123	{
20	DC4	46	.	72	H	98	b	124	|
21	NAK	47	/	73	I	99	c	125	}
22	SYN	48	0	74	J	100	d	126	~
23	ETB	49	1	75	K	101	e	127	DEL
24	CAN	50	2	76	L	102	f		
25	EM	51	3	77	M	103	g		

参 考 文 献

[1] 陈国良. 大学计算机：计算思维视角. 2版. 北京：高等教育出版社，2014.
[2] 汤华中. 浅谈科学计算，http://dsec.pku.edu.cn/~tanghz.
[3] 郝宁湘. 理解计算. 科学，2003，55(4).
[4] 王飞跃. 面向计算社会的计算素质培养：计算思维与计算文化. 工业和信息化教育，2013,(6).
[5] 陈国良，张龙，董荣胜，王志强. 大学计算机素质教育：计算文化、计算科学和计算思维. 中国大学教学，2015,(6).
[6] 张武，郝鹃. 浅论科学计算与信息. 航空计算技术，1999,(9).
[7] 唐培和，徐奕奕. 计算思维：计算学科导论. 北京：电子工业出版社，2015.
[8] 李廉，[美]王士弘. 大学计算机教程：从计算到计算思维. 北京：高等教育出版社，2016.
[9] [美]June Jamrich Parsons，[美]Dan Oja. 计算机文化(原书第15版). 吕云翔，傅尔也，译. 北京：机械工业出版社，2014.
[10] 李廉. 计算思维——概念与挑战. 中国大学教学，2012,(1).
[11] 教育部高等学校计算机基础课程教学指导委员会. 高等学校计算机基础教学发展战略研究报告暨计算机基础课程教学基本要求. 北京：高等教育出版社，2016.
[12] 何钦铭，陆汉权，冯博琴. 计算机基础教学的核心任务是计算思维能力的培养. 中国大学教学，2010,(9).
[13] 战德臣，聂兰顺. 大学计算机：计算思维导论. 北京：电子工业出版社，2013.
[14] 王移芝，许宏丽，魏慧琴，金一. 大学计算机(第5版). 北京：高等教育出版社，2015.
[15] 李凤霞. 大学计算机. 北京：高等教育出版社，2014.
[16] [美]Jeannette M Wing. Computational Thinking. Communications of ACM，2006，49(3)：33-35.
[17] 程向前，陈建明. 可视化计算. 北京：清华大学出版社，2013.
[18] 龚沛曾等. 大学计算机基础. 第6版. 北京：高等教育出版社. 2014.
[19] 尤晋元，史美林等. Windows操作系统原理. 北京：机械工业出版社，2001.
[20] [美]Thomas H Cormen，Charles E Leiserson，et al. 算法导论(原书第三版). 殷建平，等译. 北京：机械工业出版社，2013.
[21] 贺雪晨等. 多媒体技术实用教程. 北京：清华大学出版社，2005.
[22] [美]J Glenn Brookshear. 计算机科学概论. 11版. 刘艺，等译. 北京：人民邮电出版社，2011.
[23] 谷葆春等. 数据库原理及应用——Access 2010. 北京：电子工业出版社，2015.
[24] 谢希仁. 计算机网络. 5版. 北京：电子工业出版社，2009.
[25] 梁红. 图书馆局域网内计算机病毒的防治. 现代情报，2004,(4)：136-137.
[26] 戴红等. 计算机网络安全. 北京：电子工业出版社，2004.
[27] 韩筱卿等. 计算机病毒分析与防范大全. 北京：电子工业出版社，2006.
[28] 崔建军等. ADSL防御黑客攻击的十大方法. 中国教育信息化，2006,(1)：28-29.
[29] 张耀疆等. 网络安全基础. 北京：人民邮电出版社，2006.
[30] [美]Sean Convery. 网络安全体系结构. 王迎春，等译. 北京：人民邮电出版社，2005.
[31] 宋翔. Windows 7完美应用[M]. 北京：科学出版社，2010.
[32] 微软官方网站. http://www.microsoft.com/en-us/default.aspx.
[33] 杨继萍. Office 2010办公应用从新手到高手. 北京：清华大学出版社，2010.
[34] 陈瑞琳等. 2010 Office现代商务办公手册. 北京：中国青年出版社，2010.
[35] 王薇，杜威. 计算机应用基础教程. 北京：清华大学出版社，北京交通大学出版社，2010.
[36] 陈秀峰，黄平山. Word 2010从入门到精通. 北京：电子工业出版社，2010.

[37] 百度百科,http://baike.baidu.com.
[38] 维基百科,http://zh.wikipedia.org/wiki.
[39] 李亮.物联网专业就业前景.电气自动化技术网,http://www.dqjsw.com.cn/wulianwang/120793.html,2013.
[40] [美]Tim Bell.不插电的计算机科学.孙俊峰,杨帆,译.武汉:华中科技大学出版社,2010.